国家自然科学基金资助
湖南省优秀青年科学基金资助

芳纶蜂窝力学性能及其应用

谢素超　周　辉　著

中南大學出版社
www.csupress.com.cn
·长沙·

序

PREFACE

随着科学技术的发展以及材料工艺的进步，各式各样的复合材料得以涌现，并以其突出的综合性能，逐渐在人们生活的方方面面大放异彩。当前，以先进的复合材料取代传统的金属材料已经成为航空航天、交通运输、土木建筑等各个领域发展的必然趋势之一。另外，从仿生学而来的蜂窝结构以其构造巧妙、轻质高强的特点在轻量化材料中表现卓越，为结构轻量化的发展作出了突出贡献。

芳纶蜂窝是一种蜂窝芯材复合材料，兼备复合材料和蜂窝结构之所长，具有比强度、比刚度高，突出的耐腐蚀性和阻燃性，优异的耐环境性和电绝缘性，独特的回弹性和吸震性，优良的透电磁波性和高温稳定性等诸多特性，并且可加工性能高，可用于制造形状复杂、制造公差和外观质量要求都非常高的结构，因而从诸多新式复合材料和轻量化结构设计中脱颖而出，真正做到了走出实验室，成为目前极少数有望得到大批量商业生产、大规模工程应用的复合材料蜂窝。

然而，当前我国有关芳纶蜂窝的资料非常匮乏，缺乏系统的研究以及结论，难以为芳纶蜂窝的实际应用提供参考。作者一直从事轻质材料结构性能研究、铁道车辆分析与优化研究以及列车撞击理论及应用研究，多年来针对芳纶蜂窝在列车的轻量化车体、耐撞性结构以及专用吸能装置上的相关应用进行了大量开创性研究工作，因此本书是作者长期以来针对芳纶蜂窝在实际应用中出现压缩、弯曲、冲击等主要力学性能的相关研究方法、分析理论以及应用成果方面的总结。

本书具有以下特色：

在研究过程及方法上，利用了准静态压缩试验、弯曲试验、低速冲击试验及数值仿真的方法，多角度、立体式地归纳和分析了芳纶蜂窝的主要力学性能规律，并针对实际应用中可能会出现的问题提出了解决思路。例如，面对芳纶蜂窝初始应力峰值较大，撞击力平稳性稍弱，而压缩行程要求较大时，单块蜂窝容易出现失稳造成吸能效果降低等问题，研究了不同叠加组合方式下的芳纶蜂窝的力学性能，并探讨了随之产生的更加独特的力学行为；面对芳纶蜂窝吸能瓶颈问题，提出了一种内嵌碳纤维管的芳纶蜂窝增强结构，有效利用了蜂窝的压缩残余空间，进一步提升了芳纶蜂窝的力学性能。

在理论分析及数值模拟方面，作者基于超折叠单元理论推导出了芳纶蜂窝的能量吸收性能的理论模型，并提出了基于多层属性的芳纶仿生蜂窝芯的数值模拟方法。芳纶蜂窝属于酚醛树脂增强型蜂窝，在厚度方向上蜂窝壁分为三层，即中间层的芳纶纤维纸以及两侧的酚醛树脂涂层。在仿真模拟的过程中，若采用传统的单层壳单元，不仅忽略了芳纶纤维纸的各向异性性质，而且忽略了其多层结构特点，因此作者使用了一种基于三层属性单元来实现酚醛树脂涂层的脆性材料模型和内部芳纶纸的弹塑性材料模型的结合。在材料选择方面，芳纶纤维纸属于理想的各向异性弹塑性材料，而酚醛树脂则属于各向同性脆性材料，这种多层属性模拟方法在保证芳纶纸特性赋予的同时还考虑了酚醛树脂在拉伸或压缩过程中的脆性失效，可以提供更加真实的失效过程，使仿真结果更加准确可靠。此外，作者还通过压痕模型预测了芳纶夹层结构的冲击载荷峰值，结合了理论分析、实验研究和数值模拟方法，对芳纶蜂窝夹层板在冲击载荷动态响应下进行了压痕损伤下压痕与冲击载荷间的理论关系研究，通过测量出的最大凹痕深度对冲击载荷峰值进行有效预测。

在工程应用方面，作者将芳纶蜂窝与自己的相关研究领域结合，将其运用于轨道车辆前端耐撞性结构，以此为例展示了芳纶蜂窝的实际应用情景。当前，人们对各种材料和结构的耗能机理进行了大量的实验、分析和仿真研究，设计了压溃式、鼓胀式、缩颈式、撕裂式、切削式、复合式等多种新型吸能结构，每一种耗能机制结合自身特点在实践中都得到了相应的应用。其中，大多数吸能部件由单一的金属材料构成，而复合式吸能结构研究集中在泡沫填充结构和铝蜂窝填充结构，或薄壁金属结构和铝蜂窝组合结构，很少有研究关注薄壁金属和芳纶蜂窝结构的组合，特别是将其用于铁道车辆的能量吸收装置，因此这是一种全新的设计思路。

在本书出版之际，作者谨向支持、关心作者的各有关单位、个人致以诚挚的谢意；特别感谢中南大学轨道交通安全实验室许平教授的指导，同时感谢课题组的研究生冯哲骏、井坤坤、汪浩、杨诗晨、杜炫锦等提供的素材以及在撰写过程中提供的帮助。特别感谢中南大学轨道交通安全实验室的同事们多年来的支持和帮助，衷心感谢中南大学出版社的大力支持、精心审稿与编辑。

限于作者水平，书中难免有错误和不妥之处，敬请读者批评指正。

本书是我国第一部较为系统地介绍芳纶蜂窝力学性能以及相关应用的专著，它的出版必将对我国在复合材料与轻量化结构领域的进一步发展起到推动作用。

作者

2021年8月于长沙

目 录

CONTENTS

第1章

芳纶蜂窝概况

1.1 概述

我国具有地域面积广、人口分布不均、地区经济发展不平衡等特点，这些特点决定了轨道交通在国民经济发展中不可替代的地位，也决定了轨道交通领域关键材料的重要地位[1]。随着列车的高速化，人们必须对其关键材料的品质进行升级换代，以保证高速列车车体具有足够的强度、刚度以及吸声降噪、减震等性能。复合材料具有轻质高强、良好的抗撞性能和吸能降噪等优点，使之在实现构件轻量化方面具有较为明显的优势，因此轨道车辆结构使用复合材料已成为必然的发展趋势，用复合材料代替金属材料也成为先进轨道交通装备研制的关键技术之一[2-4]。

2014年10月，为支持轨道交通行业的发展，国家发展改革委、财政部、工业和信息化部等联合印发了《关键材料升级换代工程实施方案》。其中，芳纶纸以其良好的性能和广阔的市场空间入选“先进轨道交通装备等产业发展急需的新材料”。

《2013—2017年中国特种纸行业市场需求预测与投资战略规划分析报告》指出，轨道列车的发展带来了两类特种纸：一类是绝缘纸，另一类是芳纶蜂窝特种纸。随着高铁走向世界，芳纶蜂窝和特种纸的市场将非常大。普通列车和地铁列车速度不快，使用的是常规复合材料，而速度高达300 km/h的高速列车需要大量使用芳纶纸蜂窝，因为芳纶纸蜂窝能够帮助高速列车降低能耗和噪声。

最早的芳纶纸产品在1972年由美国杜邦公司发明并注册商品名为Nomex。它以芳纶短切纤维和芳纶沉析纤维为主要原料，利用独特的造纸和热压工艺制备成的，具有高强度、低密度、耐高温、自熄和电绝缘的特点[5-6]。在芳纶蜂窝应用中使用的芳纶纸大多为间位芳纶纸，而当前以间位芳纶纸为主要原料的Nomex纸几乎占据了芳纶纸的垄断地位。本书使用的所有芳纶蜂窝均是以间位芳纶纸制备而成的间位芳纶蜂窝，也可统称为Nomex蜂窝。除了杜邦公司，目前世界上能够商业化生产间位芳纶产品的公司还有中国烟台氨纶股份有限公司、圣欧集团(中国)有限公司和日本帝人株式会社等。

芳纶蜂窝是芳纶纸经过涂胶、切纸、叠合、热压、拉伸、浸胶、定型、片切等工序加工而成的(如图 1-1 所示)[7-8]。采用一定工艺将碳纤维面板、玻璃纤维面板、铝板等材料贴合在芳纶蜂窝表面可加工为各种芳纶蜂窝夹层材料[9-12];蜂窝夹芯材料是一种模仿自然界蜜蜂六边形蜂巢外形的仿生材料。从力学的角度进行分析,芳纶蜂窝能够以最少的材料来获得与其他结构相近甚至更大的承载力,从而减少材料的使用,减轻结构重量。另外,蜂窝夹层板在受到垂直板面载荷的情况下,拥有与同厚度、同材料实心板相同甚至更高的弯曲刚度,在质量上却只有后者的 70%~90%[13]。目前,广泛使用的蜂窝芯有金属蜂窝、陶瓷蜂窝、芳纶蜂窝、纤维蜂窝等。

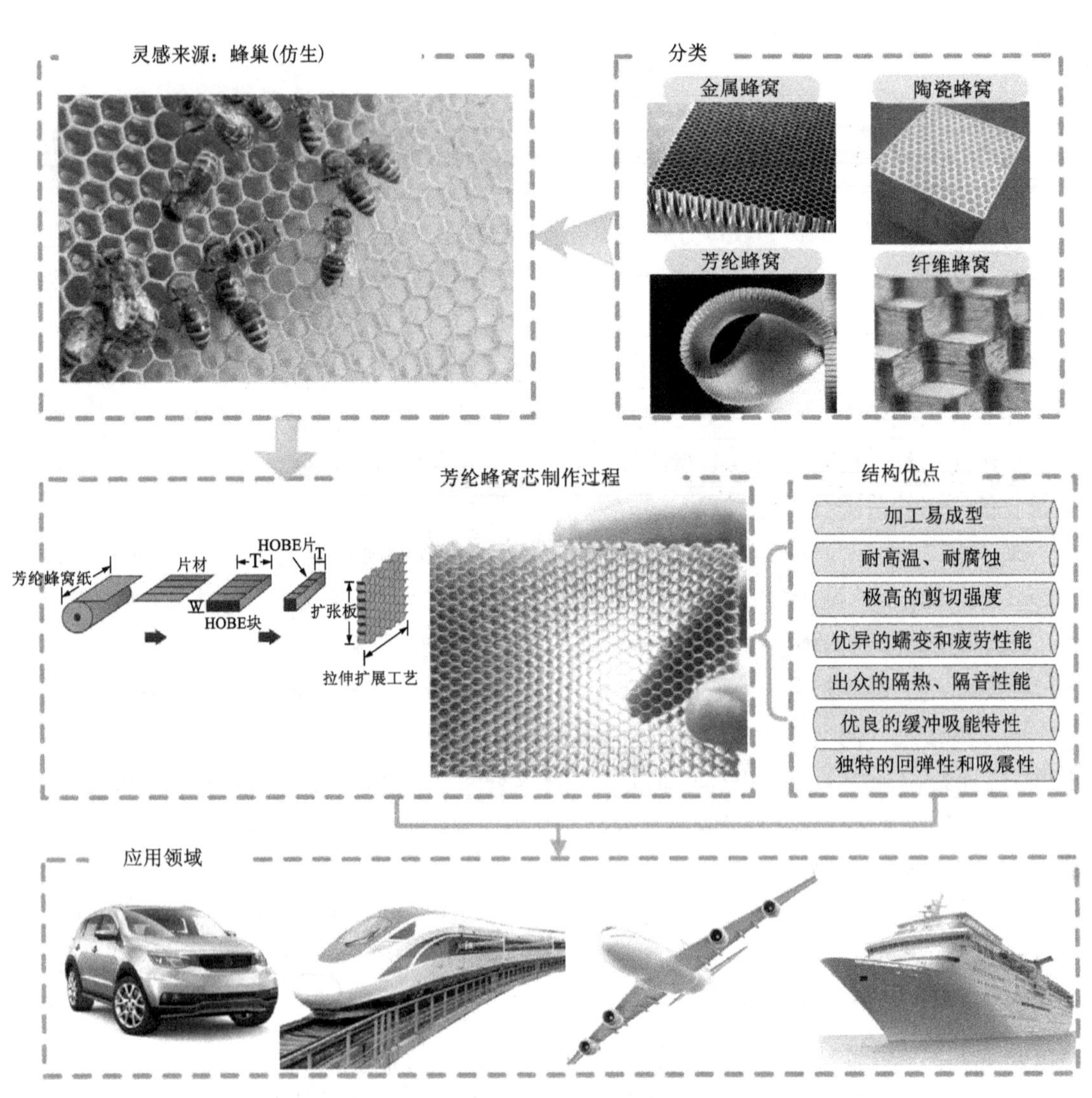

图 1-1　芳纶蜂窝的分类、制作过程及应用领域

芳纶蜂窝应用最早、最广泛的领域就是航空航天工业[14-16]。欧洲的“空客A380”巨型客机，美国的“波音787梦想飞机”等都采用了大量的芳纶蜂窝材料。俄罗斯的军机和民用机在发动机、驾驶舱、货舱、机身、机翼等各个部件都大量采用了芳纶蜂窝复合结构。在铁道车辆上的应用，意大利的ETR500、美国的BART地铁及德国Thyseen磁悬浮列车均大量采用了这种蜂窝结构[17-20]。我国应用复合材料制造列车结构起步的较晚，但目前发展速度快，而且已取得相当不错的成绩，有一定数量的芳纶蜂窝夹层结构开始在铁道车辆中得到批量应用。现今，它主要用于制造列车的顶部、窗框、行李架、隔板、地板和橱柜等内饰部件。芳纶夹层结构的使用既大幅度地减轻了相关零部件的重量，实现了车辆的整体轻量化，又提高了零部件的制造精度和质量，进而提高了整车的制造质量。随着轨道车辆技术和复合材料的迅速发展，为了满足列车轻量化的要求，大型的芳纶蜂窝承载构件的研究、实验和应用工作正在不断开展。研究发现，芳纶蜂窝除了用作结构夹层件，还具备良好的缓冲吸能性能。在国外，芳纶蜂窝还被用作空投包装材料。与其他列车的内部结构材料相比，芳纶蜂窝材料具有以下基本特性[21-22]：

(1)芳纶蜂窝的密度小、质量轻，应用于轨道列车可以大幅降低列车的车体重量，符合轨道列车向高速化、轻量化发展的目标。分别采用塑贴胶合板、铝蜂窝材料和芳纶蜂窝材料作为高速列车车体内部装饰材料时，其重量对比如表1-1所示。

表1-1 不同材料蜂窝应用于高速列车内饰的重量对比

材料名称	重量/(kg·辆$^{-1}$)	相对比例/%
塑贴胶合板	约6790	100
铝蜂窝材料	约3500	约52
芳纶蜂窝材料	约1725	约25

(2)较高的比强度、比刚度和极高的剪切强度，尤其与泡沫型材相比，芳纶蜂窝材料更适合使用在轻质结构中；高韧性，与其他蜂窝芯材相比，其抗损性能高；优异的蠕变和疲劳性能，可在要求苛刻的应用中长期使用。

(3)优秀的抗火阻燃性能。芳纶蜂窝相比一般的高聚物难以被点燃，符合法国轨道车辆阻燃防火测试标准NFF16-101的M1级、F1级，自熄性良好，放热值较低，能够形成耐火层，尽可能减少烟雾和有毒气体的排放，环保性能优秀。同时符合德国轨道车辆防火测试标准DIN5510中的S4级、SR2级、ST2级和国际铁路联盟UIC564-2标准中的A级标准，具有较高的防火等级，为高速列车的安全运行提供了有力保障。

(4)良好化学惰性和物理绝缘性能。芳纶蜂窝可以经受一般浓度的酸碱、盐溶液和有机溶剂的作用而不变质，耐湿热、耐腐蚀、耐老化等能力都十分突出，对轨道车辆的各类恶劣运行环境都有较强的适应性。对声、热、电都具有优秀的绝缘能力，作为隔音、隔热和电绝缘材料得到广泛使用。将其应用于高速列车时，对列车的隔声降噪研究也具有重要作用。

(5)优异的成型性和工艺性。芳纶蜂窝的制品可用常规机械加工的方法进行，试用各种类型的高强度黏接剂，且加工精度高，制品成型精度较高，适合列车各类具有复杂形状和高稳定性要求的零部件，可大批量生产，检修方便。

因此，本书将对芳纶蜂窝结构的力学性能进行充分研究的同时挖掘芳纶蜂窝芯在缓冲吸能方面的优良性能，开创性地将其应用到地铁车辆专门的吸能部件中。

吸能结构是安装在头车的前端，在列车发生碰撞时能吸收碰撞能量和防止爬车的装置，达到列车发生意外碰撞时能吸收大部分碰撞动能和防止车辆交叠的目的，从而最大限度地减少人员伤亡和财产损失。目前，吸能结构的能量吸收能力和特性是铁路车辆耐撞击车体研究的热点。

地铁车辆吸能结构分为承载吸能结构和专用吸能结构(如图 1-2 所示)，所谓承载吸能结构：在正常运行条件下，具有良好的传递纵向力性能，在发生撞击事故时产生塑性大变形吸收能量；所谓专用吸能结构：不作为结构承载用，仅在发生撞击事故时产生塑性大变形吸收能量，以增强吸能结构的“比吸能”，专用吸能结构在碰撞中失效后可以被替换。

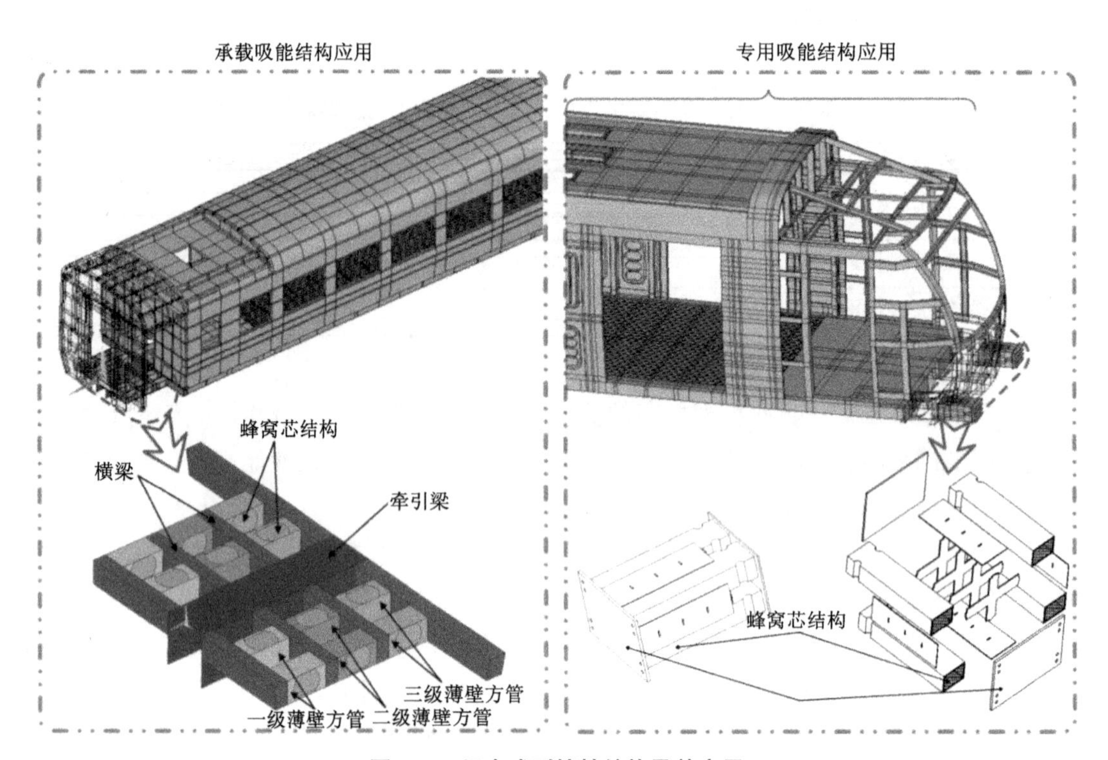

图 1-2　组合式耐撞性结构及其应用

目前，传统的车辆前端吸能结构的典型元件包括金属薄壁圆管、方管、六边形管等，在满足较高碰撞安全速度标准条件下的铁道车辆耐撞性车体结构设计中，单一的薄壁式吸能结构已然不能满足较高标准下的耗能要求，而组合轻质量、高强度的芳纶蜂窝芯是一个很好的思路。本书将设计出蜂窝芯填充薄壁金属结构的复合式吸能结构（如图 1-3 所示），分析金属薄壁结构和芳纶蜂窝结构组成的复合式吸能结构的耦合力学行为及能量耗散机制；为较高碰撞安全速度标准下，设计满足轨道车辆耐冲击车体结构要求的轻质复合式吸能结构提供理论依据。

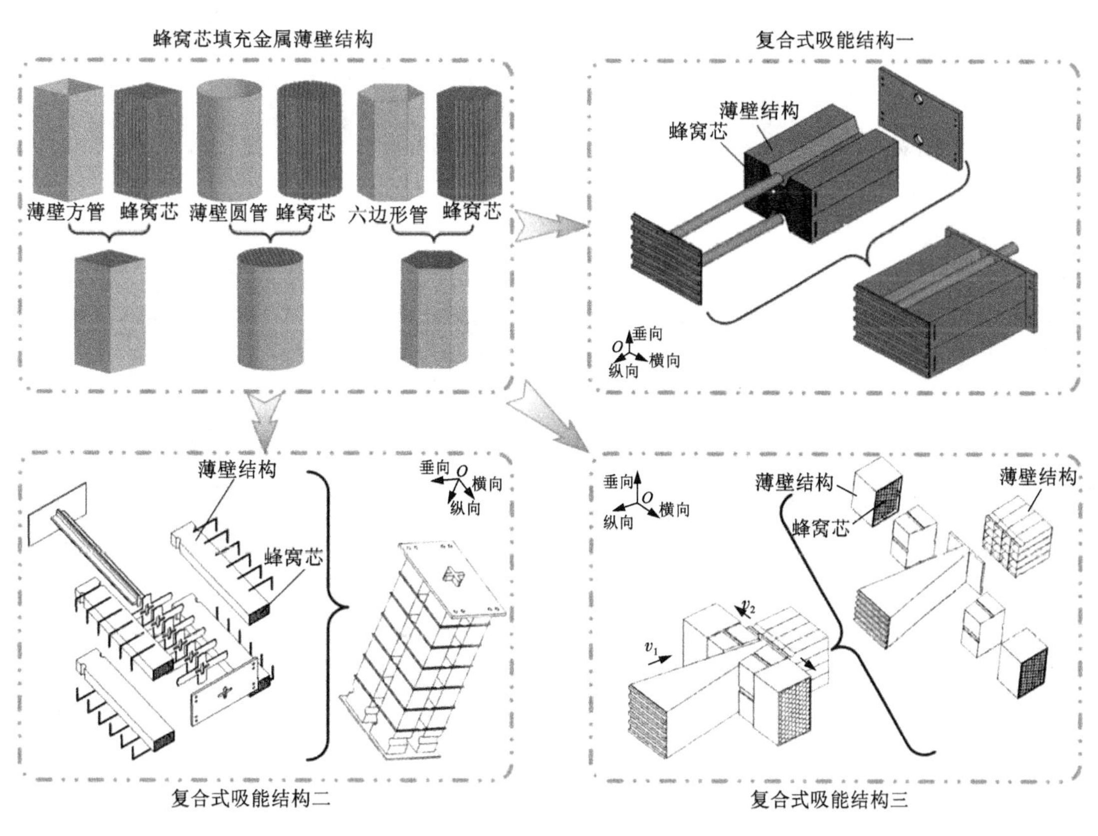

图 1-3　复合式吸能结构示意图

1.2　国内外对芳纶蜂窝的研究概述

1.2.1　芳纶蜂窝芯及夹层结构的机械性能实验

目前，针对芳纶蜂窝结构机械性能的研究主要着眼于蜂窝芯组成成分（芳纶纸、酚醛树脂）的力学参数的研究，或者是对蜂窝芯及其夹层结构进行压缩[23]、拉伸[24]、剪切[25]、弯曲[26]、低速冲击[27]等一系列实验并进行相应的数值分析[28]。这些研究不但用于分析芳纶蜂窝的机械性能，也对数值仿真提供了支撑。图 1-4 展示了一些芳纶蜂窝实验研究的基本对象和方式。

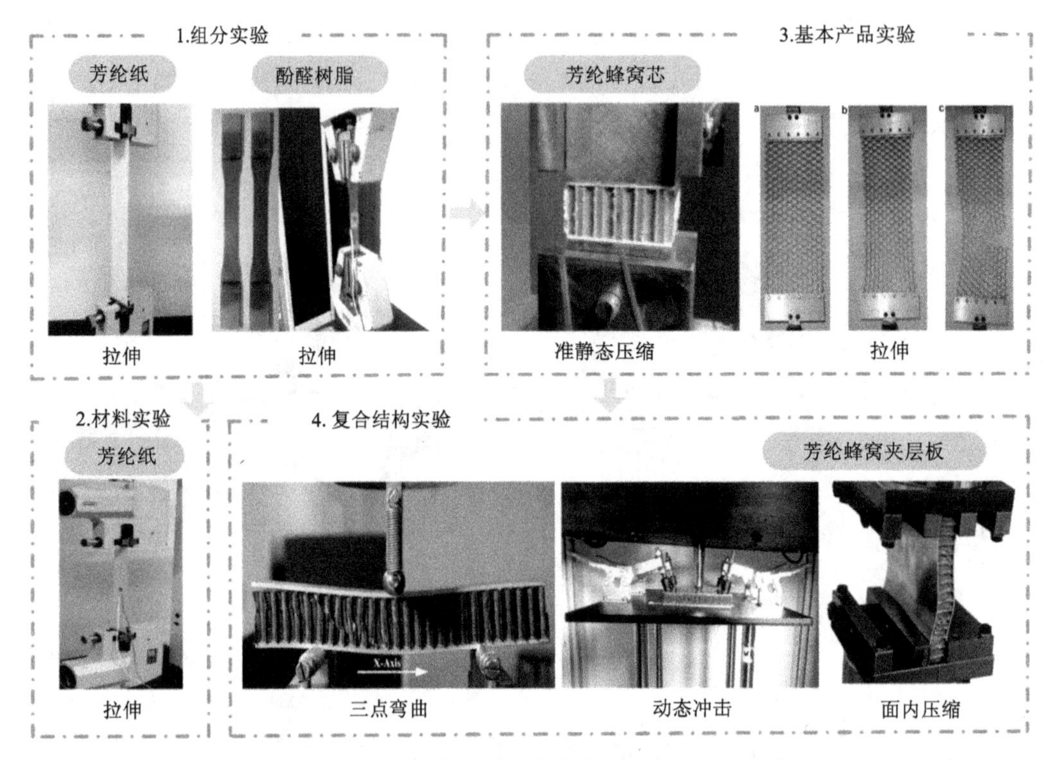

图 1-4　芳纶蜂窝实验研究的常见对象和实验方式

针对芳纶蜂窝芯本身的机械性能，研究人员进行了大量实验，获得了各种规格芳纶蜂窝的尺寸、密度、弹性模量、泊松比、剪切模量、抗拉强度、抗压强度等一系列性能参数。Karakoç 等人[29]对芳纶蜂窝芯进行了不同加载方向的单轴拉伸等测试，结果表明所测试的芳纶蜂窝芯为正交各向异性材料，并获得了有效的面内弹性模量和泊松比；还测量了剪切模量和表征剪切应力与法向应力之间耦合的互影响系数。Roy 等人[30]对芳纶纸、酚醛树脂和涂有酚醛树脂的芳纶纸(Nomex 纸)进行了拉伸实验，并对芳纶蜂窝芯进行了水平拉伸和压缩测试，总结了适用于仿真的芳纶纸、酚醛树脂以及芳纶蜂窝的弹性模量、剪切模量和泊松比。Liu 等人[31]对芳纶蜂窝芯进行了一系列拉伸、静力压缩和逐步压缩实验，实验结果表明蜂窝芯破裂的主要原因是酚醛树脂涂层的脆性断裂。Heimbs 等人[32]研究了加载速度对芳纶纸蜂窝材料性能的影响，结果表明，当加载速度从 10 s^{-1} 变化到 300 s^{-1} 时，应力提高了 30%。

将芳纶蜂窝芯的上下表面粘接薄而强硬的面板，就构成了芳纶蜂窝夹层板，夹层板是芳纶蜂窝研究和应用最典型的性能增强结构，面板和蜂窝芯耦合作用能使整体结构的性能大大增强。一般来说，夹层板中的面板可提供拉伸、压缩和弯曲强度，以及结构表面的刚度，中间的蜂窝芯则提供了刚性并承受剪切载荷，有助于将施加的载荷分散在较大的区域上[33]。面板和夹层芯使用不同的材料类型，或者改变夹层结构的零件几何形状，可使结构具有不同的机械性能，从而使该结构用于不同应用领域[34]。根据面板材料的不同，芳纶蜂窝夹层结构可以简单分为复合材料面板三明治和金属材料面板三明治，前者以CFRP、GFRP等纤维增强材料作为面板，充分发挥其比刚度高、耐腐蚀、耐高温的特性[35]，而后者充分发挥金属材料的优势，抗侵彻能力更突出[36-37]。Ma等人[38]对芳纶蜂窝夹层板进行了三点弯曲疲劳试并提出了一种寿命预测方法，Belouettar等人[39]通过四点弯曲研究了芳纶和铝蜂窝状复合材料的静态弯曲和疲劳特性。研究结果表明，芯材密度和取向(L方向或W方向)对材料最大负荷和损伤有不小的影响，而压溃区域的大小取决于负载支架之间的长度，L方向的蜂窝结构的抗疲劳能力相对更强。为了表征出蜂窝面板厚度和加载速率与损伤发生的函数关系，Herup等人[40]对石墨/环氧/芳纶蜂窝夹心板进行了低速和静态压缩实验，结果表明，当纤维板厚度较大时静态和低速冲击实验之间差异较大，所以低速度因素是准静态过程假设的一个普遍适用性条件

由于夹层结构在应用中易受异物撞击(特别是低速撞击)而造成损坏，研究学者特别在意芳纶夹层板的动态冲击性能，王宏磊[41]通过实验与仿真对芳纶蜂窝夹层复合材料的平压、弯曲以及冲击等力学性能展开了研究。Palwotto等人[42]对纤维增强材料的芳纶蜂窝夹层板进行了低速冲击和静态压缩实验，结果表明，纤维面板厚度较大时静态和低速冲击实验之间的差异较大。孟黎清等人[43]研究了飞机上芳纶蜂窝结构在动态冲击下的破坏机理及吸收能量分配机制，分析了多种动态破坏形式并预测了结构的冲击载荷作用下的力学行为及冲击阻抗能力。Audibert等人[44]对CFRP面板的芳纶蜂窝夹层板的低速冲击性能展开了研究，并引入压缩/剪切耦合来考虑横向剪切。Gilioli等人[45]为了研究受冲击后夹层材料的机械性能，对芳纶蜂窝夹层板进行了冲击实验后的压缩实验。实验结果表明，如果材料的芯体损坏，则其承载载荷的能力就可以忽略不计，此时屈曲载荷仅取决于材料的蒙皮，增加蒙皮的厚度可以增强材料的抗弯和抗压强度。

综上所述，国内外学者主要研究了芳纶蜂窝结构中酚醛树脂对力学性能的影响和蜂窝的拉伸、压缩、剪切实验及数值分析，尚缺乏针对不同芳纶蜂窝的各向异性压缩对比分析和吸能特性研究；有大量文献报道了泡沫夹芯板、铝蜂窝夹芯板及其他夹芯板结构的弯曲及面内压缩力学性能研究，很少有文献报道芳纶蜂窝夹芯板的弯曲及面内压缩力学性能，以及不同因素(不同规格、不同方向、不同蜂窝芯厚度、不同蒙皮厚度、不同跨距等)对芳纶蜂窝夹芯板弯曲性能的影响。

1.2.2　芳纶蜂窝芯及夹层结构的数值仿真

国内外学者已经对单个芳纶蜂窝芯和芳纶夹层板进行了大量的实验研究，得到了大量重要的芳纶蜂窝机械性能参数以及芳纶蜂窝与其他材料面板的耦合性能，并得出了大量有

益的结论，这些工作对指导芳纶蜂窝的进一步研究工作以及对芳纶蜂窝的有限元仿真大有裨益。由于芳纶蜂窝的实验成本非常昂贵，并且难以对不规则的样本或复杂的加载情况(温度，双轴加载或多场分析)进行操作，且随着模拟技术的发展，数值分析已被广泛接受并应用于各种工程领域，研究人员将数值仿真的研究方法与实验进行了结合。

芳纶蜂窝由芳纶纸浸渍酚醛树脂制成，就中尺度[46]而言，蜂窝壁具有酚醛树脂—芳纶纸—酚醛树脂的三层复杂结构，且粘接面有两层的纸壁厚，独立面仅有一层的纸壁厚，而无论是黏接面还是独立面，其酚醛树脂壁厚均相同[47]，因此不同于铝蜂窝等金属蜂窝结构，芳纶蜂窝的数值仿真难度较大[48]。

为了能建立合适的芳纶蜂窝有限元模型，研究学者进行了很多尝试，Foo 等人[49]在构造芳纶蜂窝结构有限元模型时使用了芳纶纸基本的力学性能参数，通过数值计算发现蜂窝芯的杨氏模量符合实验值。Giglio 等人[50]提出了一种实验数值法以研究铝皮夹层板和芳纶纸蜂窝的三点弯曲性能，并对数值模型进行了深入研究。Asprone 等人[51]通过 Abaqus 软件研究了由酚醛树脂浸渍的芳纶纸制成的六边形蜂窝结构的压缩响应。仿真结果表明，芳纶蜂窝的压缩行为对厚度缺陷的变化敏感，使用不同组缺陷数值得到的预测结果与实验结果有很好的相关性。Seemann 等人[46]利用有限元方法综合考虑了计算精度和求解时间，总结了适用于不同情况的四种中尺度的芳纶模型，并将模型仿真的结果与实验进行了对比，证明了模型的可行性。邹维杰等人[52]采用有限元的方法建立了四种芳纶蜂窝芯细节模型，分别计算了模型的面内等效模量并比较了尺寸对模量的影响。赵剑等人[53]构建了两层酚醛树脂涂覆芳纶纸的芳纶蜂窝有限元分析模型，预测了蜂窝的面外宏观剪切模量。Heimbs[54]对芳纶蜂窝芯的数值计算结果和实验结果进行了比较分析，结果表明所使用的模型不仅能全面地表征孔格结构的力学性能，还可以详细研究孔壁的变形模式和失效模式，以更好地了解其结构性能。

总的来说，目前采用的芳纶蜂窝的有限元建模方法有很多种，这些方法主要使用了实体(solid)单元和壳单元(shell)，从粗略到精细不同程度地对芳纶蜂窝的力学特性进行了仿真，满足了各种不同的研究情形和研究需要。根据大量参考文献，可以将芳纶蜂窝的建模方法简单概括为六种，如图 1-5 所示。这些方法并不存在孰优孰劣之分，需要针对研究的目的、研究的对象选择合适的方法。

(1)实体等效模型。这类建模通常采用整体的实体单元代替蜂窝来建立等效模型[55]，并采用各向异性力学材料模型来模拟蜂窝材料[56]。这种建模方法通常用于模拟已知性能的蜂窝在某一装置中的应用[57]，因为，它不能模拟实际蜂窝内部的屈曲、破坏等变形，不能对蜂窝内部结构进行深入细致的研究，只能模拟蜂窝界面(表面)属性。

(2)采用壳单元建模，详细划分每个蜂窝单元，建立单层的各向同性材料模型。该方法被广泛用于铝蜂窝等金属蜂窝建模，建成的模型的计算时间短、计算成本低。尽管有一些研究将这种建模方法应用于芳纶蜂窝[58]，并只由杨氏模量、泊松比和屈服强度三个参数控制。但，它无法真正表达芳纶蜂窝壁的三层各向同性酚醛树脂涂层和各向异性芳纶纸的复杂结构，属于对芳纶蜂窝的粗略仿真[59]。

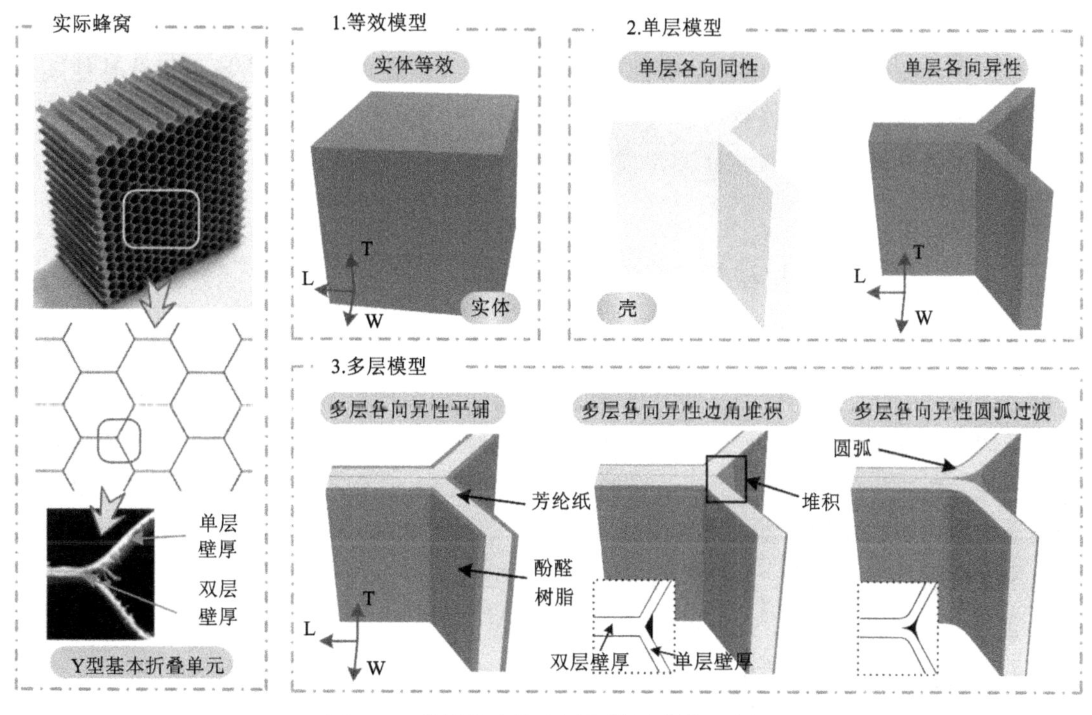

图 1-5 芳纶蜂窝的有限元模型建模示意图

(3) 单层材料的各向异性模型。在单层各向同性材料模型的基础上强调了蜂窝结构的各向异性，控制的参数增加为正交各向异性的弹性模量、剪切模量、泊松比以及剪切强度、不同方向的抗拉强度、抗压强度等，使模型的精度得到了提高，但该模型仍没有考虑各向同性酚醛树脂对蜂窝的影响。总的来说，这是一种性价比较高的选择，如果对仿真精度的要求适中，该模型可以成功仿真芳纶蜂窝的大部分力学特性[60-61]。

(4) 多层各向异性模型。该模型将壳在壁厚方向进行分层，进而在单层材料的各向异性模型的基础上同时表达了蜂窝壁的三层结构和各向异性特性[62]，是在中尺度下仿真芳纶蜂窝最合适的模型之一[63-65]。该模型的控制参数除了单层各向异性模型中芳纶材料的所有参数，还新增了酚醛树脂的弹性模量、泊松比、剪切强度、抗拉强度、抗压强度等，使模型的精度进一步提高。但是芳纶蜂窝实际结构中酚醛树脂并非均匀涂覆在蜂窝壁上，而且存在边角集聚的现象，该模型则并没有表现出这一特点。

(5) 在多层各向异性模型的基础上，重点强调了蜂窝单元拐角处的一个小三角形实体单元，更为真实地模拟了酚醛树脂排列不均匀以及角部堆积现象[46]。但是这种建模方式需要将壳单元网格和实体单元网格缝合，每个蜂窝壁的宽度方向需要划分十多个甚至几十个网格，而之前提到的几种建模方式通常只需要三个网格，可见这种建模方式的网格密度将大大提高，计算时间成本急剧增加，所以该方法一般适用于单个单元或少量单元组合的芳纶蜂窝芯的建模。

(6)更精确的芳纶蜂窝模型。更精确的模型考虑了实际芳纶蜂窝芯的各种真实情况，如胞壁厚度的变化、胞壁曲率、胞壁内材料性质的变化、胞角处的树脂堆积以及其他随机几何缺陷等。该方法的网格密度极大，计算成本极高，哪怕是只进行一个蜂窝胞元的仿真都需要大量的计算成本，因此这种建模方式一般只常见于蜂窝的一个“Y”形基本单元的仿真。

1.2.3 蜂窝结构机械性能的改善方法

芳纶蜂窝具有力学、声学、热学、电磁学方面的诸多优良特性[66]，其中在机械性能方面最突出的优势是，蜂窝材料在面外压缩过程中不同胞元交错变形产生的典型的稳定平台力响应而带来的平稳的吸能能力[67]；然而单纯的蜂窝材料的吸能能力存在瓶颈，芳纶蜂窝也不例外，尽管可以通过缩小孔径、增加壁厚的方法提升吸能能力，芳纶蜂窝还能通过控制浸渍酚醛树脂的时间来提升芳纶蜂窝的等效密度从而有效提升平台力，但是蜂窝材料孔径壁厚本身就是毫米级别，能提升的范围始终有限。

随着工程科学的发展，人们对轻量化、低成本、耐撞性、吸声降噪、安全高效等方面提出了更高的要求，一方面希望结构在满足承载条件的前提下能兼具实际应用环境所需要的功能性，另一方面在一些极端动态情况下使用的要求，如爆炸保护、重返地面、高空坠毁、高速列车碰撞等也越来越被重视。然而，单层蜂窝块不仅实际应用能力差，且机械性能较弱，远不能满足上述情况的要求。为了满足越来越苛刻的要求，改善蜂窝状结构的机械性能，创新蜂窝结构成为热点。例如对蜂窝外形进行设计的异形蜂窝、对蜂窝结构进行设计的叠加蜂窝、蜂窝填充、蜂窝嵌入等，这些设计往往具有承载能力强、比质量性能高、功能-结构一体化设计性强等优势，因此在轨道交通领域也有着广阔的应用前景。图 1-6 简要总结了一些常见的提升蜂窝机械性能的设计方法。

(1)异形蜂窝结构

为改善传统六边形蜂窝的性能，研究学者从蜂窝本身的外形着手，提出了各式各样的异形蜂窝，例如拓扑分层、负泊松比蜂窝等新颖的结构。

结构层次的提高往往会导致结构更轻，机械性能更好，即使是中等质量的成分，也可以通过拓扑分层结构获得好的材料和高的结构效率[68]。目前常见的蜂窝拓扑分层结构主要有顶点分层[69-70]和胞壁分层[71]两类，顶点分层指的是将原蜂窝的每一个顶点用新的蜂窝胞元代替，而胞壁分层则用新的胞壁结构代替原蜂窝的每一个胞壁。负泊松比材料在压缩载荷下会产生局部集聚效应，从而强化承载能力，提升平台应力，同时芯材整体向受载区域堆积，强化了芯材的局部冲击刚度并达到了提升抗侵彻能力的效果[72]，目前研究学者提出的负泊松比蜂窝主要包括内凹角蜂窝[73-74]和手性蜂窝[75-76]两类。总的来说，以上这些异形蜂窝结构属于设计新型蜂窝的尝试，绝大多数复杂蜂窝结构通常采用增材制造的结

构进行实验研究[77]或采用数值仿真的方法进行研究，暂时缺乏大批量生产和应用推广的能力，若能在生产技术上得到突破，异形蜂窝有望得到大批量应用。

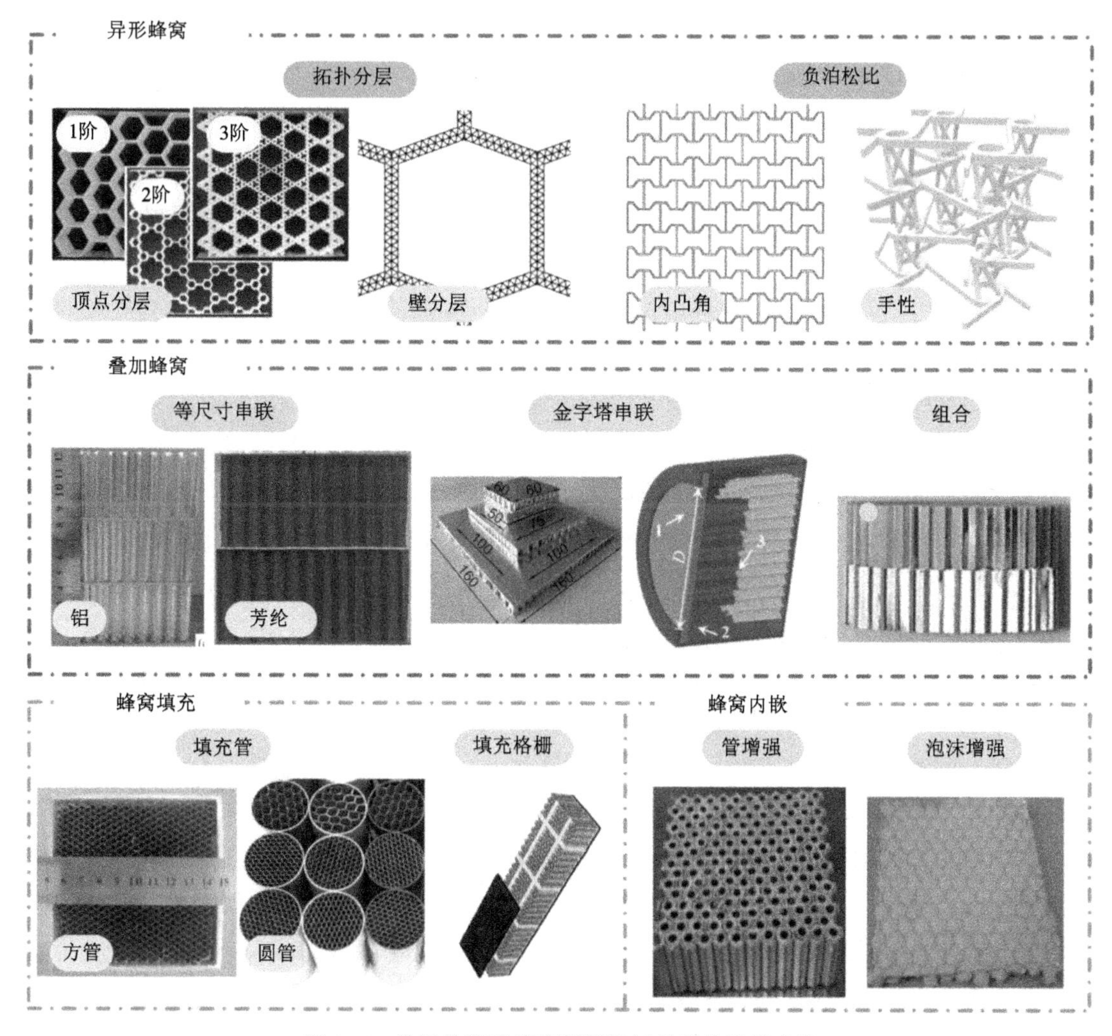

图1-6　常见的提升蜂窝材料机械性能的设计方法

（2）叠加蜂窝结构

将多个蜂窝在面外方向进行叠加，就构成了叠加蜂窝结构。在叠加蜂窝结构中，每一层蜂窝之间通常采用隔板隔开，结构在拓展蜂窝的应用范围，增强蜂窝的实用能力，提升蜂窝结构的刚度以及抗失稳能力和实现结构的可控变形、阶梯能级等方面都具有非常大的优势[47]。

目前，以铝蜂窝为基础材料的叠加蜂窝结构已经得到了充分研究，Palomba 等人[78]对双层铝蜂窝叠加的夹层结构进行了低速冲击实验并与单层进行了比较，表明了适当的芯部布置可以用于开发渐进式能量吸收器。Fazilati 等人[79]通过使用响应面法和遗传算法进行了多层铝蜂窝结构吸能性能的理论设计和优化，结果表明，使用多层结构和增加层数可以提高能量吸收性能。Wang 等人[80]研究了一种填充有串联铝蜂窝的复合结构的机械性能，发现串联铝蜂窝结构具有接近完美的响应；此外，串联铝蜂窝结构在预压缩之后其性能会更好，并且表现出稳定的如矩形般的压缩行为。在应用层面，Eskandarian 等人[81]使用有限元模型替代碰撞实验车辆，以验证其对路边物体的影响，而且转向架上配有多层铝蜂窝制成的多隔室，结果表明，该模型确实可以提供可靠的结果，并可用于评估路边附属物的冲击性能。

在此基础上，研究学者发现蜂窝若是以金字塔结构叠加，有望进一步提升结构的机械性能。金字塔结构通常具有更高的稳定性，Yosui[82]通过实验研究了多层铝蜂窝夹层结构的准静态和动态压溃行为，其中层以均匀和金字塔形排列，发现金字塔组件具有更强的能量吸收能力。Meng 等人[83]建立了多层叠加的铝蜂窝金字塔结构，研究在爆炸载荷作用下结构的动力学响应，结果表明结构在线性能量吸收中具有广阔的应用前景。

将叠加蜂窝中的隔板去除，直接将蜂窝芯进行叠加的结构称为组合蜂窝，而与之相对的原先就具有隔板的叠加结构又称作串联蜂窝，串联蜂窝和组合蜂窝具有不同的优势，例如串联蜂窝适合作为耐撞结构，而组合蜂窝的压缩响应相对更接近完美的矩形[67]，作为吸能结构更具优势。对于组合蜂窝的研究，Li 等人[84]研究了六边形铝蜂窝复合材料在不同堆叠角度下的准静态切削响应，表明可以通过在 0°和 90°堆叠角度下切削应力的差异来控制不同的四层组合蜂窝的变形顺序。李翔城[85]对双层铝蜂窝组合结构展开研究，认为蜂窝层间相互嵌入作用是组合式铝蜂窝异面压缩时特有的材料或结构的响应方式，嵌入本质是胞元壁之间相互剪切。

(3)蜂窝填充结构

对于蜂窝填充结构，以铝蜂窝为内填充物的各项研究已经相对成熟，常见的外支撑结构有管件和格栅结构，其中管件包括方管、圆管、六边形以及其他形状的管件，材料则包括铝管、碳纤维增强复合材料(CFRP)管、玻璃纤维增强塑料(GFRP)等，格栅则一般使用铝格栅。蜂窝的填充结构在提升蜂窝材料的强度、刚度、稳定性等方面都有一定帮助，并可降低蜂窝受载过程中因脱胶而散架的风险。

针对铝管、CFRP 管、GFRP 管中三种材料的管件，Sun 等人[86]对其机械性能进行了系统的实验研究并总结了将其运用于数值仿真的参数。对于填充结构，Wang 等人[87]通过实验和数值模拟的方法对金属蜂窝填充薄壁方管结构进行了全面的研究，并分析了内部和外部组件之间存在的匹配效果。Liu 等人[88]将铝蜂窝状填料引入方形 CFRP 管中，结果表明相对于普通复合管，峰值载荷和能量吸收有所增加；而 Sun 等人[89]将铝蜂窝材料混入空的圆形 CFRP 管，结果显示虽然 SEA 略有下降，但准静态应变率下仍胜过其金属同类管。Liu 等人[90]将铝蜂窝填充进 CFRP 增强塑料方管中以研究侧向平面挤压和弯曲响应，结果表明该结构具有优异的机械特性。此外，为了进一步改善管件结构的压缩性能，研究学者还尝试为管件增加初始缺陷，例如槽[91]、孔[92]等，这些方法的加工成本低并能有效优化管件

的压缩响应，从而改善受载的初始峰值力。

蜂窝填充管件的变形模式分为两类，一是由外部管件主导变形，二是由内部蜂窝主导变形[28]。在铝合金填充结构的情况下，主要的承受载荷实际上主要由外部铝管提供，而蜂窝对于承载吸能的影响很小，只能略微提升平台力，并增强蜂窝的稳定性。但是当容器为CFRP或GFRP管时，它们的强度比轴向的严重损坏要弱得多，以此方式将蜂窝作为填充剂，使其成为更坚固的部分，并且在变形模式中起着更重要的作用[93]。

格栅作为一种芯体结构，具有比刚度高、抗屈曲能力强的特点，也被用作填充蜂窝材料的外支撑[94-95]。一般来说，在格栅结构中，格栅的作用是提高结构的强度和刚度，而蜂窝则用于提供结构的功能性以及抗弯强度，面板则为结构提供光滑表面，以及一定的强度和刚度。

(4)内嵌蜂窝结构

在蜂窝填充管件结构的启发下，研究人员将内填充物和外管件替换，提出了嵌入式蜂窝结构。在这种结构中，蜂窝不再作为填充物，而是作为支撑，细小的管件等结构则作为内嵌物嵌入蜂窝的胞元之中[28]。蜂窝嵌入结构可有效提升蜂窝刚度，并且由于蜂窝壁与管件的相互耦合作用，嵌入式蜂窝结构的吸能能力可能超过单独的蜂窝与管件的吸能能力之和。此外，该结构还具有更强的抗侵彻能力。

Antali等人[96]研究了嵌入式CFRP管的铝蜂窝芯的能量吸收特性，表明将CFRP管嵌入蜂窝中可极大地增强型芯的能量吸收性能。Balaji等人[97]提出了内嵌了三个CFRP管的铝蜂窝填充方形铝柱结构，实验表明了该结构优异的机械性能。Zhang等人[98]在铝蜂窝中添加少量铝管并通过落锤冲击响应进行了实验和数值研究，结果表明添加管填充物能使面板的应力和变形分布更加均匀，结构吸收冲击能量的速度更快，并有效减少了前面板的变形。Wang等人[99]在铝蜂窝中分别添加CFRP管和铝管进行实验，结果表明在一定的填充模式下，其能量吸收得到了明显的提高。当然，嵌入的材料可以不局限于传统的管件，也可以采用泡沫材料等[100]。

总的来说，目前嵌入蜂窝结构大多采用的都是铝蜂窝，这种嵌入式蜂窝结构在金属蜂窝上已经得到了相对成熟的研究，但是尚缺乏对芳纶蜂窝的研究。在最近，Yan等人[101]将芳纶蜂窝中心掏空并插入一根CFRP管件，提出了一种新型的管增强吸收蜂窝夹层结构，并对它的压缩性能和能量吸收特性进行了实验和数值仿真研究。尽管这种方法可能会给原先整体的蜂窝结构带来很大的缺陷，但是研究结果显示相比单个蜂窝结构，该结构的机械性能得到了大幅改善，可见芳纶蜂窝与CFRP管件有着非常良好的匹配和相互作用关系。

1.3 本书的主要研究内容及章节安排

1.3.1 主要内容

芳纶蜂窝及夹层结构在铁道车辆中的应用越来越广泛。在车辆运营的过程中，蜂窝结构会承受各种外加载荷，如压缩、弯曲、冲击、扭转、剪切、交变应力等，这些机械性能将严重影响车辆运行的安全性。为普及芳纶蜂窝的突出特性，拓展芳纶蜂窝的工程应用，特编写了《芳纶蜂窝力学性能及其应用》。本书针对芳纶蜂窝及夹层结构在实际应用中出现的主要力学问题(包括压缩力学性能、弯曲力学性能、冲击性能等)展开了全面的分析与总结，详细介绍了基于多层属性的芳纶蜂窝芯的数值仿真方法，以内嵌 CFRP 管的芳纶蜂窝结构为例，探讨了提升芳纶蜂窝的结构设计方法，最后设计了一套芳纶蜂窝芯填充薄壁金属结构的复合式吸能结构，为芳纶蜂窝的工程应用提供示范。本书研究的主要内容如下：

(1)芳纶蜂窝芯面内与面外压缩力学行为及吸能特性研究

芳纶蜂窝的力学特性与蜂窝规格、制作工艺、压缩方向和变形模式等因素密切相关，蜂窝的变形模式直接决定了其力学特性，而蜂窝规格、制作工艺、压缩方向又往往决定了其变形模式。以上因素共同决定了这种芳纶蜂窝的各向异性特征及特殊力学性能。本书旨在挖掘芳纶蜂窝特殊力学性能，阐明蜂窝各胞元屈曲模式、脆裂失效特征、塑性坍塌行为及能量耗散方式，揭示蜂窝塑变屈曲吸能机理。

(2)不同类型的芳纶蜂窝在不同叠加组合时的力学性能及吸能特性

芳纶蜂窝在再加工及比吸能方面优于铝蜂窝，但是初始应力峰值较大及撞击力平稳性方面稍弱于铝蜂窝，而且压缩行程要求较大时，单块蜂窝容易出现失稳使得吸能效果降低。不同类型的芳纶蜂窝通过不同叠加组合可以优化蜂窝的力学特性，得到目标梯度应力响应特性；本书将通过压缩实验研究不同类型的芳纶蜂窝在不同叠加组合方式下的力学性能及吸能特性，为芳纶蜂窝的应用和性能优化提供力学性能数据支撑，进而对缓冲吸能材料或结构的应力响应方式进行设计。

(3)基于多层属性的芳纶蜂窝芯的数值仿真方法

芳纶蜂窝的生产较复杂，它是将芳纶纸做成的裸蜂窝多次浸胶制成的。工艺的复杂性决定了芳纶蜂窝力学性能仿真的复杂性。芳纶蜂窝在厚度方向上可以将蜂窝壁划分为三层，中间层的芳纶纸以及两侧的酚醛树脂涂层，每层具有各自的材料特性。以上特性使得芳纶纸和酚醛树脂在准静态压缩实验中，会表现出两种完全不同的材料特性，即前者的理想弹塑性以及后者的脆性失效特性。如何在使用壳单元的基础上，保证内部芳纶纸特性的同时还能考虑到酚醛树脂涂层在实验过程中的脆性失效是仿真分析需要重点解决的问题。

(4)芳纶蜂窝夹层结构弯曲力学性能研究

铁道车辆作为一种载运工具，承载时必然会给结构件带来弯曲载荷。芳纶蜂窝夹层结

构弯曲性能主要是用来检验结构件经受弯曲负荷作用时的性能。本书对不同规格的芳纶蜂窝夹芯板进行了弯曲实验，研究芳纶蜂窝夹芯板在弯曲作用下的变形模式、破坏特征及失效机理，系统研究不同因素(不同规格、不同方向、不同蜂窝芯厚度、不同蒙皮厚度、不同跨距等)对芳纶蜂窝夹芯板弯曲性能的影响，以指导该类夹芯板结构的分析与设计。

(5)芳纶蜂窝夹层结构动态冲击下力学性能研究

铁道车辆在运用及检修的过程中经常会遭受各种冲击损伤，如与冰雹、碎石、维修工具等物体的碰撞等，这种损伤不仅会影响铁道车辆的承载能力，还可能会导致严重的后果。本书将通过不同材质、不同规格芳纶蜂窝、不同铝皮厚度、不同碰撞速度下的落锤撞击实验，判定不同材质、不同规格、不同碰撞速度下芳纶蜂窝结构的大变形模式、速度、加速度、撞击力及吸能量特性；结合实验数据和实验现象，分析材料的损伤物理尺寸、材料的变形与其承受的应力及变形中的应变率和内能等变量之间的复杂的关系；建立芳纶蜂窝夹层结构冲击有限元模型，对不同面板厚度、不同锤头直径、不同冲击能量的失效模式进行仿真模拟；研究压痕与冲击载荷间的理论关系，用以指导实际应用中判断是否对结构强度进行调整。

(6)内嵌 CFRP 管的芳纶蜂窝力学性能提升研究

为了提升芳纶蜂窝吸能能力，提出内嵌 CFRP 管的芳纶蜂窝(NHFCT)结构，基于准静压实验、有限元仿真和理论模型对其机械性能展开研究。实验表明，NHFCT 保持芳纶蜂窝良好吸能特性的同时提升了吸能量与比吸能，随着 CFRP 管的质量分数的增大，吸能平稳性先保持后下降，平稳性拐点约 0.3，此时吸能量提升 120%，比吸能提升 60%。CFRP 管分散分布的吸能量和稳定性一般优于集中分布。在 NHFCT 受载时，芳纶蜂窝折叠变形，CFRP 管撕裂膨胀，内嵌胞元鼓胀变形。本书建立的有限元仿真模型模拟了 NHFCT 变形模式，构建的理论模型对 NHFCT 吸能性能进行了预测。为适应实际应用进一步开展的实验结果表明，大幅面 NHFCT 的性能更加稳定，叠加 NHFCT 呈现逐级梯度变形，CFRP 管在层间面板上产生细微压痕，受面板刚度影响呈现漏斗状撕裂。该研究成果可为提升芳纶蜂窝结构机械性能及拓宽芳纶蜂窝应用范围提供参考。

(7)芳纶蜂窝在地铁车辆专用吸能结构中的应用研究

芳纶蜂窝在铁道车辆上广泛应用各种非主要承载构件。本书基于轻质高比吸能的优良特性，结合地铁车辆的具体结构尺寸及安装空间要求和吸能结构设计要求及评价指标，合理组合和优化芳纶蜂窝结构与金属薄壁结构的匹配关系，设计适用于地铁的芳纶蜂窝复合式吸能结构。本书将不同规格的芳纶蜂窝应用于吸能装置中，建立有效的吸能结构的有限元模型模拟分析准静态下和 25 km/h 碰撞速度下吸能结构的变形、撞击力和能量的变化，并对其进行不同工况下的耐撞性及吸能性评估。

本书拟采用理论分析、实验研究和数值仿真模拟相结合的方法进行研究。具体的研究方法如下：

(1)理论分析

芳纶蜂窝夹层结构材料和其他种类的多孔材料相同，材料的非线性、几何非线性以及芳纶蜂窝加工工序的复杂性使得对多孔的蜂窝夹层结构建立完整且无偏倚的理论分析方法很困难。多孔材料结构力学性能取决于两个方面：一是基体材料的力学性能；二是蜂窝夹层结构的结构，这里包括蜂窝芯材的形状、尺寸和力学的方向性。本书通过芳纶蜂窝芯胞元分析方法，建立了蜂窝面外加载时力学量和吸能量与蜂窝构型、外观尺寸间的映射关系；对芳纶蜂窝三点弯曲下的失效模式进行了分析，对不同失效模式下夹层结构的压溃载荷进行了理论计算，并将理论值和实验值进行了对比验证；分析了国内外关于蜂窝夹层结构的冲击失效机理的研究，对引起夹层板损伤的参数以及冲击过程中可能产生的失效模式和原因进行了研究，探讨了短暂冲击下芳纶蜂窝夹层结构发生的变形和破坏，材料的损伤物理尺寸、材料的变形与其承受的应力及变形中应变率和内能等变量之间出现的复杂关系。根据赫兹定律，研究 A 型损伤下压痕与冲击载荷间的理论关系，并根据试件实验后测量出的最大凹痕深度对冲击载荷峰值进行预测。

(2)实验研究

实验研究是力学研究领域中、最直接最常用的方法，可在万能材料力学性能实验机上开展单个蜂窝各向异性静压实验、芳纶蜂窝结构的准静态压缩实验和夹层结构的三点弯曲实验。实验机可以对试件进行位移和载荷的加载，并且在此过程中通过传感器以一定采样频率记录作用力。该实验费用相对较低，重复性好，操作方便；实验结果虽具有一定随机性，但可以通过多次实验来消除。通过该实验可以获取数值仿真中结构材料模型的材料卡片和相关参数。在落锤冲击实验机上开展复合式吸能结构的冲击实验，该实验机对整个冲击过程中的速度、能量、冲击力、变形等随着时间的变化历程均可以通过实验自带的数据采集和处理系统得到；该实验可研究复合式吸能结构中芳纶蜂窝芯与金属薄壁元件的耦合力学行为与吸能特性。通过准静态和冲击实验获得蜂窝结构的吸能特性，验证并修正理论公式的正确性。

(3)数值模拟研究

数值模拟灵活快捷，能大幅度降低装备的设计成本和时间，在工业中得到了广泛的应用，本书中用到的主要数值模拟软件为有限元软件 LS-DYNA，LS-DYNA 的前身 DYNA 程序是 1976 年为了北约武器结构设计计算，由 John O. Hallquist 博士在美国 Lawrence Livermore 国家实验室主持开发完成的计算分析工具，当时主要用于核武器设计中的大变形动态响应。1988 年，随着 LSTC 公司的成立，DYNA 走向商业化发展，更名为 LS-DYNA。该软件经过多年不断发展和改进，计算精确，使用面广，深受用户青睐；还具有丰富的算法和功能，涵盖各类金属、玻璃、岩石、炸药、复合材料等近 300 种材料的本构模型供选择，拥有包括自动接触、点面接触、固连接触等 40 多种接触类型，可选择壳单元、体单元、梁单元等 16 种单元类型进行分析计算，可以对物体受到的结构、热、流体、声场、电磁场等各类物理场及其耦合作用进行仿真分析。

由于仿真软件模拟的环境与现实会有一定差异，故利用数值模拟时，要先通过与实验

结果对比来验证数值模拟的可靠性。芳纶蜂窝是具有多层结构的复合材料，其模型相比金属材料更加复杂，因此本书做了大量的实验来验证基于多层属性的芳纶蜂窝芯的数值仿真方法的可靠性。

1.3.2 章节安排

本书针对芳纶蜂窝及其夹层结构进行了力学性能研究，展开了一系列实验。首先，对芳纶蜂窝进行了正交三方向压缩性能对比分析和吸能特性研究，建构了基于多层属性的芳纶蜂窝芯材数值仿真模型。其次，研究了不同类型的芳纶蜂窝叠加组合时的耦合力学行为及特性。针对芳纶蜂窝夹芯板，研究了结构弯曲力学性能及变形机理和冲击载荷下芳纶蜂窝夹芯板结构的动态响应规律及失效机理。最后，进行了内嵌 CFRP 管的芳纶蜂窝(NHFCT)机械性能研究，运用实验总结压缩响应规律，建立了有限元模型和吸能预测模型，并研究了面向实际应用的大幅面和叠加 NHFCT 结构性能。本书的技术路线如图 1-4 所示。

第 1 章介绍了研究的背景和意义。具体介绍了芳纶蜂窝结构优异的材料性能，总结了芳纶蜂窝力学性能及吸能特性方面的国内外研究现状，指明现有研究工作的不足之处，说明本书的主要研究方法及内容。

第 2 章在 INSTRON 1342 液压实验机上完成蜂窝芯的静态力学实验，通过实验评估芳纶蜂窝在静态加载实验中的总体吸能量；确定各规格的芳纶蜂窝结构的初始撞击力峰值，峰均比、比吸能等参数与规格参数的相关性；探索基于多层属性的蜂窝压溃数值模拟方法，将仿真得出的应力-应变曲线和吸能量与实验进行对比，以验证该数值仿真方法的可靠性。

第 3 章对不同结构或类型的芳纶蜂窝进行叠加组合下的力学性能的研究，分析不同叠加形式下芳纶蜂窝的准静态异面压缩的响应机理、机械性能和能量吸收特性，得出目标梯度应力响应曲线，进而对缓冲吸能材料或结构的应力响应方式进行设计，总结各自的应用方向；通过仿真对比应力-应变曲线和能量吸收曲线，预测多层芳纶蜂窝的叠加性能；研究不同的冲击速度对多层蜂窝力学性能的影响。该章可为多层芳纶蜂窝的应用研究提供基础。

第 4 章通过三点弯曲(TPB)实验对不同规格的蜂窝夹层板进行了弯曲性能对比分析及吸能特性研究。本章从五个角度来研究不同参数对夹层板力学性能的影响：(1)不同方向蜂窝芯；(2)不同规格蜂窝芯；(3)不同蜂窝芯厚度；(4) 不同蒙皮厚度；(5) 不同支撑跨距。建立了蜂窝壁的三层结构有限元模型，进行了相应的弯曲力学性能仿真分析。

第 5 章根据美国材料与实验协会的冲击实验标准 ASTM D7766 进行了铝合金蒙皮的芳纶蜂窝夹层板的冲击实验，研究其在冲击载荷下的动态力学行为，得到夹层板的冲击载荷——时间响应曲线。通过对实验结果和数据进行分析，研究了蜂窝芯密度、蒙皮厚度、冲击物直径、冲击能量对蜂窝夹层板力学性能响应及损伤模式的影响，并对照实验工况进

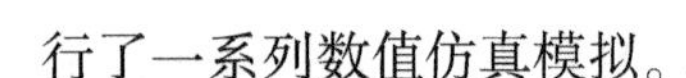

行了一系列数值仿真模拟。

第 6 章通过大量芳纶蜂窝内嵌 CFRP 管结构的准静态压缩实验，总结内嵌式芳纶蜂窝的压缩响应规律，归纳适宜吸能结构和耐撞结构的内嵌管件密度，建立有限元模型和近似理论模型预测内嵌式芳纶蜂窝的吸能能力，从而探讨提升芳纶蜂窝压缩性能的结构设计方法。最后针对结构的实际应用研究了大幅面和叠加的内嵌式芳纶蜂窝压缩性能。

第 7 章将芳纶蜂窝应用于地铁车辆防爬吸能装置。结合了地铁车辆的具体结构尺寸及安装空间要求，设计出合理的吸能结构，在 Hypermesh 中建立了蜂窝等效模型和防爬吸能装置的有限元模型，在 LS-DYNA 程序中分析了采用不同规格的蜂窝结构的吸能情况及整个结构的吸能量。对两种不同撞击速度下的吸能结构的变形、撞击力的变化和能量的变化进行了分析研究。

第 8 章对本书的工作进行了总结、归纳，指出了本书的不足之处，并对今后开展相关研究工作及应用提出了一些建议。

第 2 章

芳纶蜂窝芯材静态压缩力学性能

2.1 引言

对于芳纶蜂窝及夹层结构力学性能的研究应从准静态实验着手，这基于两个原因：第一，相比碰撞实验，准静态实验装置更简单；第二，相对于动态实验，准静态实验更加容易观察到详细的变形历史，可以更好地连续监视各个特殊位置的载荷、位移和应变，观察正在变形的结构。蜂窝芯材受压力时溃损伤的过程也是能量吸收的过程，蜂窝芯层局部塌陷损伤可以耗散大部分的冲击能量，从而保护列车结构的连接部件或与之相临近的结构。芳纶蜂窝夹层结构中铝板对芳纶蜂窝芯材静态压缩力学性能及吸能特性几乎不构成影响，因此本章中的研究对象为裸蜂窝芯。本章的主要目的是评估芳纶蜂窝在静态加载实验中的总体吸能量；确定各规格芳纶蜂窝结构的初始撞击力峰值，峰均比、比吸能等参数与规格参数的相关性。芳纶蜂窝拥有独特的结构特点，因此如何在有限元模型内既考虑芳纶纸材料特性的弹塑性又实现酚醛树脂的脆性失效为本章研究的重点和难点。

2.2 芳纶蜂窝几何描述

目前，大多数芳纶蜂窝材料胞元的截面是呈六角形的，孔格形状有正六边形、过拉伸、单曲柔性、双曲柔性、增强正六边形等多种形式。在这些蜂窝夹芯材料中，以增强六边形强度最高，正六边形蜂窝次之。另外，由于正六边形蜂窝易于自动化生产、节省材料、强度较高，这种类型的蜂窝在国内的应用最为广泛。

典型的芳纶蜂窝试件及其结构参数图如图 2-1 所示[102]。该芳纶蜂窝为一典型的具有双层胞壁厚度的蜂窝芯结构，图中 L_0 为蜂窝芯的长度，W_0 为蜂窝芯的宽度，T_0 为蜂窝芯的厚度，t 为蜂窝胞元的壁厚，l 和 h 分别为蜂窝胞元的边长，d_c 为胞元直径，θ 为胞元孔格壁角(cell wall angle)，通常 $d_c=2l\cos\theta$，对于正六边形蜂窝胞元：$l=h$，$\theta=30°$，$d_c=\sqrt{3}l$。如图 2-2 所示，与胞元蜂格轴向方向一致的 T 方向为蜂窝的面外方向，而 L 方向和 W 方向为面内方向。L 方向上的蜂窝细胞壁（双层细胞壁）是 W 方向上的蜂窝细胞壁（单层细胞壁）的 2 倍厚，这是由于在制造加工过程中纸张间胶合叠加的结果。通常来说，蜂窝的面内弹性刚度要比面外方向的弹性刚度小 2 个数量级，因此，蜂窝芯材的承载方向一般为面外方向（T 方向）。但是由于芳纶蜂窝在面内压缩时具备独特的回弹性能，本书对芳纶蜂窝三个方向的力学性能均展开了全面系统的研究。

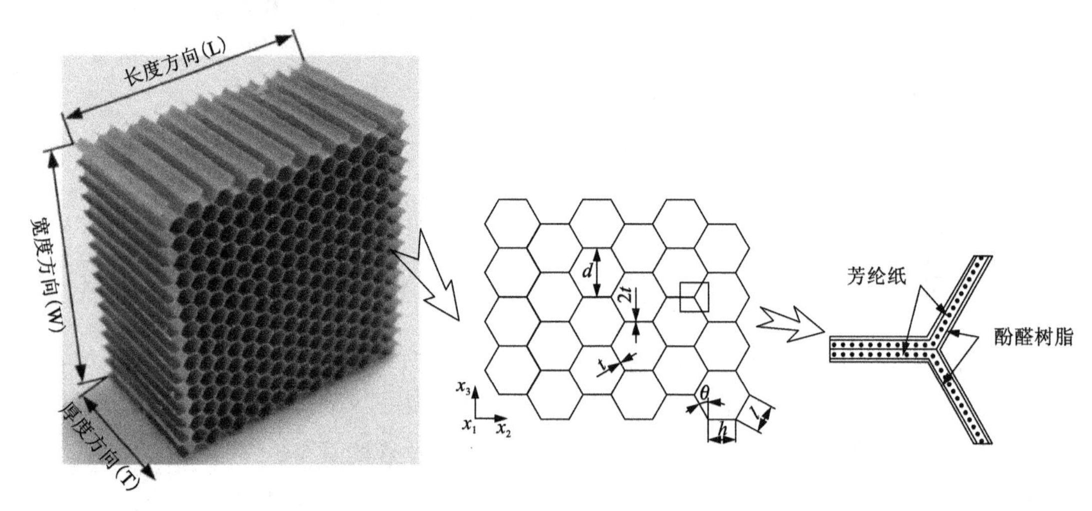

图 2-1　芳纶蜂窝结构

目前，生产厂家通常用蜂窝的类别、孔格尺寸、孔格形状、等效密度等参数来定义蜂窝的规格。如 ACT1-3.2-48 中，ACT1 代表蜂窝的类别，3.2 代表蜂窝的胞径，48 代表蜂窝的等效密度。其中，蜂窝芯的等效密度 ρ_n 为蜂窝芯的质量除以蜂窝芯的体积。芳纶蜂窝密度范围较广，密度小于 48 kg/m^3 的属于低密度蜂窝，而密度在（48～144）kg/m^3 的蜂窝为中、高密度蜂窝，它具有较高的强度和刚度，可应用于某些有特殊力学性能要求的场合。

2.3　芳纶蜂窝的静态压缩力学性能参数

图 2-3 为芳纶蜂窝面外准静态压缩的典型应力-应变曲线。

从图 2-3 中可以看出，芳纶蜂窝的准静态压缩曲线大致可以分为以下四个阶段：

（1）弹性变形阶段（elastic deformation phase）。图 2-3 中的 AB 段，芳纶蜂窝在开始承受异面压缩的极短时间内发生弹性变形，应力-应变曲线在该段内基本呈线性，此时若撤去载荷，芳纶蜂窝可以恢复为原状。

（2）屈曲阶段（buckling phase）。图 2-3 中的 BC 段，蜂窝发生屈服，代表弹性变形阶段的结束，蜂窝结构进入弹性屈曲阶段，应力与应变失去正比关系。蜂窝材料表现为突然

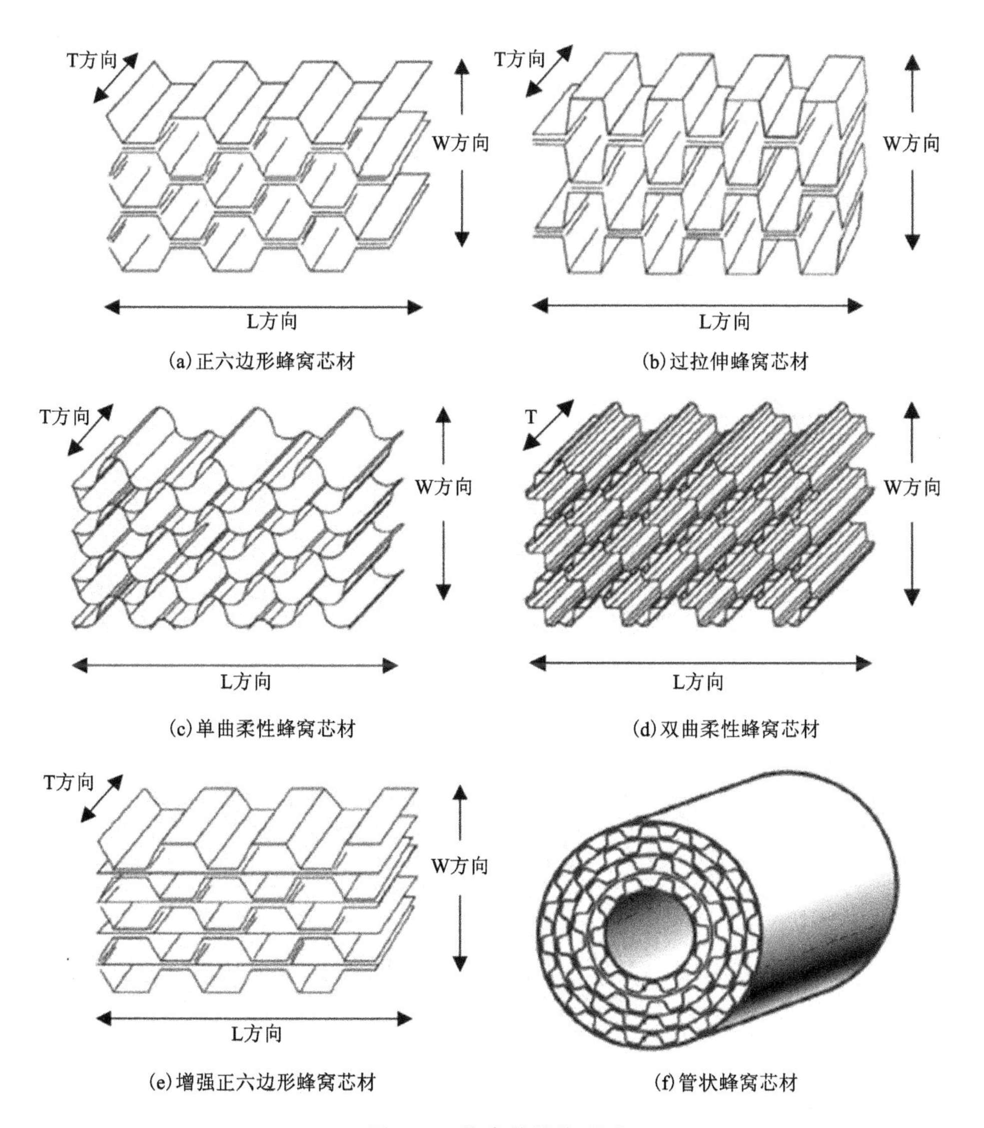

(a)正六边形蜂窝芯材　(b)过拉伸蜂窝芯材

(c)单曲柔性蜂窝芯材　(d)双曲柔性蜂窝芯材

(e)增强正六边形蜂窝芯材　(f)管状蜂窝芯材

图 2-2　蜂窝的结构形式

软化，承载能力迅速减弱，这个阶段也称为蜂窝芯材的软化阶段。

(3)塑性压溃阶段(compression phase)。图 2-3 中的 CD 段，为蜂窝压溃阶段。在这个阶段内，载荷值变化不大，蜂窝壁逐渐分层次折叠，变形进入塑性折叠阶段。由于变形模式稳定，应力-应变曲线在这一阶段只是在很小范围内波动，孔壁的塑性折叠和拉伸吸收了大量的能量，蜂窝结构面外压溃屈服阶段占据了很大应变变化范围。

(4)致密化阶段(densification phase)。图 2-3 中 D 点之后，此时蜂窝胞壁全部折叠，蜂窝被压实，继续压缩形成较小应变所需的应力急剧增加，应力-应变曲线大幅上升。

为了考核不同规格的芳纶蜂窝力学性能及吸收能量的能力，本书引入如下主要评估指标：蜂窝压缩应力 σ、蜂窝名义应变 ε、压溃应力 σ_c、压溃应变 ε_c、平台应力 σ_p、吸能量

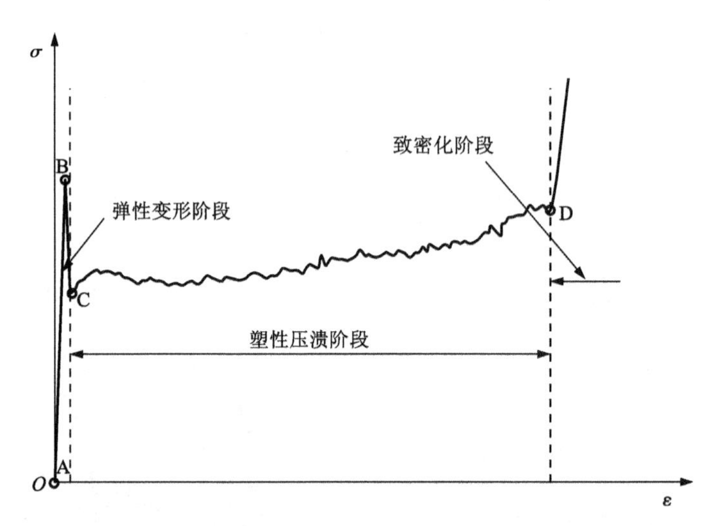

图 2-3　芳纶蜂窝面外准静态压缩的典型应力-应变曲线

E_a、比吸能 E_m、残余率 μ 等[103-104]。

(1)蜂窝压缩应力 σ

蜂窝结构在某一方向的压缩应力 σ 为该方向压缩力 F 与作用平面面积 A_S 的比：

$$\sigma = \frac{F}{A_S} \tag{2-1}$$

(2)蜂窝名义应变 ε

蜂窝结构在某一方向的压缩应变 ε 为该方向压缩位移 d_i 与该方向初始高度 H 的比值：

$$\varepsilon = \frac{d_i}{H} \tag{2-2}$$

(3)压溃应力 σ_c

蜂窝从弹性变形阶段到压溃变形阶段的临界应力值。

(4)压溃应变 ε_c

蜂窝弹性变形阶段到压溃变形阶段的临界应变值。

(5)平台应力 σ_p

通过对载荷位移历程中的平台区段(图 2-3 中的 CD 段)求平均值得到，主要反映结构的整体承载水平：

$$\sigma_p = \frac{1}{d_C - d_D}\int_{d_D}^{d_C} f(x)\,dx \tag{2-3}$$

式中：σ_p 为平台应力；d_C 为平台区段的起点位移；d_D 为压溃阶段的终点位移。

(6)吸能量 E_a

能量吸收的大小可用压缩力-位移曲线以下所围成的面积来表征[105]：

$$E_a = \int_{d_A}^{d_D} f(x)\,\mathrm{d}x \tag{2-4}$$

式中：E_a 为蜂窝在压缩过程中的总吸能量；$f(x)$ 为结构压缩力随压缩位移变化的函数；d_A 与 d_D 分别对应受压方向的位移起点和位移终点，通常将结构开始进入密实段的位移值作为位移终点。

(7) 比吸能 E_m

结构所吸收的能量与其质量之比，比吸能越大表明结构吸收能量的能力越强[106-107]：

$$E_m = \frac{E_a}{m} = \int_{d_D}^{d_A} f(x)\,\mathrm{d}x \tag{2-5}$$

式中：E_m 为单位质量吸收的能量；m 为蜂窝试件的质量。

(8) 残余率 μ

$$\mu = \frac{H_D}{H_0} \times 100\% \tag{2-6}$$

式中：μ 为蜂窝芯块的残余比例；H_D 为蜂窝刚进入密实化阶段时的高度；H_0 为蜂窝的初始高度。

2.4　实验材料及实验方法

本书选用了五种不同规格的芳纶蜂窝，同时为了便于后文进行定量分析，还引入了一个合成参数 ρ_n/d，即蜂窝的等效密度和胞径的比值。用于本次研究的蜂窝结构类型及其相关参数如表 2-1 所示。

表 2-1　蜂窝结构类型及其参数

蜂窝类型	d/mm	l/mm	等效密度 ρ_n/(kg·m^{-3})	ρ_n/d	总体尺寸		
					L_0/mm	W_0/mm	T_0/mm
ACT1-3.2-48	3.2	1.83	48	15	80	80	40.5
ACT1-3.2-144	3.2	1.83	144	45	80	80	45
ACT1-4.8-32	4.8	2.75	32	6.67	80	80	45
ACT1-4.8-48	4.8	2.75	48	10	80	80	45
ACT1-4.8-80	4.8	2.75	80	16.67	80	80	55.5

芳纶蜂窝的准静态压缩力学性能实验在中南大学现代分析测试中心的 INSTRON 1342 液压实验机上完成，该实验机提供的最大载荷为±250 kN，位移量程为±50 mm。将结构置

于实验机的承台上，调整结构的位置以保证和承载台同轴，如图 2-4(a)所示。实验过程中，实验机以 5 mm/min 的恒定速度对蜂窝结构进行加载，当蜂窝被完全压溃且压力急剧上升时停机卸载。与面外压力相比，蜂窝的面内压力较小，为了提高实验的精确性，我们选择在中南大学现代分析测试中心 MTS Insight 30 力学实验机上完成面内准静态压缩力学性能实验[如图 2-4(b)所示]，该设备的最大载荷量程为±30 kN，载荷测量精度为±0.5%，加载速度、实验条件和约束条件等与 INSTRON 1342 液压实验机相同。为避免偶然因素对实验结果的影响，对每种规格的试件进行了 2 次重复性实验(5 种类型结构，三个方向中每个方向各 2 次实验，总共 30 次实验)。

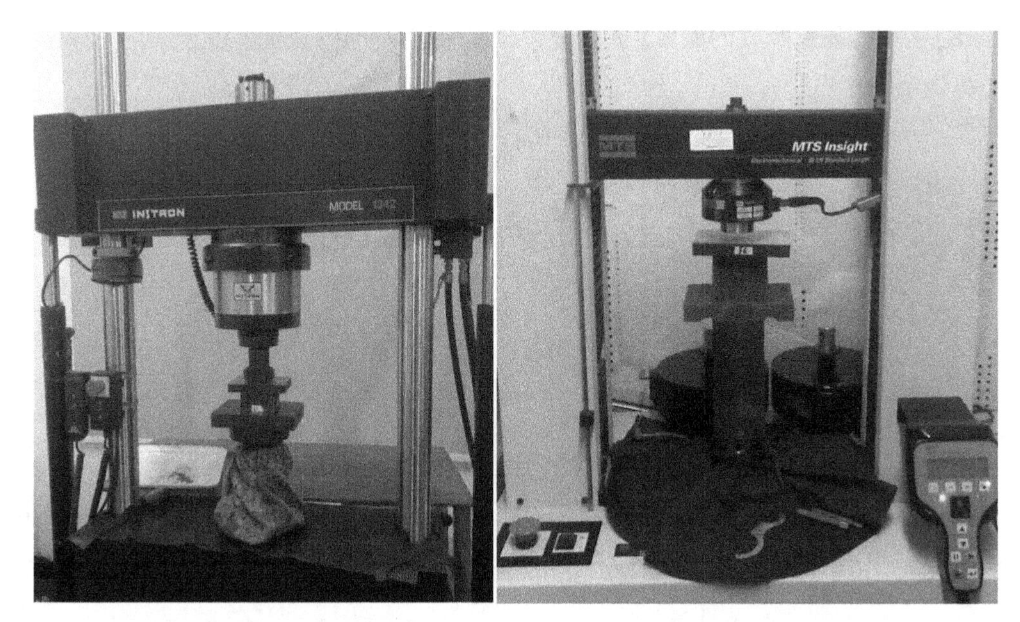

(a) INSTRON 1342液压实验机　　(b) MTS Insight 30力学实验机

图 2-4　实验所用设备

2.5　芳纶蜂窝压缩特性影响因素研究

2.5.1　芳纶蜂窝面外压缩特性及失效模式分析

芳纶蜂窝的面外压缩性能是本次研究的重点，它主要是通过平压强度来反映，同时蜂窝芯材承受面外压力作用发生压溃损伤及变形的过程，也就是能量吸收的过程。由于篇幅有限，本书分别以 ACT1-3.2-144(d=3.2 mm，ρ_n=144 kg/m^3)和 ACT1-4.8-48(d=4.8 mm，ρ_n=48 kg/m^3)两种蜂窝规格为例，分析它们的面外压缩力学特性。图 2-

5(a)和图 2-6(a)分别为两种芳纶蜂窝在承受面外载荷时的应力-应变曲线[图 2-5(b)和图 2-6(b)为局部放大图]。

图 2-5(c①~c⑤)和图 2-6(c①~c⑤)分别展示了在平压过程中蜂窝壁的具体变形情况，芳纶蜂窝在准静态实验中的破坏失效模式基本相似。在面外压缩载荷作用下，蜂窝壁折叠、褶皱从上端有规律地向下传播，在压缩的初始阶段，蜂窝芯层垂直于载荷方向上出现了由于蜂窝壁失稳而导致的横向裂纹，并且蜂窝 ρ_n/d 越小裂纹就越明显。但这个并不影响低速平压下蜂窝褶皱的产生和整体的变形，最终蜂窝壁被压皱，使得整体结构因破坏面失效。图 2-5(c⑥)和图 2-6(c⑥)分别为这两种蜂窝的最终变形图。

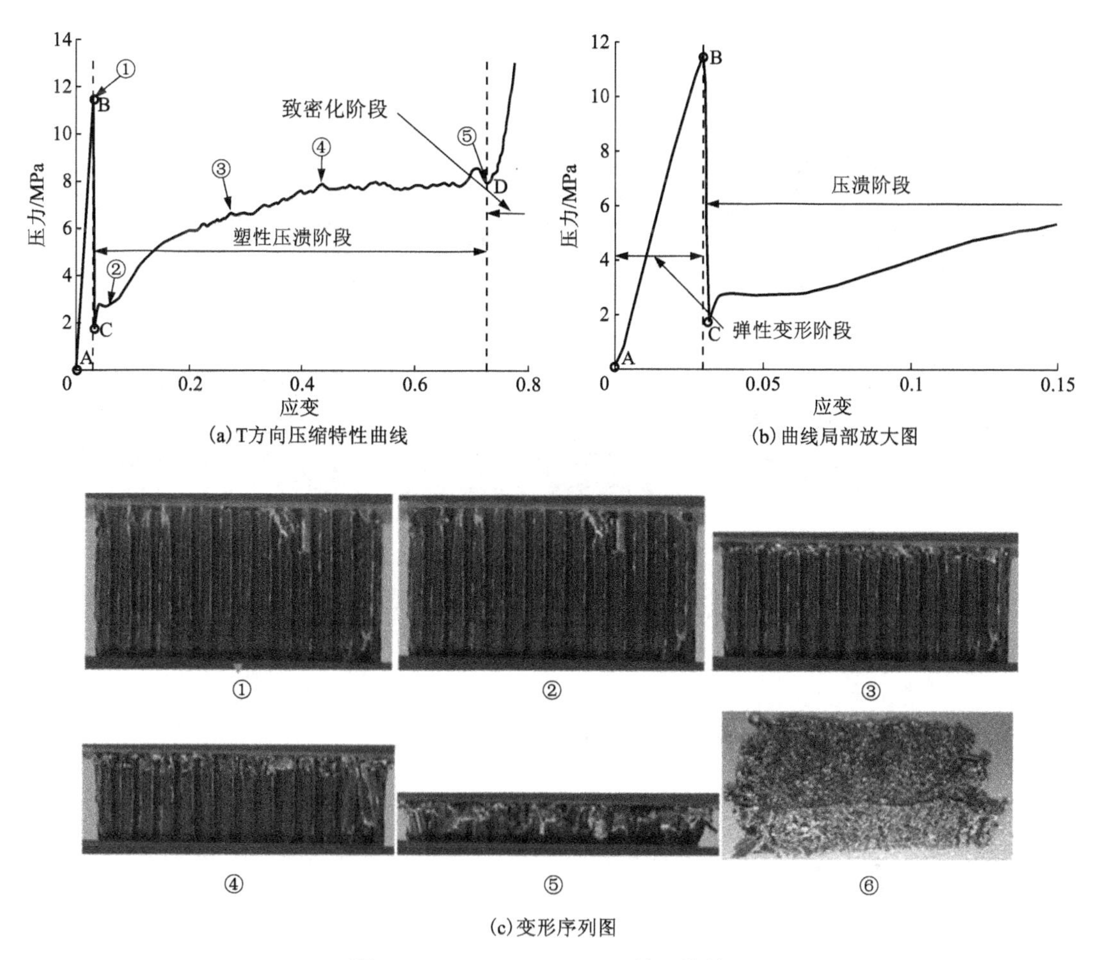

图 2-5　ACT1-3. 2-144 面外压缩结果

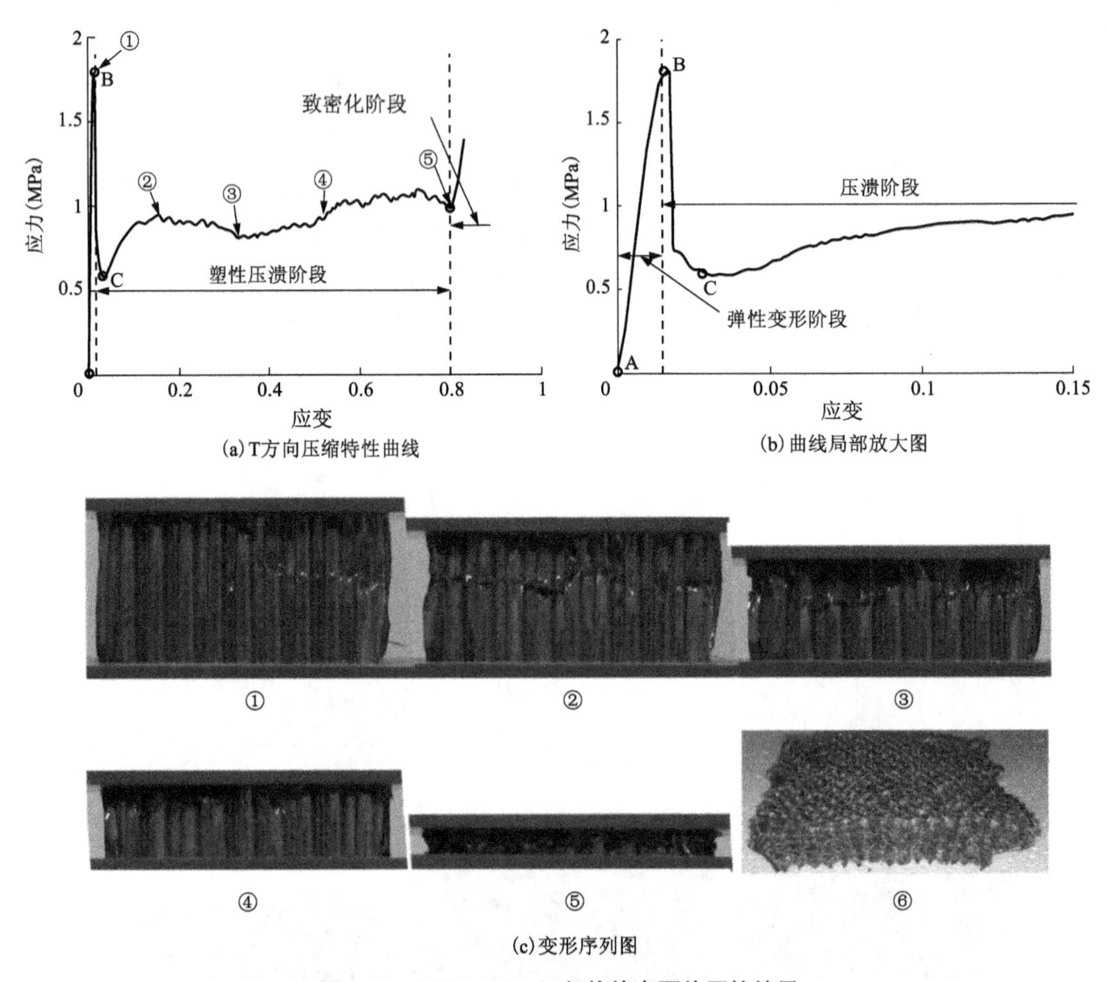

图 2-6　ACT1-4.8-48 规格蜂窝面外压缩结果

2.5.2　芳纶蜂窝面内压缩特性及失效模式分析

(1)L 方向的压缩特性及失效模式分析

图 2-7 和图 2-8 分别为两种芳纶蜂窝在承受 L 方向面内载荷时的压缩结果。从图 2-7(a)和图 2-8(a)可以看出：L 方向的应力-应变曲线同 T 方向走势基本一致，都包含弹性区域、平台区域和密实化三个阶段。当外部载荷加载到胞元的胞壁上时，胞壁会如同板结构一样发生变形。胞壁的弯曲变形在宏观上表现为蜂窝材料的应变。因此，蜂窝胞元的结构响应确定了蜂窝材料的总体应力-应变曲线。在第一阶段，即线弹性阶段，胞壁只发生小挠度弹性弯曲；第二阶段的变形则由弹性屈曲、塑性破损和脆性断裂三种不同胞壁失效机制来主导。对于 ρ_n/d 最大的 ACT1-3.2-144 规格蜂窝，蜂窝酚醛树脂含量较高，而树脂为临界应变很小的脆性材料，变形过程中由于胞壁出现过大的应变会导致脆性断裂，这种

脆性断裂通常伴有较大的平台应力波动[如图 2-7(a)所示]。

图 2-7(b)和图 2-8(b)展示了蜂窝在 L 方向上的压溃变形模式，蜂窝在 L 方向上的压溃变形并不完全一致，ACT1-3.2-144 规格蜂窝显示的是从非加载端开始依次推进的逐层压缩直至密实化，ACT1-4.8-48 规格蜂窝显示的是整个结构呈整体均匀坍塌变形直至密实化。

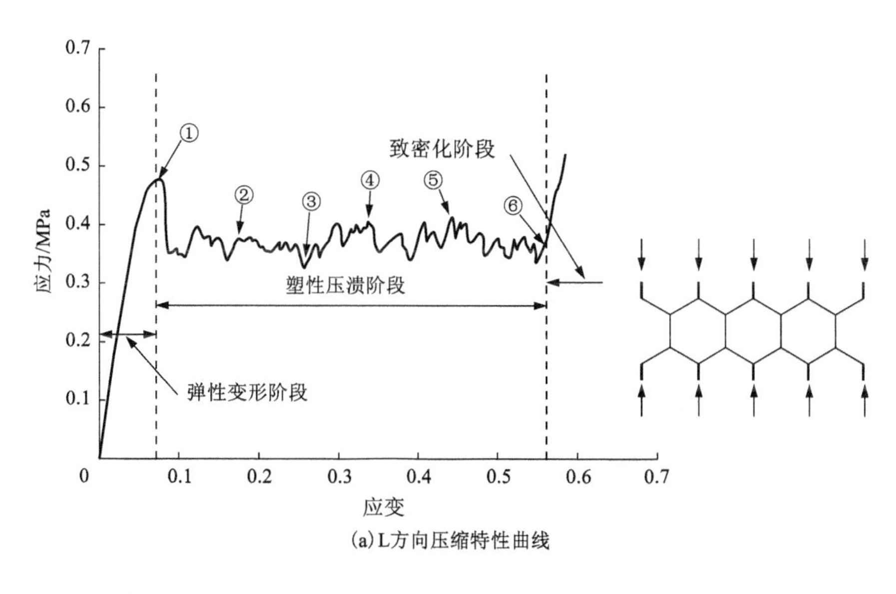

(a) L方向压缩特性曲线

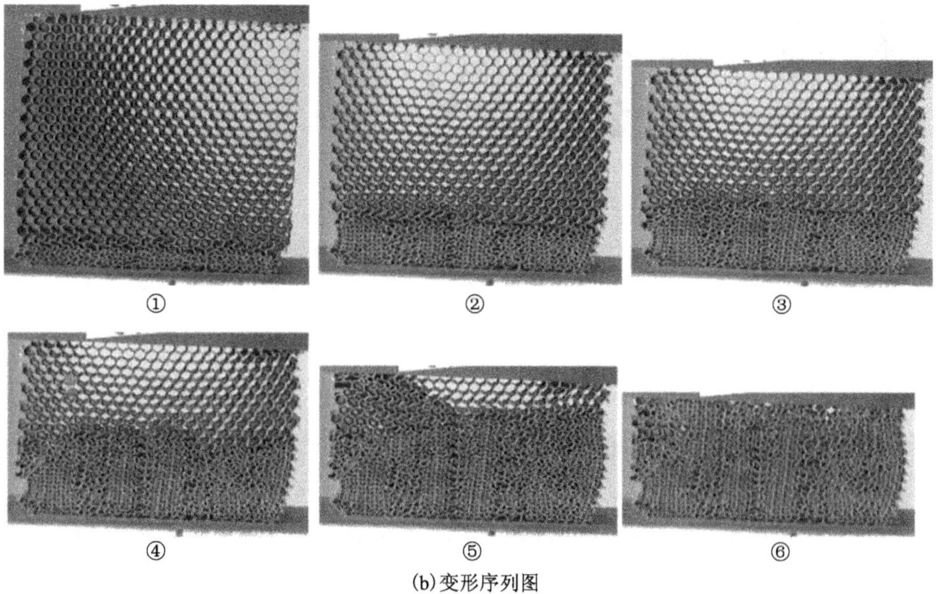

(b) 变形序列图

图 2-7　ACT1-3.2-144 规格蜂窝面内(L 方向)压缩结果

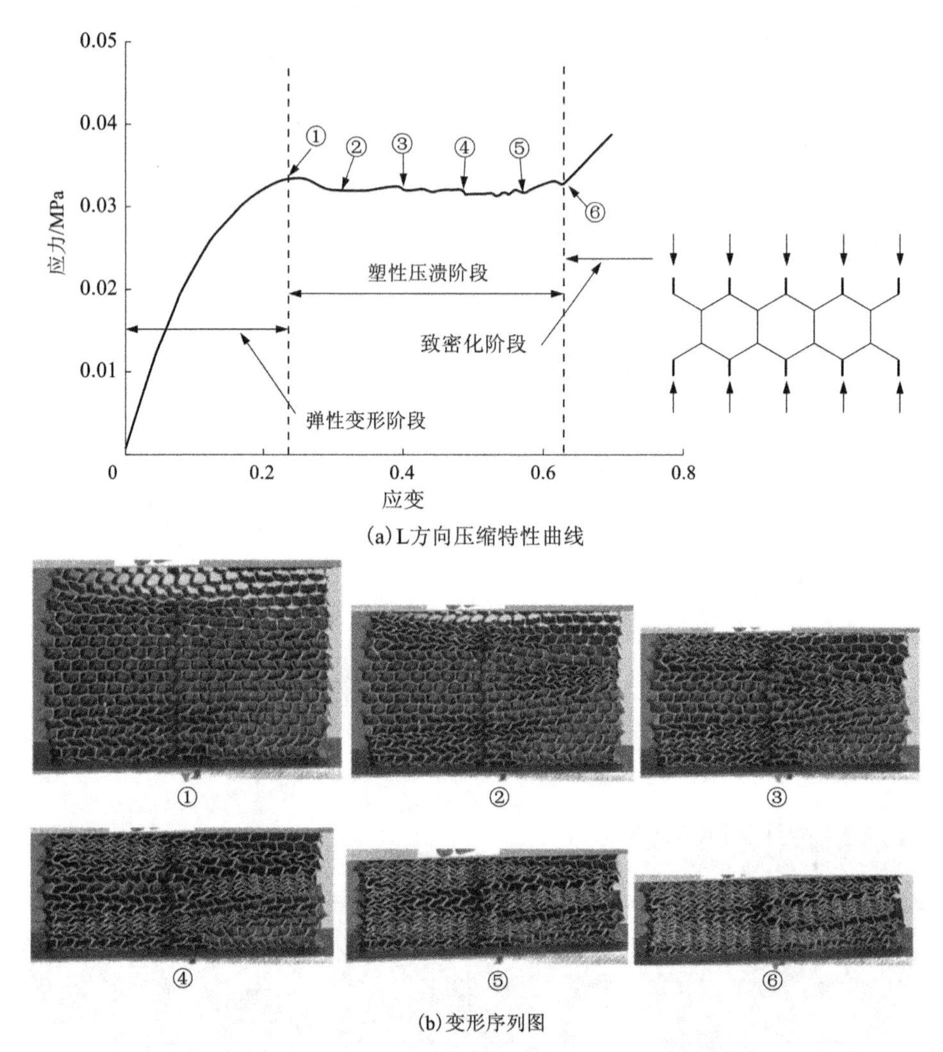

(a) L方向压缩特性曲线

①
②
③
④
⑤
⑥

(b) 变形序列图

图 2-8　ACT1-4.8-48 规格蜂窝面内(L 方向)压缩结果

(2) W 方向的压缩性能

图 2-9 和图 2-10 分别为两种芳纶蜂窝在承受 W 方向面内载荷时的压缩结果。从图中可以看出，W 方向的应力-应变曲线变化趋势和 L 方向的基本类似，但是由于作用力方向上没有胞壁，蜂窝处于纯压缩状态，W 方向上的力较 L 方向上的力更小。W 方向压溃变形模式与 L 方向上的变形模式存在较大差异，并且每种型号的试件也表现出各自独特的变形特征。如图 2-9(b) 所示，ACT1-3.2-144 规格蜂窝是压缩端的胞元先发生变形，在前几行胞元发生变形的同时，带动靠近固定端的几行胞元发生变形，整体呈倒置的"V"形。最后，直至整个试件压缩密实。ACT1-4.8-48[图 2-10(b)]在 W 方向上的变形则是从中间的几行胞元开始，逐步向两端扩散，最终被压实。

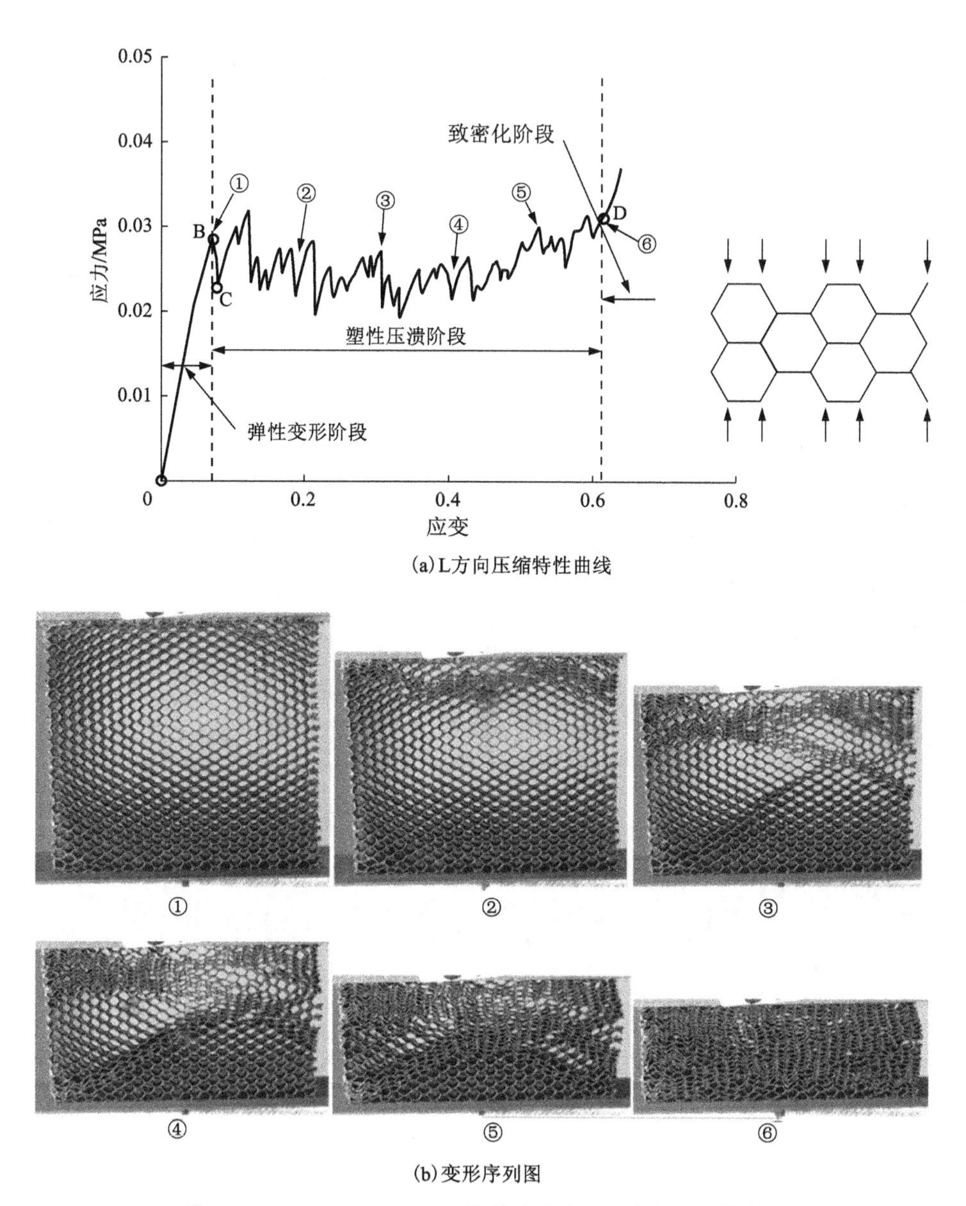

(a) L方向压缩特性曲线

① ② ③ ④ ⑤ ⑥

(b) 变形序列图

图 2-9　ACT1-3.2-144 规格蜂窝面内(W 方向)压缩结果

2.5.3　不同规格芳纶蜂窝面外压缩特性及吸能对比

图 2-11 为不同规格芳纶蜂窝的面外应力-应变对比曲线，表 2-2 为五种试件面外压缩时的对比数据。从图 2-11(a)可以看出，五种不同规格的芳纶蜂窝的应力-应变曲线基本相似，都包括弹性区域、平台区域和密实化三个阶段。压缩开始时，芳纶蜂窝的压缩载荷急剧线性上升到峰值点后下降到平台力区域，压溃应变 ε_c 一般在 0.03 以下。从 ACT1-

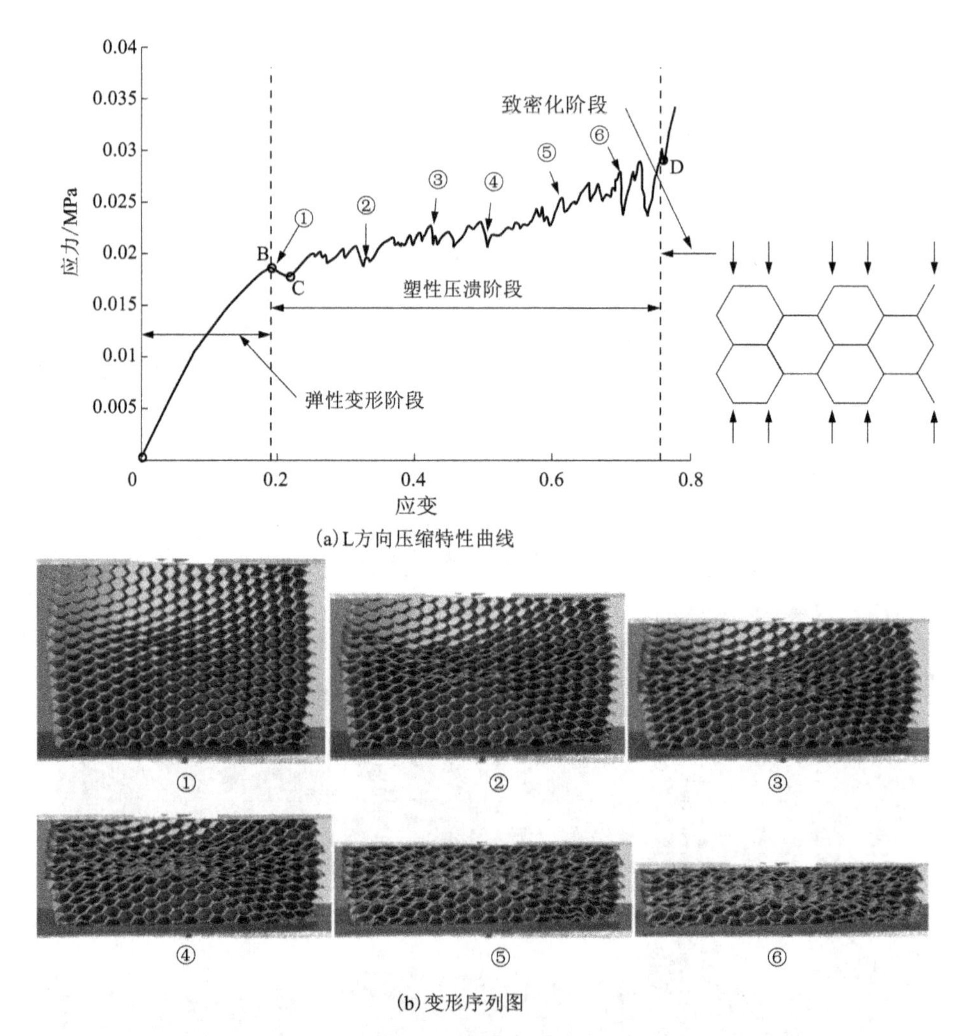

(a) L方向压缩特性曲线

(b) 变形序列图

图 2-10　ACT1-4.8-48 规格蜂窝面内(W 方向)压缩结果

4.8-32 规格蜂窝、ACT1-4.8-48 规格蜂窝、ACT1-4.8-80 规格蜂窝的对比曲线中可知，在胞径 d 相同的情况下，蜂窝的压溃应力 σ_c 和平台应力 σ_p 随着密度 ρ_n 的增加而增加。从 ACT1-3.2-48 规格蜂窝和 ACT1-4.8-48 规格蜂窝的对比曲线可知，蜂窝的压溃应力 σ_c 和平台应力 σ_p 随胞径 d 增大而降低。表 2-2 说明芳纶蜂窝面外压缩时的弹性模量 E、吸能量 E_a、平台应力 σ_p、压溃应力 σ_c、残余率 μ 等评估指标均随蜂窝固有属性参数 ρ_n/d 的增大而增大，其中 E_a、σ_p 和 σ_c 随 ρ_n/d 呈线性增大关系(如图 2-12 所示)。ACT1-3.2-144 规格蜂窝的比吸能为 ACT1-4.8-32 的 2.89 倍，这是由于 ACT1-4.8-32 规格蜂窝等小密度蜂窝结构易发生失稳，蜂窝提前变形失效，使得抗压能力降低；而 ACT1-3.2-144 规格蜂窝大的壁厚和小的孔径使得蜂窝不容易失稳，抗压能力也大大提高。此外，各结构的残余率大致相同，基本在 25%左右。

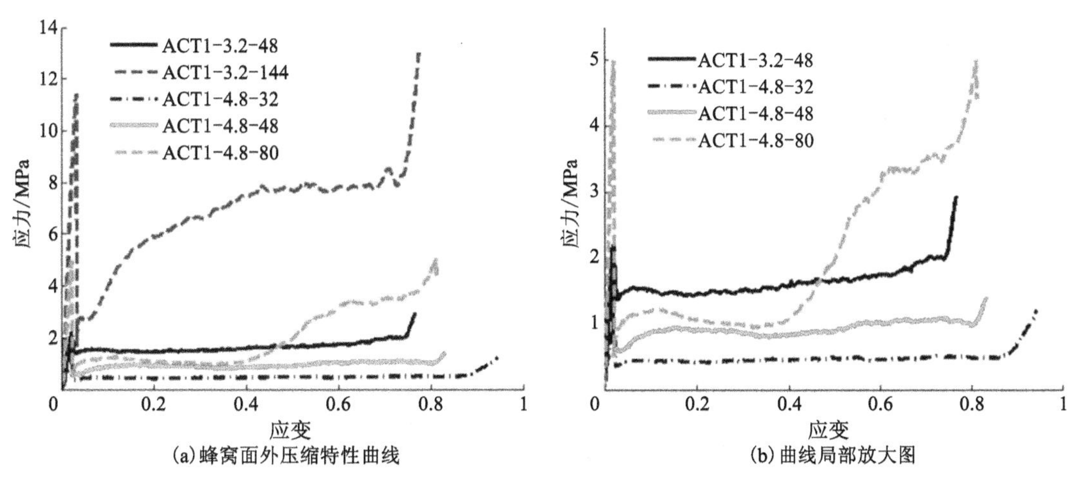

图 2-11 不同规格芳纶蜂窝面外压缩曲线

表 2-2 不同规格芳纶蜂窝面外力学性能对比

型号	吸能量/J	平台应力/MPa	比吸能/(kJ·kg^{-1})	残余率/%	E/MPa	压溃应力/MPa	压溃应变
ACT1-3.2-48	315.82	1.6099	22.559	26.36	137.95	2.202	0.020
ACT1-3.2-144	1408.24	6.6328	33.530	27.51	433.64	11.41	0.030
ACT1-4.8-32	104.37	0.4532	11.596	20.67	57.492	0.884	0.018
ACT1-4.8-48	213.3	0.9183	15.236	20.89	148.62	1.788	0.015
ACT1-4.8-80	555.79	1.9413	19.850	22.89	273.93	4.981	0.020

2.5.4 不同规格芳纶蜂窝面内压缩性能对比

(1)L方向的压缩性能对比

表2-3为五种试件L方向压缩时的详细力学性能数据，图2-13为不同规格芳纶蜂窝的面内(L方向)应力-应变对比曲线。从图2-13(a)可以看出，L方向压缩时σ_p和σ_c较T方向显著下降，如ACT1-4.8-48规格蜂窝在L方向的σ_p仅为T方向的1/31，σ_c仅为T方向的1/53；ε_c由T方向的0.015增加至0.274；除ACT1-4.8-144规格蜂窝和ACT1-4.8-80规格蜂窝出现明显的压溃应力外，其他三种低密度规格的蜂窝均未出现特别明显的压溃应力[如局部放大图2-13(b)所示]；ACT1-4.8-32规格蜂窝整个变形近似于弹性变形，这是因为低密度蜂窝ρ_n/d相对较小，胞壁发生的几乎是弹性变形，试件在卸载后反弹恢复到接近原始高度，而其他几种规格的蜂窝也出现了不同程度的回弹现象。ACT1-4.8-144规格蜂窝的平台应力波动较大，这说明在变形的过程中不仅产生了弹塑性变形，而且胞壁因出现了过大的应变而出现脆性断裂，表2-3说明蜂窝L方向压缩时的E、E_a、

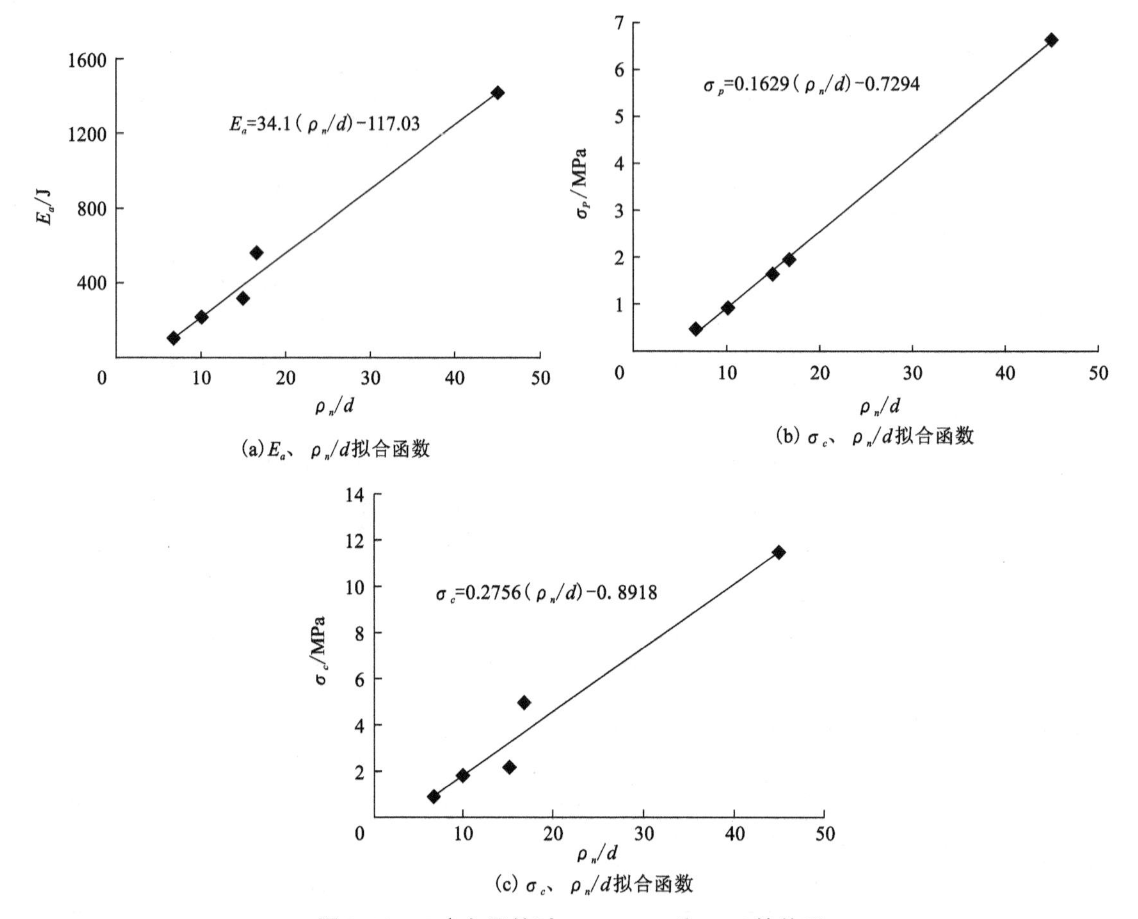

(a) E_a、ρ_n/d拟合函数

(b) σ_c、ρ_n/d拟合函数

(c) σ_c、ρ_n/d拟合函数

图 2-12　T 方向压缩时E_a、σ_p、σ_c和ρ_n/d的关系

σ_p、σ_c和μ等仍随蜂窝固有属性参数ρ_n/d的增大而增大，其中E_a、σ_p和σ_c仍随ρ_n/d呈线性增大关系(如图 2-14 所示)，但是各参数的增大比例远小于 T 方向。试件在 L 方向的残余率大于 T 方向残余率，基本在 35%~45%。

表 2-3　不同规格芳纶蜂窝 L 方向压缩性能参数对比

型号	吸能量/J	平台应力/MPa	比吸能/($kJ \cdot kg^{-1}$)	残余率/%	E/MPa	压溃应力/MPa	压溃应变
ACT1-3.2-48	5.523	0.0429	0.368	39.57	0.454	0.0435	0.176
ACT1-3.2-144	57.87	0.3750	1.483	45.22	7.939	0.4662	0.087
ACT1-4.8-32	1.656	/	0.184	32.29	0.058	/	/
ACT1-4.8-48	3.518	0.0294	0.251	35.48	0.254	0.0333	0.274
ACT1-4.8-80	8.597	0.0714	0.296	45.17	1.3105	0.0846	0.098

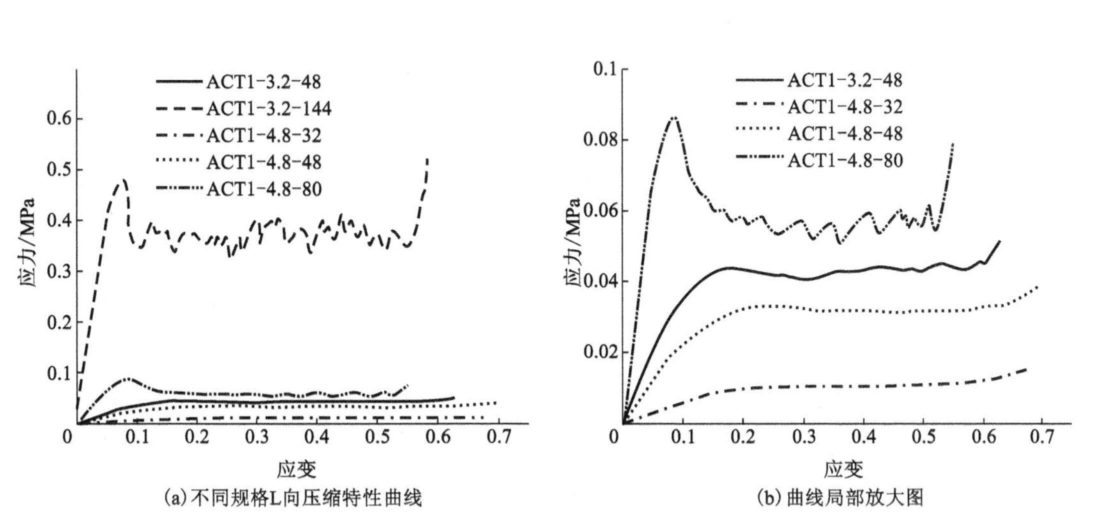

(a) 不同规格L向压缩特性曲线　　(b) 曲线局部放大图

图 2-13　不同规格芳纶蜂窝 L 方向压缩曲线

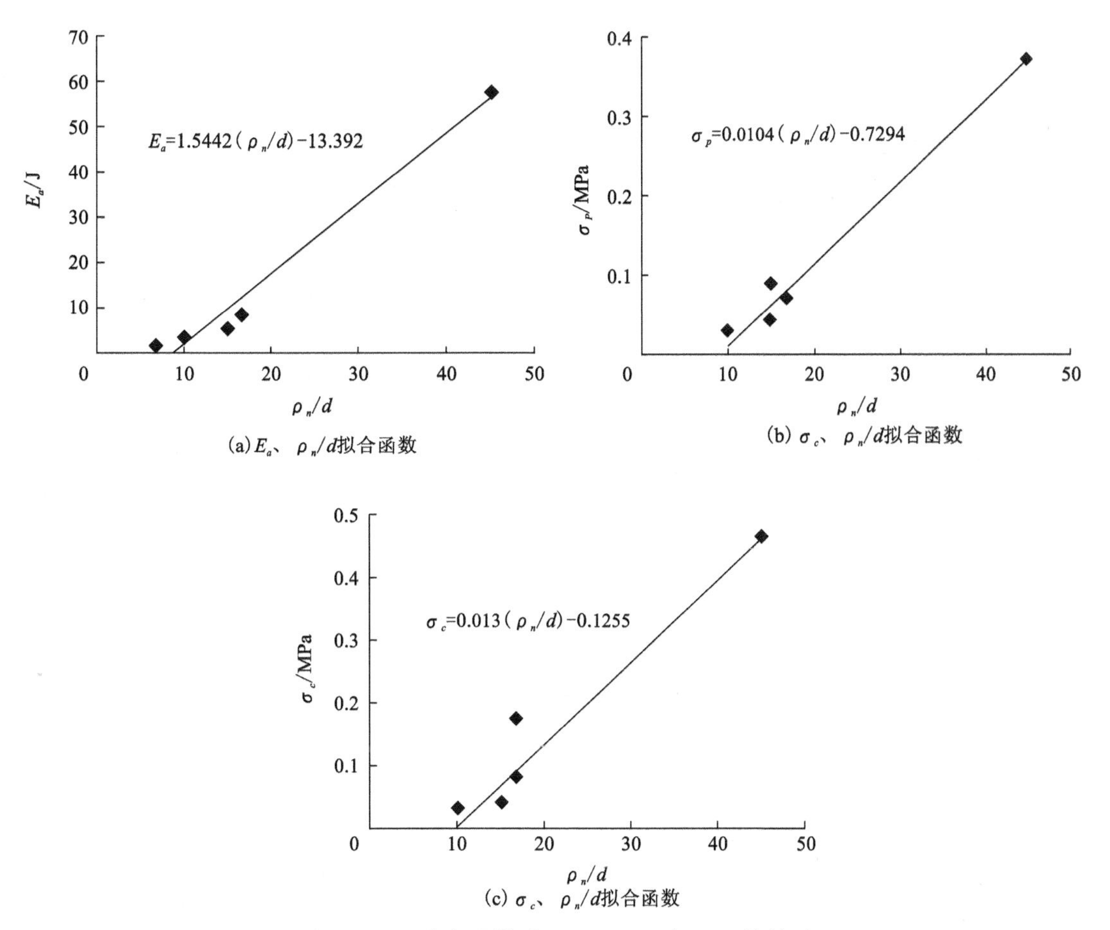

(a) E_a、ρ_n/d拟合函数　　(b) σ_c、ρ_n/d拟合函数

(c) σ_c、ρ_n/d拟合函数

图 2-14　L 方向压缩时 E_a、σ_p、σ_c 和ρ_n/d 的关系

(2)W 方向的压缩性能对比

图 2-15 为不同规格芳纶蜂窝的面内(W 方向)应力-应变对比曲线，表 2-4 为 W 方向五种试件压缩时的详细对比数据。从图 2-15(a)可以看出，同规格试件 W 方向的 σ_c 和 σ_p 较 T 方向显著下降，如 ACT1-4.8-48 规格蜂窝在 W 方向 σ_p 仅为 T 方向的 1/46，σ_c 仅为 T 方向的 1/99，ε_c 由 T 方向的 0.015 增加至 0.216。同规格试件除 ACT1-4.8-80 规格蜂窝外，在 W 方向比 L 方向的 σ_p、σ_c 和 μ 等均有所降低，ACT1-4.8-80 规格蜂窝在 W 方向的 σ_p、σ_c 等参数值反而高于 L 方向，这是因为在 W 方向的压缩过程中，部分细胞壁出现了脆裂，导致 σ_p 和 σ_c 升高[图 2-16(b)所示]，并表现为应力-应变曲线出现锯齿形状，L 方向则没有出现这种状况[图 2-16(a)所示]。ACT1-4.8-32 规格蜂窝的变形依旧是弹性变形，没有出现平台力区域和压溃应力点。同 T 方向和 L 方向类似，W 方向压缩时 E、E_a、σ_p、σ_c 和 μ 依旧随 ρ_n/d 值的增大而增大，E_a、σ_p 和 σ_c 随 ρ_n/d 值的变化仍呈线性增大关系(如图 2-17 所示)，但增长比例小于 T 方向和 L 方向。W 方向的残余率大约在 30% 左右，对于同型号的蜂窝，W 方向的残余率小于 T 方向的残余率，这与蜂窝壁褶皱的产生方式有关。

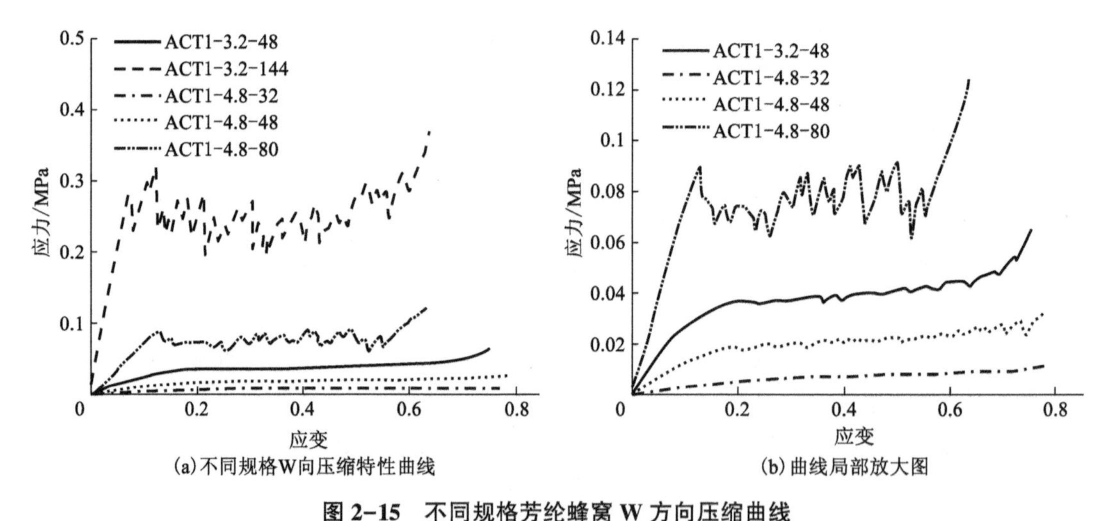

(a)不同规格W向压缩特性曲线

(b)曲线局部放大图

图 2-15　不同规格芳纶蜂窝 W 方向压缩曲线

表 2-4　不同规格芳纶蜂窝 W 方向压缩性能参数对比

型号	吸能量/J	平台应力/MPa	比吸能/(kJ·kg^{-1})	残余率/%	E/ MPa	压溃应力/MPa	压溃应变
ACT1-3.2-48	4.873	0.0401	0.325	35.670	0.3055	0.042	0.235
ACT1-3.2-144	39.461	0.2509	1.011	39.573	4.3600	0.275	0.090
ACT1-4.8-32	1.561	/	0.173	23.738	0.0289	/	/
ACT1-4.8-48	3.634	0.0222	0.259	26.801	0.1432	0.018	0.216
ACT1-4.8-80	11.73	0.0759	0.391	38.816	0.8659	0.099	0.158

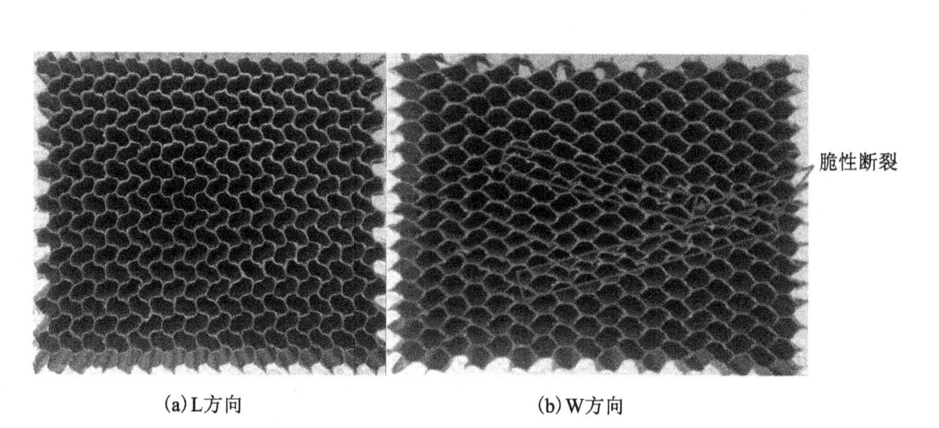

(a) L方向　　(b) W方向

图 2-16　ACT1-4.8-80 规格蜂窝面内压缩卸载后孔格变化图

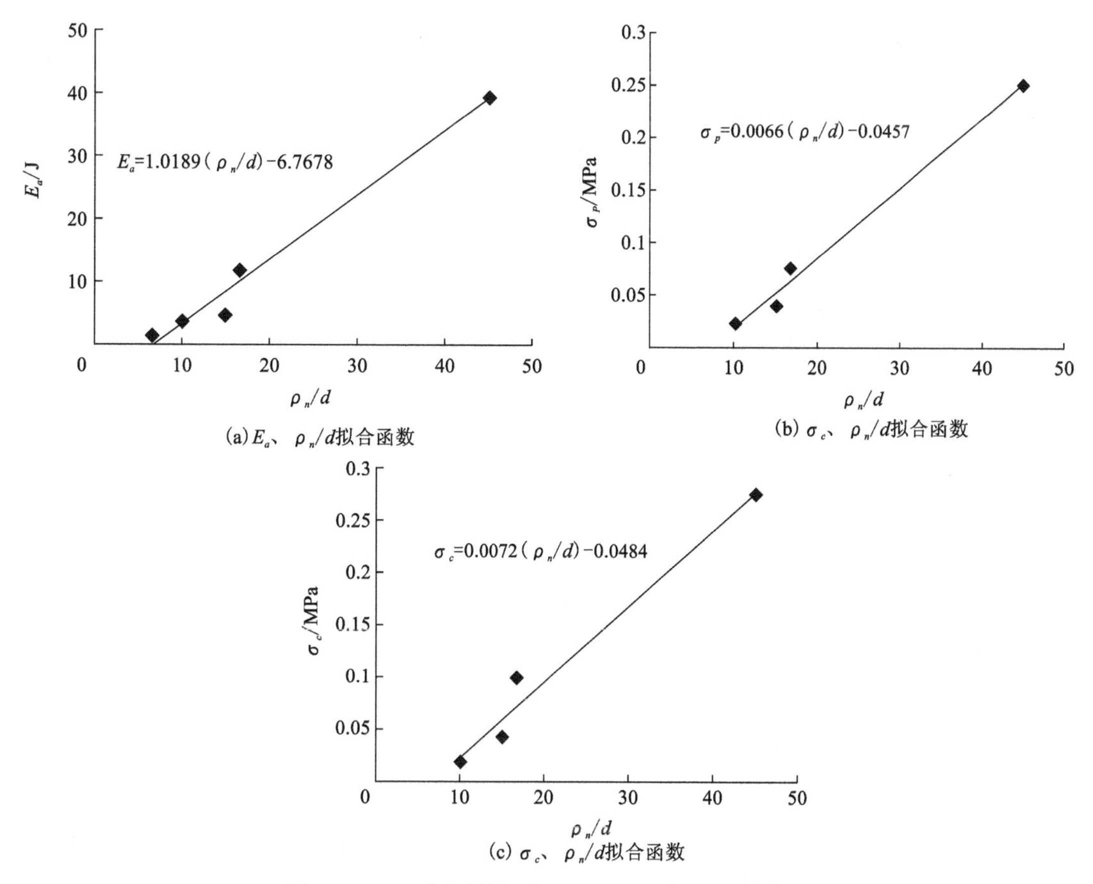

(a) E_a、ρ_n/d拟合函数　　(b) σ_c、ρ_n/d拟合函数

(c) σ_c、ρ_n/d拟合函数

图 2-17　W 方向压缩时 E_a、σ_p、σ_c 和ρ_n/d 的关系

通过静态压缩实验对五种典型规格的芳纶蜂窝进行了正交三方向压缩力学性能对比分析和吸能特性研究，可以得出以下结论：

(1)芳纶蜂窝的力学特性与蜂窝规格、制作工艺、压缩方向和变形模式等因素密切相关，蜂窝的变形模式直接决定了其力学特性，而蜂窝规格、制作工艺、压缩方向又往往决定了其变形模式。以上因素共同决定了这种芳纶蜂窝的各向异性特征及特殊力学性能。

(2)压缩过程中，T方向、L方向和W方向的应力-应变曲线走势基本一致(ACT1-4.8-32规格蜂窝L和W方向除外)，一般包含弹性区域、平台区域和密实化三个阶段：第一阶段，即线弹性阶段，胞壁只是小挠度弹性弯曲；第二阶段，变形由弹性屈曲、塑性破损和脆性断裂三种不同胞壁失效机制来主导；第三阶段，即蜂窝压缩密实化的阶段，该阶段应力急剧上升。

(3)L方向和W方向的压溃应力和平台应力较T方向显著下降，W方向的相应值又明显小于L方向。如ACT1-4.8-48规格蜂窝在L方向的平台应力为T方向的1/31，压溃应力为T方向的1/53，而在W方向的平台应力仅为T方向的1/46，压溃应力仅为T方向的1/99。

(4)密度和强度较高的蜂窝规格，如ACT1-3.2-144规格蜂窝和ACT1-4.8-80规格蜂窝在各向压缩过程中，会因为部分胞元壁发生了脆裂而导致应力-应变曲线出现锯齿形波动；密度和强度较低的蜂窝规格，如ACT1-4.8-32规格蜂窝在L方向和W方向的压缩过程中，整个变形近似于弹性变形，没有出现明显的平台力区域和压溃应力点。

(5)对比分析实验数据可知，各向压缩时的弹性模量E、吸能量E_a、平台应力σ_p、压溃应力σ_c、残余率μ均随蜂窝固有属性参数ρ_n/d的增大而增大，其中E_a、σ_p和σ_c随ρ_n/d呈线性增大关系。上述各参数在T方向增大的比例大于L方向和W方向。

(6)同一规格蜂窝在不同方向上的比吸能差异比较大，如ACT1-3.2-144规格蜂窝在T方向的比吸能分别是L方向和W方向的22.6倍和33倍；五种不同规格蜂窝在同一方向上压缩时的比吸能差异也较大，ACT1-3.2-144规格蜂窝在T方向的比吸能高达33.530 kJ/kg，是该方向ACT1-4.8-32规格蜂窝比吸能的2.89倍。

2.6 芳纶蜂窝芯材力学性能预测

2.6.1 不同规格芳纶蜂窝组成成分剖析

本次进行仿真的蜂窝为酚醛树脂增强型芳纶蜂窝，结构如图2-2(c)所示。芳纶蜂窝特殊的加工工艺使其拥有独特的结构特点，即在厚度方向上可以将蜂窝壁划分为三层，中间层的芳纶纸以及两侧的酚醛树脂涂层，每层具有各自的材料特性。以上特性造成芳纶纸和酚醛树脂在准静态压缩实验中，表现出两种完全不同的材料特性，即前者的理想弹塑性以及后者的脆性失效特性。由此可见，明确蜂窝各组分的具体含量是预测其力学性能的前提。如图2-18所示，芳纶蜂窝可拆解为一个具有双层胞壁的芳纶纸蜂窝和一个具有单层胞壁的酚醛树脂蜂窝(由于蜂窝胞壁为两个相邻胞元所共有，S_a、S_p均除以2)。

芳纶纸蜂窝：

$$\frac{\rho_a^*}{\rho_a}=\frac{S_a/2}{S_a^*}=\frac{8}{3\sqrt{3}}\frac{t_a}{l} \tag{2-7}$$

酚醛树脂蜂窝：

$$\rho_p^*=\rho_n-\rho_a^* \tag{2-8}$$

$$\frac{\rho_p^*}{\rho_p}=\frac{S_p/2}{S_p^*}=\frac{2}{\sqrt{3}}\frac{t_p}{l} \tag{2-9}$$

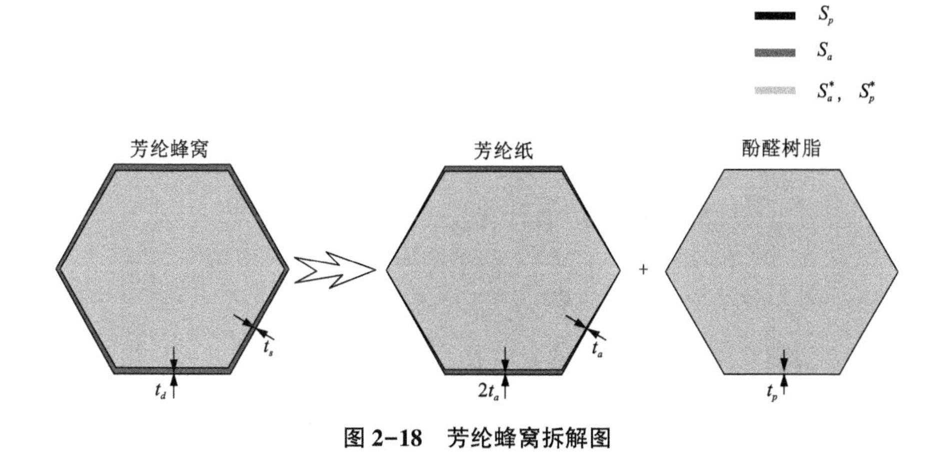

图 2-18　芳纶蜂窝拆解图

通过上式可以计算得出芳纶蜂窝各组成成分的含量及厚度，具体数值如表 2-5 所示。

表 2-5　芳纶蜂窝组成成分参数值

规格	t_a	ρ_a	t_p	ρ_p	t_s	t_d	t_d/t_s
1. 83-48	0. 054	33. 62	0. 0165	14. 38	0. 0705	0. 125	1. 766
1. 83-144	0. 054	33. 62	0. 127	110. 38	0. 181	0. 235	1. 299
2. 75-32	0. 054	22. 37	0. 0166	9. 63	0. 0706	0. 125	1. 765
2. 72-48	0. 054	22. 37	0. 0442	25. 63	0. 0982	0. 152	1. 550
2. 75-80	0. 054	22. 37	0. 0995	57. 63	0. 153	0. 207	1. 352

2. 6. 2　面外性能预测

芳纶蜂窝在 T 方向具有较高的比吸能和较强的可设计性，使其在吸能及承载领域有较好的应用前景，其中蜂窝屈曲应力和破碎应力是重要的评价指标，对其应用具有重要参考价值。因此，下文将基于经典能量耗散机制和既有理论，对芳纶蜂窝的面外力学性能进行推导分析，为其性能预测提供理论支撑。

(1) 压溃应力

蜂窝模型测试表明，蜂窝在轴向载荷作用下会出现周期性的凸胀，并且在此过程中蜂窝的孔壁可以视为两侧受约束的薄壁板，则压溃载荷可通过第二惯性矩和胞壁长度进行计算。由于酚醛树脂涂层的存在，芳纶蜂窝单层壁厚与双层壁厚并不呈现2倍的关系，而且不同规格具有各自的比值关系。因此，蜂窝单双层壁的压溃载荷应单独计算。

$$P_{cs}=\frac{KE_s}{(1-v_s^2)}\frac{t_s^3}{l} \tag{2-10}$$

$$P_{cd}=\frac{KE_s}{(1-v_s^2)}\frac{t_d^3}{l}=\frac{KE_s}{(1-v_s^2)}\frac{(pt_s)^3}{l} \tag{2-11}$$

式中：v_s 为蜂窝胞壁的泊松比；p 为单双层胞壁厚度之间的比例关系；K 为胞壁两侧的约束因子。

若胞壁的所有边缘均为简单支撑，K 计算公式如下所示：

$$K=\frac{n\pi^2}{12}\left(\sqrt{\frac{m+1}{m}}+\sqrt{\frac{m}{m+1}}\right)^2 \tag{2-12}$$

式中：m、n 分别为胞壁在轴向和横向的半波数。

当 H 远大于 l 时，n 接近于1，但仍与 l 值相关，m 约等于$\frac{h}{l}$。显然，m 越大 K 值越稳定，n 值越大 K 值越大。实际上，蜂窝相邻胞壁所提供的约束要强于假定的简单支撑边缘所提供的约束，但也不是完全刚性夹紧，其值在3.29~5.73。同时，为了使屈曲模式兼容，还需考虑额外的因素，因此本次分析中两种厚度胞壁的 K 值分别取值4.8和5.6。蜂窝弹性压溃载荷是各个孔壁所承受载荷的总和，基于此可计算出蜂窝弹性压溃应力，具体数值如表2-6所示。

表2-6　压溃应力相关系数及初始理论值

规格	K	E_s	P_{cs}	P_{cd}	σ_{ci}	σ_c
1.83-48	4.8	2278	2.495	13.73	2.152	2.202
1.83-144	4.8	3677	67.82	148.6	32.66	11.41
2.75-32	5.6	2281	1.947	10.70	0.743	0.835
2.72-48	5.6	2879	6.616	24.63	1.927	1.787
2.75-80	5.6	3498	30.64	75.71	6.973	4.981

分析表2-6中的数值可以发现，当酚醛树脂含量较低时(1.83-48)，理论值与实验值一致性较好，而当酚醛树脂较高时(2.75-48、2.75-80，1.83-144)，理论值明显大于实验

值，但理论值变化趋势总体上与实验值一致。芳纶蜂窝的树脂涂层是由芳纶纸蜂窝浸渍酚醛树脂溶液而形成的，涂层的厚度由浸渍的时间决定。人工操作和溶液分布等不确定因素的存在，使得酚醛树脂无法达到理想的均匀分布情况，同时 Seemann 等人[46]还发现酚醛树脂存在积聚现象，即一部分酚醛树脂会堆积在胞元的角落。显然，上述因素将会对蜂窝胞壁的各项参数造成很大影响，使理想情况下的理论公式不再适配，因此需要在已有公式中引入修正函数以考虑随机因素带来的影响：

$$\sigma_{cc}=C(x)\sigma_{ci}=C(x)\frac{2P_{cs}+P_{cd}}{S_n} \tag{2-13}$$

式中：$C(x)$为修正函数，x 为随机因素的影响大小。

显而易见，酚醛树脂含量越高，积聚和不均匀现象就越明显，因此，变量 x 取值为酚醛树脂含量，修正函数 $C(x)$的目标值为理论值与实验值的比值。然而，酚醛树脂的非均匀性和积聚现象具有很强的随机性，无法直接通过理论及公式计算出该修正函数的表达式，因此本书基于实验数据采用拟合法获取该函数的表达式，相关拟合结果如图 2-19 和表 2-7 所示。

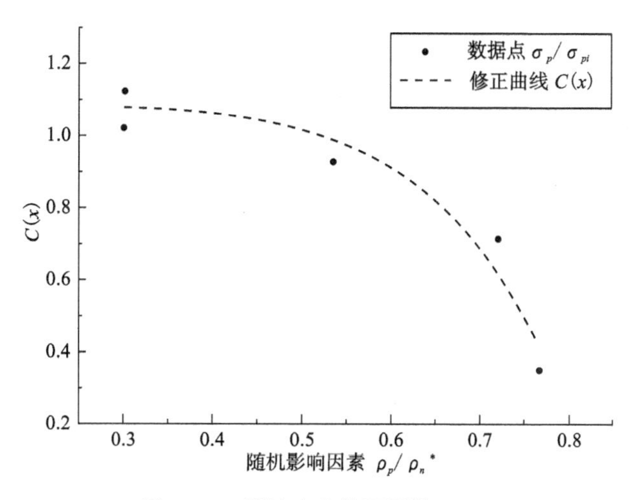

图 2-19　压溃应力修正函数 $C(x)$

表 2-7　压溃应力理论值结果对比

规格	ρ_p^*/ρ_n	$C(x)$	σ_c	σ_{cc}	误差
1. 83-48	0. 299	1. 076	2. 202	2. 315	5. 131%
1. 83-144	0. 767	0. 409	11. 41	13. 35	17. 00%
2. 75-32	0. 301	1. 078	0. 835	0. 801	4. 071%
2. 72-48	0. 534	0. 984	1. 787	1. 896	6. 099%
2. 75-80	0. 720	0. 617	4. 981	4. 310	13. 47%

（2）平台应力

Liu 等人[105]曾尝试使用现有理论公式推导芳纶蜂窝的屈服强度，然而结果表明既有的公式并不适用于相对密度非常低的蜂窝芯。Wierzbicki 等人[107]对具有正六边形蜂窝的破碎行为展开了深入研究，并确定了典型单元在完全破碎时的三种基本能量耗散机制。

连续塑性流动区域的能量耗散 E_1：

$$E_1=2\left(16M_s\frac{\delta r}{t_s}\times 1.05\right)=33.6M_s\frac{\delta r}{t_s} \tag{2-14}$$

在不连续变形场中耗散的能量 E_2：

$$M_s=\frac{1}{4}\sigma_{ys}t_s^2 \tag{2-15}$$

$$M_d=\frac{1}{4}\sigma_{ys}t_d^2=\frac{1}{4}\sigma_0(2t_s)^2 \tag{2-16}$$

$$E_2=\pi\times\frac{l}{2}(4M_s+2M_d)=6\pi lM_s \tag{2-17}$$

两条倾斜铰链的能量耗散 E_3：

$$E_3=2\left(4\times 2.39M_s\frac{\delta^2}{t_s}\right)=19.12M_s\frac{\delta^2}{t_s} \tag{2-18}$$

由于酚醛树脂涂层的存在，芳纶蜂窝单层壁厚与双层壁厚并不呈现 2 倍的关系，而且不同规格具有各自的比值关系。因此，E_2 能量耗散机制中 M_d 的计算公式需进行相应的修改：

$$M_d=\frac{1}{4}\sigma_{ys}(pt_s)^2 \tag{2-19}$$

$$p=\frac{t_d}{t_s} \tag{2-20}$$

则芳纶蜂窝 E_2 的计算公式进行如下修改：

$$E_2=2\pi lM_s(1+\frac{p^2}{2}) \tag{2-21}$$

根据总的内部耗散能量等于在破碎距离 2δ 上的外力 P_m 作用的功来获取平均破碎力：

$$P_m\times 2\delta=E_1+E_2+E_3 \tag{2-22}$$

$$P_m=16.8M_s\frac{r_s}{t_s}+\frac{\pi lM_s}{\delta}\left(1+\frac{p^2}{2}\right)+9.56M_s\frac{\delta}{t_s} \tag{2-23}$$

其中，r_s、δ 通过下式定义：

$$\frac{\partial P_m}{\partial r}=\frac{\partial P_m}{\partial \delta}=0 \tag{2-24}$$

$$r_s=\sqrt[3]{\frac{9.56(1+\frac{p^2}{2})\pi}{16.8^2}lt_s^2} \tag{2-25}$$

$$\delta=\sqrt[3]{\frac{\pi^2(1+\frac{p^2}{2})^2}{16.8\times9.56}t_s l^2} \tag{2-26}$$

通过联立上式可得：

$$P_m=[4.2r_s+\frac{\left(1+\frac{p^2}{2}\right)\pi}{4\delta}+2.39\frac{\delta}{4r}]\sigma_{ys}(\frac{t_s}{l})^{\frac{5}{3}} \tag{2-27}$$

$$\sigma_p=\frac{P_m}{S_n} \tag{2-28}$$

各规格 r_s、δ、P_m 系数值 $|r|$、$|\delta|$、$|P_m|$ 及平台应力理论值如表2-8所示，与压溃应力相类似，平台应力的初始理论值也存在一定的偏差，即当酚醛树脂含量较高时（2.75-48、2.75-80，1.83-144），理论值明显大于实验值。

表2-8　平台应力相关系数及初始理论值

规格	$\|r_s\|$	$\|\delta\|$	$\|P_m\|$	σ_{ys}	σ_{pi}	σ_p
1.83-48	0.648	0.738	8.167	59.85	1.654	1.610
1.83-144	0.581	0.593	7.321	132.0	15.71	6.633
2.75-32	0.648	0.738	8.165	60.00	0.843	0.453
2.72-48	0.616	0.668	7.767	90.88	2.105	0.918
2.75-80	0.588	0.608	7.413	122.8	5.711	1.941

显然，酚醛树脂的积聚现象和不均匀分布无法被忽略，也需要引入修正函数以考虑其带来的影响。

$$\sigma_{pm}=G(x)\sigma_{pc}=G(x)\frac{P_m}{S_n} \tag{2-29}$$

随机因素对塑型坍塌应力的影响同样难以直接通过理论及公式计算得出，因此要基于实验数据采用拟合法获取该函数表达式，相关拟合结果如表2-9和图2-20所示。

表2-9　平台应力理论值结果对比

规格	ρ_p^*/ρ_n	$G(x)$	σ_p	σ_{pc}	误差
1.83-48	0.299	0.720	1.329	1.191	10.38%
1.83-144	0.767	0.175	2.712	2.749	1.364%
2.75-32	0.301	0.717	0.525	0.604	15.04%
2.72-48	0.534	0.380	0.856	0.800	6.542%
2.75-80	0.720	0.208	1.102	1.188	7.804%

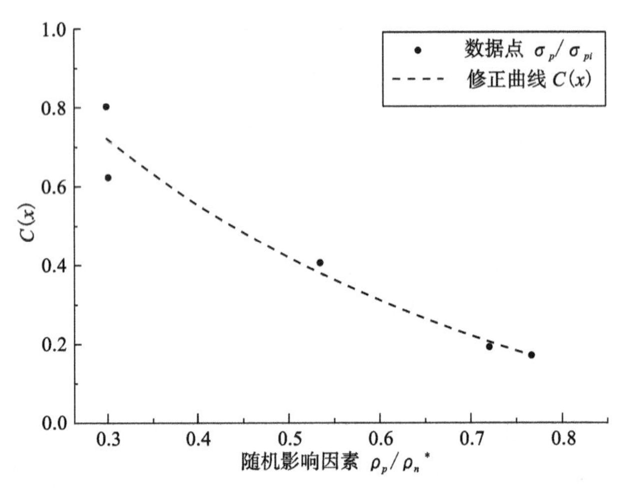

图 2-20 平台应力修正函数 $G(x)$

2.6.3 面内性能预测

虽然芳纶蜂窝 L 方向、W 方向的压溃应力和平台应力显著小于 T 方向，并不具有良好的吸能特性，然而若想将其应用于更多领域，面内力学性能也是一个十分重要的评价指标。通过之前的分析可以发现，不同规格芳纶蜂窝的面内特性存在较大差异，有些规格甚至没有明显的平台力区域和压溃应力点，很难用理论手段直接预测其面外力学性能。因此，本书基于有限元用户自定义积分法从仿真角度对其力学性能进行预测分析。根据参考文献可知蜂窝材料的传统的建模方法大致有以下两种[107-110]：第一种方法是基于壳单元建立各向同性线性弹塑性材料结构或者正交各向异性弹塑性材料结构，然而这种分析方法对于具有壁厚方向上材料特性分层变化的结构是无效的；并且各向异性材料或者各项同性材料均忽略了蜂窝的多层结构属性，在表征酚醛树脂涂层脆性失效方面具有局限性，使仿真实验中蜂窝结构的脆性失效行为不明显。第二种方法是基于实体单元实现多层结构的建立，然而由于蜂窝的厚跨比在 0.05~0.1，属于薄壳问题。若使用实体单元建立模型，结构在承受弯矩作用时，如果在厚度方向的单元层数太少，计算结果将产生较大误差，反而不如壳单元(shell)计算准确；若网格太细小，过于庞大的节点阵则会给计算引入很大的累计误差以至于结果偏离了真实值。因此，对于薄壳问题，使用壳单元(shell)进行建模最为合适。由此可见，传统的蜂窝建模方法难以实现芳纶蜂窝多层属性的结构特性，需寻求新的建模方法以糅合壳单元和实体单元各自的优点。

(1)多层属性模型建模思路

综上所述，如何在使用壳单元的基础上保证内部芳纶纸特性赋予的同时还能考虑到酚醛树脂涂层在实验过程中的脆性失效是本次仿真分析的重点和难点。因此，本次仿真在壳单元(shell)的基础上引入用户自定义积分 Integration_shell 以实现厚度方向上蜂窝材料特

性的分层变化，即在 Integration_shell 中定义积分方法，并在 Section_shell 中调用所定义的积分方法。在该自定义积分中，n 个积分点将壳单元划分为 n 层，积分点坐标 SW 和权系数 WF 分别确定积分点的具体位置和各层的厚度，每个积分点可以指定各自的材料系数。以 ACT1-4.8-48 规格蜂窝单层壁为例对积分点坐标 SW 和权系数 WF 进行介绍，由图 2-21 可知每层酚醛树脂均匀分布 2 个积分点，芳纶纸均匀分布 4 个积分点，每个积分点的坐标计算公式如下：

$$SW=\frac{z_i-\dfrac{t}{2}}{t} \tag{2-30}$$

式中：z_i 为积分点在 Z 坐标轴中的坐标；t 为该蜂窝壁的整体厚度。

由图 2-21 可知，积分点将蜂窝壁分为了 8 个部分(其中 t_A 为芳纶纸厚度、t_P 为酚醛树脂厚度)，而权重系数则是每个部分厚度与总厚度的比值，计算公式如下：

$$WF_i=\frac{t_i}{t} \tag{2-31}$$

式中：t_i 为每个部分的厚度。

定义好每层的积分点坐标 SW 和权系数 WF 之后，在 PID 选项中选择有限元模型中划分好的组件(每个组件中已选择好相应的材料、单元等参数)则可实现三层结构的建立。以单层蜂窝壁厚情况为例，具体厚度及材料属性定义参数如表 2-10 所示(其中 Single1.1 代表酚醛树脂、Single1 代表芳纶纸)。

表 2-10　单层壁用户自定义积分

积分点	积分点坐标 SW	权系数 WF	组件 PID
1	-0.885	0.115	Single1.1
2	-0.655	0.115	Single1.1
3	-0.405	0.135	Single1
4	-0.135	0.135	Single1
5	0.135	0.135	Single1
6	0.405	0.135	Single1
7	0.655	0.115	Single1.1
8	0.885	0.115	Single1.1

蜂窝在厚度方向分为三层，并且每层具有不同的材料属性，因此层压壳理论(LST)的使用非常重要，它可以修正通过壳体厚度确定剪切应变均匀恒定的错误假设，以避免蜂窝结构在仿真中表现得过于僵硬。由于不同部位蜂窝壁厚有所差异，并且为了方便局部材料坐标系(后续将详细进行介绍)的定义以及用户自定义积分函数的调用，本次仿真将蜂窝有

限元模型分为 4 大组件，如图 2-21 所示，绿色部分为双层芳纶纸部分，其余颜色部分为单层芳纶纸部分。同时由于蜂窝由两种材料组成，每个部分又分成了两个组件，两组件之间只有材料参数不相同。

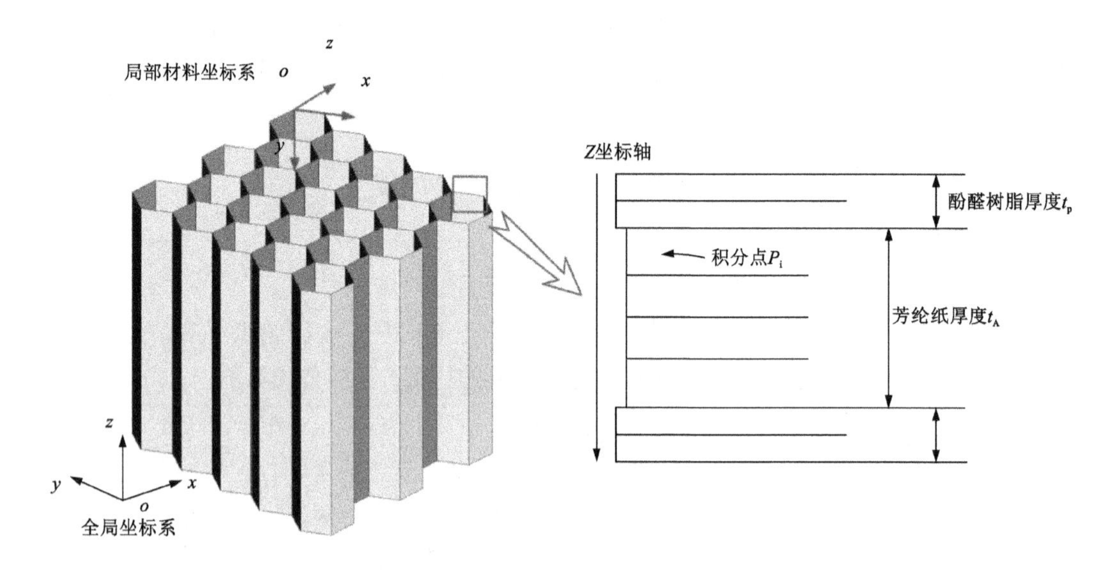

图 2-21　局部蜂窝及截面图

(2)材料属性定义

材料选择方面，根据文献可知芳纶纸属于理想各向异性弹塑性材料，而酚醛树脂则属于各向同性脆性材料。根据以上特性，本次仿真材料类型采用 MAT_22(composite damage)材料及范单元(shell)，该材料类型提供了三种可供选择的脆性失效标准(开裂失效、崩溃失效、断裂失效)，这些标准通过以下 6 个失效参数进行定义：纵向拉伸强度 σ_{xt}、横向拉伸强度 σ_{yt}、剪切强度 σ_{sc}、横向抗压强度 σ_{yc}、非线性剪切应力参数 α、剪应力与抗剪强度之比 $\bar{\tau}$。其中，σ_{xt}、σ_{yt}、σ_{sc}、σ_{yc} 通过材料强度实验测得，α 通过材料应力-应变剪切实验测得，而 $\bar{\tau}$ 通过式(2-9)~式(2-12)获得：

$$\varepsilon_1=\frac{1}{E_1}(\sigma_1-\eta_1\sigma_2) \tag{2-32}$$

$$\varepsilon_2=\frac{1}{E_2}(\sigma_2-\eta_2\sigma_1) \tag{2-33}$$

$$2\varepsilon_{12}=\frac{1}{G_{12}}\tau_{12}+\alpha\tau_{12}^3 \tag{2-34}$$

$$\bar{\tau}=\frac{\dfrac{\tau_{12}^2}{2G_{12}}+\dfrac{3}{4}\alpha\tau_{12}^4}{\dfrac{S_{12}^2}{2G_{12}}+\dfrac{3}{4}\alpha S_{12}^4} \tag{2-35}$$

式中：E 为杨氏模量；σ 为应力；η 为泊松比；G 为剪切模量；τ 为剪切应力。

材料开裂失效由下式判定：

$$F_{\text{matrix}} = \left(\frac{\sigma_2}{\sigma_{yt}}\right)^2 + \bar{\tau} \tag{2-36}$$

当 $F_{\text{matrix}}>1$ 时，则判定发生开裂失效，材料参数 E_2、G_{12}、η_1、η_2 将被置 0。

材料崩溃失效由下式判定：

$$F_{\text{comp}} = \left(\frac{\sigma_2}{2\sigma_{sc}}\right)^2 + \left[\left(\frac{\sigma_{yc}}{2\sigma_{sc}}\right)^2 - 1\right]\frac{\sigma_2}{\sigma_{yc}} + \bar{\tau} \tag{2-37}$$

当 $F_{\text{comp}}>1$ 时，则判定发生压缩失效，材料参数 E_2、η_1、η_2 将被置 0。

材料纤维断裂失效由下式判定：

$$F_{\text{fiber}} = \left(\frac{\sigma_1}{\sigma_{xt}}\right)^2 + \bar{\tau} \tag{2-38}$$

当 $F_{\text{fiber}}>1$ 时，则判定发生纤维断裂失效，材料参数 E_1、E_2、G_{12}、η_1、η_2 将被置 0。

芳纶纸属于各向异性材料，每个方向的杨氏模量、剪切模量等材料参数均不相同，并且蜂窝胞元在空间上可划分为三个方向的胞壁（每个方向上的胞壁相互平行）。因此，需要为不同平面上的蜂窝胞壁定义各自的局部材料坐标系，以确保材料参数设置的准确（如图 2-18 所示）。同时为了保证芳纶纸理想弹塑性特性的实现，将其失效参数设置成一极大值，避免材料失效且保证其理想弹塑性。而酚醛树脂为各向同性材料，因此并不需要定义相应的局部坐标系，只需将同一参数在各方向上的大小设置为相同值即可，并且根据参考文献定义具体的失效参数，以实现酚醛树脂涂层的脆性失效。

（3）模型尺寸及网格划分

本次仿真采用 Hypermesh 14.0 软件建立蜂窝的有限元模型，ACT1-4.8-48 规格蜂窝的不同模型如图 2-22 所示。

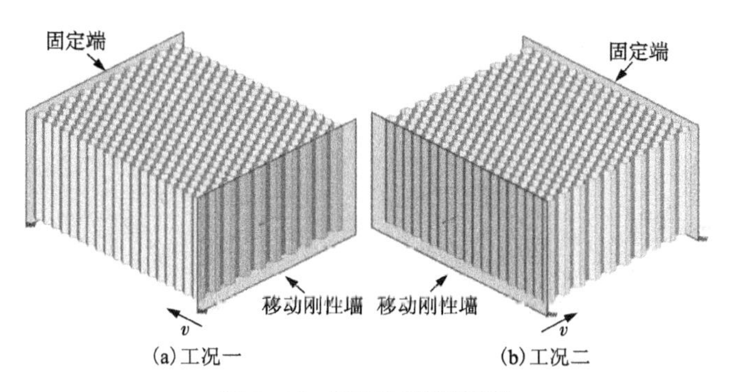

图 2-22　不同工况模型图

为在保证结果精确度的同时降低计算成本，仿真选择四边形网格，每个蜂窝边划分 3 个网格。不同工况下的蜂窝模型节点及网格数如表 2-11 所示。

表 2-11　工总下的蜂窝模型节点及网格数

模型方案	规格	节点数	网格数
T 方向压缩	2.75-48	134300	146461
W 方向压缩	2.75-48	141772	152685
L 方向压缩	2.75-48	141772	152685
T 方向压缩	1.83-48	349296	383712
W 方向压缩	1.83-48	318656	349452
L 方向压缩	1.83-48	318656	349452

(4)边界条件及接触关系

本次仿真对蜂窝两个方向(W、L)的压缩性能及吸能特性进行分析，不同工况的边界条件如下。

工况一：W 方向准静态压缩，一侧刚性墙以匀速压缩 70 mm，另一侧刚性墙静止不动。

工况二：L 方向准静态压缩，一侧刚性墙以匀速压缩 60 mm，另一侧刚性墙静止不动。

本次仿真中主要是两侧刚性墙与芳纶蜂窝的单面接触，因此选择自动单面(automatic single surface)接触类型，两者间的静摩擦系数设置为 0.3，动摩擦系数设置为 0.2。

(5)仿真结果对比分析

对 ACT1-4.8-48 规格蜂窝 L 方向准静态压缩工况实验及仿真结果进行对比分析，相关结果如图 2-23、图 2-24 所示。可以直观看出，实验与仿真撞击力曲线变化趋势及大小基本相同，蜂窝变形情况也具有一定的一致性。但相比于实验数据，仿真撞击力曲线在 0.12~0.18 应变阶段的撞击力的增长速度较快，并且密实化阶段稍微延迟。

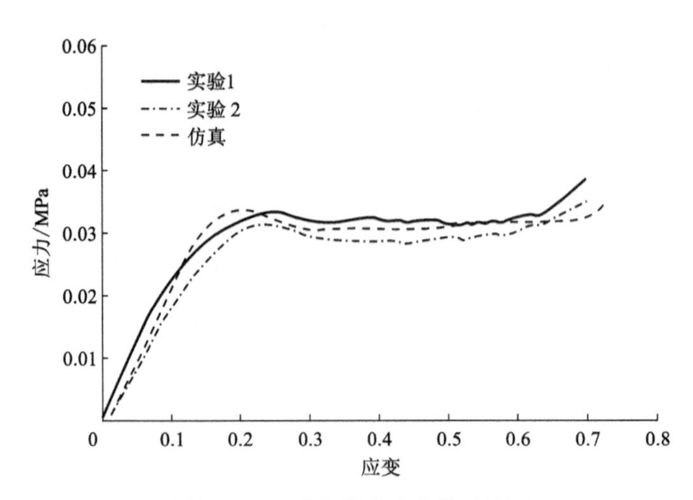

图 2-23　L 方向撞击力曲线对比图

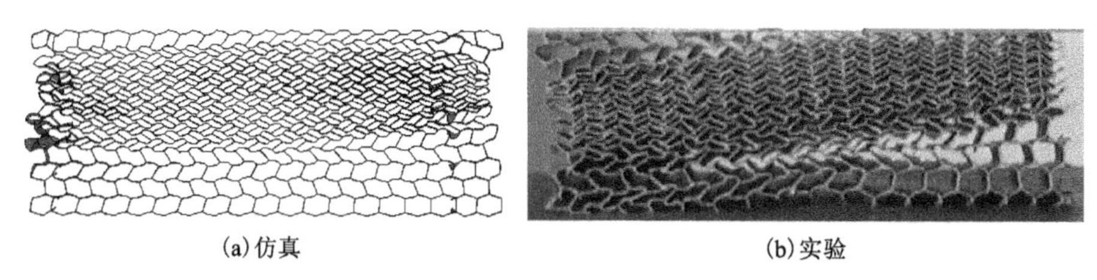

(a)仿真　　(b)实验

图 2-24　0.6 应变时的变形对比图

对 ACT1-4.8-48 规格蜂窝 W 方向准静态压缩工况实验及仿真结果进行分析对比，相关结果如图 2-25、图 2-26 所示。可以直观地看出，仿真结果与实验结果具有较好的一致性，密实化阶段的开始时间基本一致，并且力的大小也非常接近。观察变形对比图可以发现，W 方向压缩时蜂窝的变形集中在中间部位。但相比于实验数据，仿真撞击力曲线在 0~0.1 应变阶段的线性增长特性并不明显，且 0.4~0.7 应变阶段的撞击力稍大于实验值。

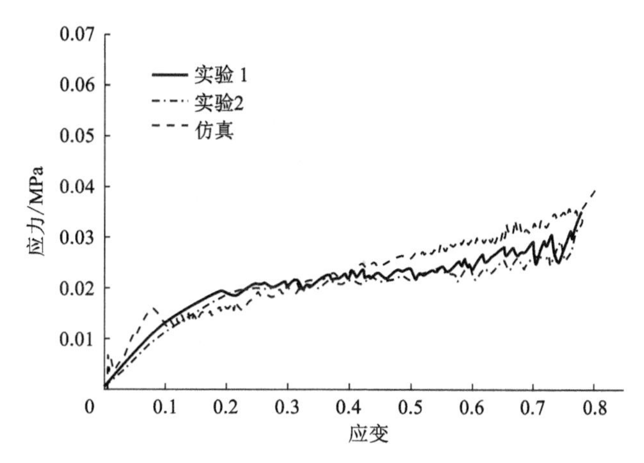

图 2-25　W 方向撞击力曲线对比图

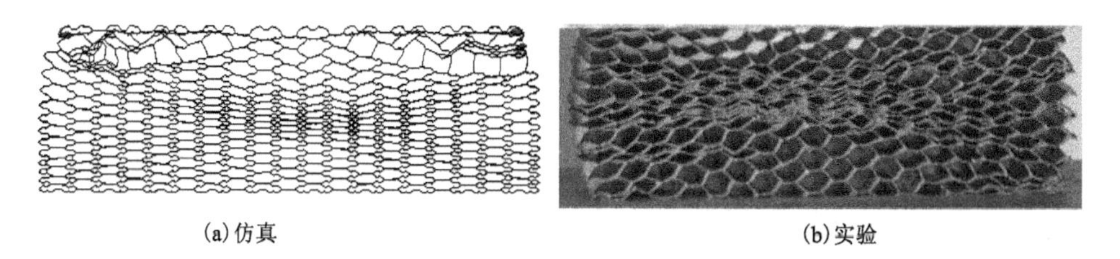

(a)仿真　　(b)实验

图 2-26　0.61 应变时的变形对比图

对 ACT1-3.2-48 规格蜂窝 L 方向准静态压缩工况实验及仿真结果进行分析对比，相关结果如图 2-27、图 2-28 所示。可以直观地看出，实验与仿真撞击力曲线的变化趋势基本相同，蜂窝变形情况也具有一定的一致性。但相比于实验值，仿真撞击力曲线在 0~0.1 应变阶段的增长速率稍小于前者，并且密实化阶段有些许延迟。

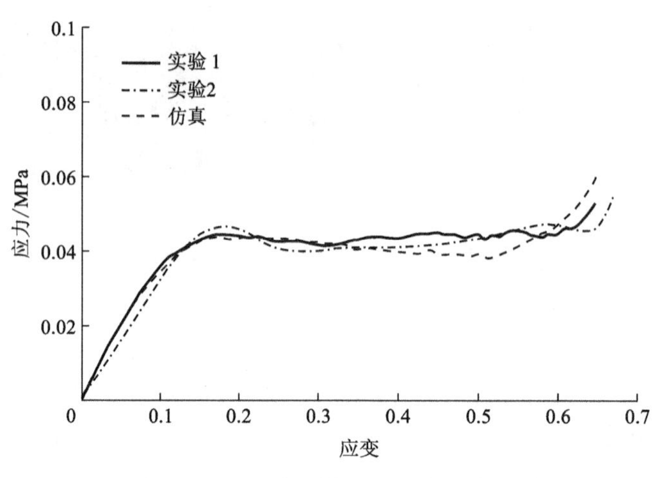

图 2-27　L 方向撞击力曲线对比图

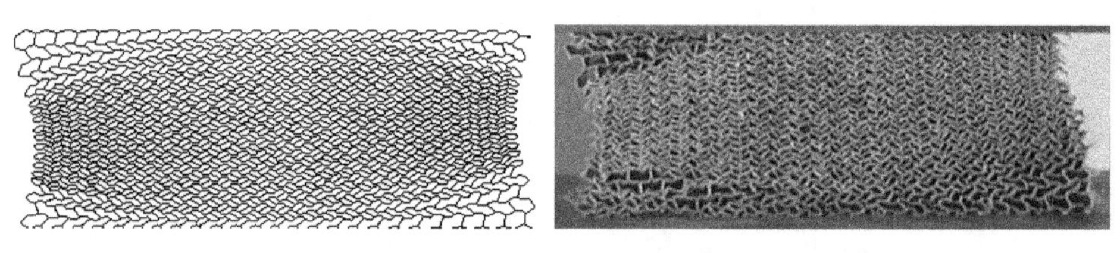

图 2-28　0.62 应变时的变形对比图

对 ACT1-3.2-48 规格蜂窝 W 方向准静态压缩工况实验及仿真结果进行分析对比，相关结果如图 2-29、图 2-30 所示。可以直观地看出，实验与仿真撞击力曲线的变化趋势及大小基本相同，同时 W 方向压缩时蜂窝的变形集中在中间部位。但相比于实验数据，仿真的密实化阶段开始的较晚。

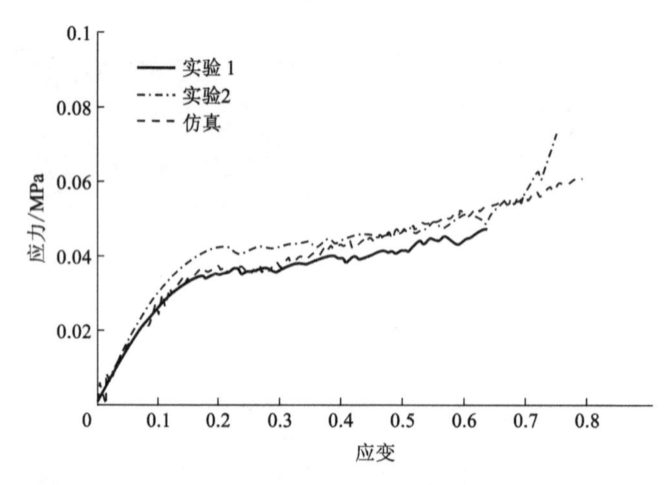

图 2-29　W 方向撞击力曲线对比图

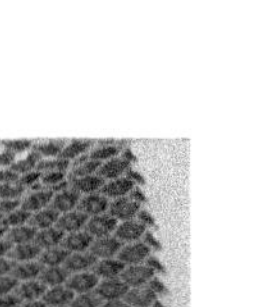

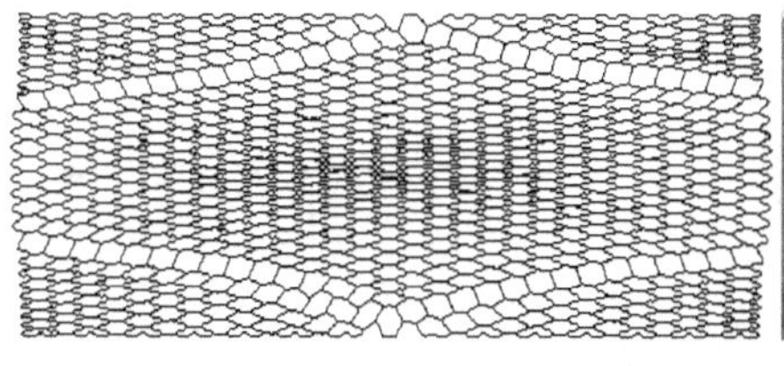
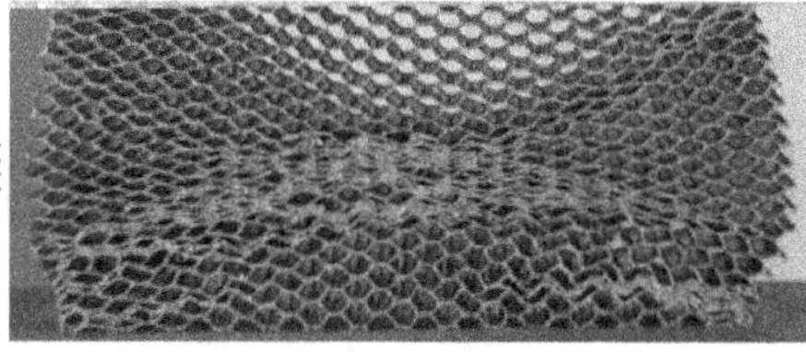

图 2-30　0.6 应变时的变形对比图

2.7　本章小结

本章研究了不同类型芳纶蜂窝面内与面外的压缩力学特性，通过静态压缩实验对五种典型规格的芳纶蜂窝进行了正交三方向压缩性能对比分析和吸能特性研究，引入了弹性模量 E、压溃应力 σ_c、压溃应变 ε_c、平台力 σ_p、吸能量 E_a、比吸能 E_m、残余率 μ 等力学和能量指标参数对蜂窝压缩性能进行评估；通过引入壁厚比和修正函数，提出了芳纶蜂窝面外方向压溃应力和平台应力的理论预测公式，同时探索了基于多层属性的芳纶仿生蜂窝芯的数值模拟方法，该模拟方法实现了酚醛树脂涂层的脆性材料模型和内部芳纶纸的弹塑性材料模型的结合，建立了在壁厚方向上材料属性分层变化的多层结构。最后，通过与实验结果对比，数值模拟的应力-应变曲线的波动和吸能量与压缩实验结果基本一致，证明了该数值仿真方法的可靠性。本章节为后面章节的研究提供了力学参数和仿真参数的依据。

第 3 章

叠加组合式芳纶蜂窝面外压缩力学性能

3.1 引言

第 2 章对芳纶蜂窝芯静态压缩力学性能及吸能特性进行了研究，从其研究结果可以看出，芳纶蜂窝在再加工及比吸能方面的性能优异，但是初始应力峰值较大，撞击力平稳性稍弱。在压缩行程要求较大时，单块蜂窝容易出现失稳造成吸能效果降低的情况，这严重影响了芳纶蜂窝的广泛应用。对此，将芳纶蜂窝芯叠加组合使用，不但有效增强了蜂窝的平稳性能，并且根据叠加方式的不同，叠加蜂窝在压缩过程中出现了更加独特的力学行为。基于以上原因，本章节通过不同结构或类型的芳纶蜂窝叠加组合，研究不同规格芳纶蜂窝在不同叠加组合时的力学性能及吸能特性。在 INSTRON1342 力学性能实验机上完成了四种叠加组合结构(同规格蜂窝无隔板组合、同规格蜂窝有隔板组合、不同规格蜂窝无隔板组合、不同规格蜂窝有隔板组合)的双层蜂窝叠加压缩实验，并与单层蜂窝试件进行对比，通过不同的实验工况优化蜂窝的力学特性，并得到目标梯度应力响应曲线，进而设计缓冲吸能材料或结构的应力响应方式。然后利用有限元方法建立双层蜂窝叠加的仿真模型，将压缩仿真结果与实验进行对比，对模型的准确性加以验证，在此基础上运用仿真研究和总结更多层同规格以及不同规格蜂窝叠加的力学性能。

3.2 实验材料及实验设备

本章选用了 1.83-48、2.75-32 和 2.75-48 三种不同规格的芳纶蜂窝进行叠加组合研究，样本参数如表 3-1 所示，实验方案包含以下五种形式(四种叠加组合蜂窝结构和一种单蜂窝结构)：同规格蜂窝无隔板组合、同规格蜂窝有隔板组合、不同规格蜂窝无隔板组合、不同规格蜂窝有隔板组合和单块蜂窝结构。

表 3-1　实验样本参数

蜂窝规格	l/mm	ρ_n/(kg · m^{-3})	L/mm	W_0/mm	T_0/mm
2.75-32	2.75	32	10	10	45
2.75-48	2.75	48	10	10	45
1.83-48	1.83	48	10	10	45

四种组合方式的结构试件图如图 3-1 所示。其中，图 3-1(a)为同规格蜂窝无隔板组合结构(G1-G6)，该组合结构由规格和截面尺寸大小相同的两块蜂窝直接叠加组合，两块蜂窝的两个方向交错排布(即一块蜂窝的 L 方向与另一块蜂窝的 L 方向相互成 90°)；图 3-1(b)为不同规格蜂窝无隔板组合结构(G7-G12)，该组合结构由不同规格但截面尺寸一样的两块蜂窝直接叠加组合，蜂窝间无隔板结构，两块蜂窝的两个方向同样交错排布；图 3-1(c)为的组合结构(G13-G18)，该组合结构的组合方式与图 3-1(a)中同规格蜂窝无隔板组合结构一样，不同的是叠加的两块蜂窝之间采用薄铝板(102 mm×102 mm×0.8 mm)隔开，薄铝隔板的质量为 19.5 g，蜂窝与隔板通过环氧树脂胶黏结在一起；图 3-1(d)为不同规格蜂窝有隔板组合结构(G19-G24)，该组合结构的组合方式与图 3-1(b)中的组合结构一样，不同的是叠加的两块蜂窝之间采用薄铝板(102 mm×102 mm×0.8 mm)隔开，蜂窝与隔板通过环氧树脂胶黏结在一起。

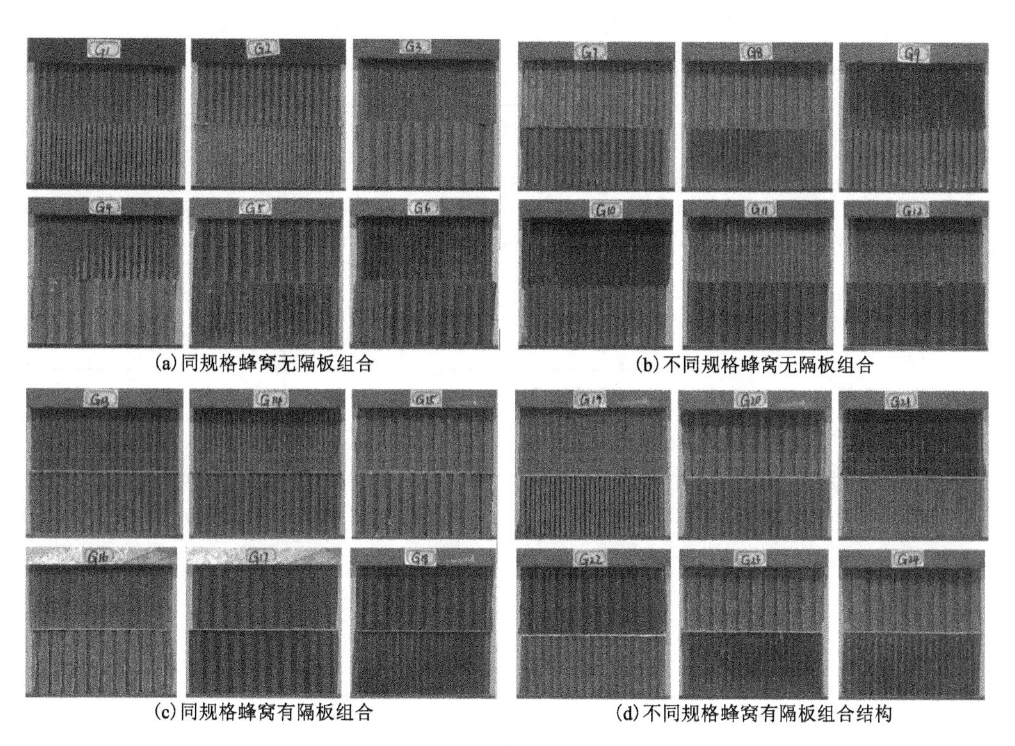

(a)同规格蜂窝无隔板组合　(b)不同规格蜂窝无隔板组合

(c)同规格蜂窝有隔板组合　(d)不同规格蜂窝有隔板组合结构

图 3-1　组合试件结构图

表 3-2 列出了本章研究中的所有实验方案及结构具体参数如表 3-2 所示，其中组合结构 1.83-48-S-2.75-32 表示 1.83-48 和 2.75-32 两种芳纶蜂窝试件无隔板组合，1.83-48-SP-2.75-32 表示 1.83-48 和 2.75-32 两种芳纶蜂窝试件通过薄铝隔板隔开。为避免偶然因素对实验结果的影响，对每个实验方案进行了 2 次重复性实验(15 种方案，总共 30 次实验)。实验在中南大学 INSTRON 1342 液压实验机[图 2-4(a)]上进行，实验过程中，实验机以 5 mm/min 的恒定速度加载蜂窝结构，当蜂窝被完全压溃，压力急剧上升时停机卸载。

表 3-2　实验方案及其结构参数

结构类型	结构名	蜂窝规格 1	蜂窝规格 2	实验组号
同规格蜂窝无隔板组合	1.83-48-S-1.83-48	1.83-48	1.83-48	G1、G2
	2.75-32-S-2.75-32	2.75-32	2.75-32	G3、G4
	2.75-48-S-2.75-48	2.75-48	2.75-48	G5、G6
同规格蜂窝无隔板组合	2.75-32-S-1.83-48	2.75-32	1.83-48	G7、G8
	2.75-48-S-1.83-48	2.75-48	1.83-48	G9、G10
	2.75-32-S-2.75-48	2.75-32	2.75-48	G11、G12
同规格蜂窝有隔板组合	1.83-48-SP-1.83-48	1.83-48	1.83-48	G13、G14
	2.75-32-SP-2.75-32	2.75-32	2.75-32	G15、G16
	2.75-48-SP-2.75-48	2.75-48	2.75-48	G17、G18
不同规格蜂窝有隔板组合	2.75-32-SP-1.83-48	2.75-32	1.83-48	G19、G20
	2.75-48-SP-1.83-48	2.75-48	1.83-48	G21、G22
	2.75-32-SP-2.75-48	2.75-32	2.75-48	G23、G24
单个裸蜂窝	1.83-48-单个	1.83-48	—	G25，G26
	2.75-32-单个	2.75-32	—	G27，G28
	2.75-48-单个	2.75-48	—	G29，G30

3.3　同规格双层叠加蜂窝力学性能及吸能特性

3.3.1　同规格蜂窝无隔板组合力学性能分析

图 3-2 为同规格蜂窝无隔板组合的压缩变形图如图 3-2 所示。由于蜂窝胞壁相互交错排布，可以看出压缩开始时，上下蜂窝壁相互嵌入剪切，而且蜂窝壁的剪切强度弱于单块蜂窝的折曲强度，故二层叠加蜂窝的嵌入剪切变形先于蜂窝结构的屈服折叠变形。随着嵌入深度增加，阻力越来越大，随后两块蜂窝都进入折曲阶段，从交界面开始产生褶皱，最后两块蜂窝被完全压实致密化。图 3-3 分别为三种相同规格叠加蜂窝的应力-应变曲线变化关系，以及分别与单块对应相同规格蜂窝的结果对比。可看出，单块蜂窝在压缩开始时压缩载荷急剧线性上升到峰值点后下降到平台区域；而叠加组合蜂窝压缩时没有出现初始压溃应力点，这是因为在压缩初始阶段，两叠加蜂窝结构的蜂窝壁发生相互嵌入，胞壁的嵌入剪切破坏使初始褶皱的产生更加容易，从而不会出现明显的初始应力峰值。初始应力峰值是设计吸能结构时一个非常重要的因素。因为吸能结构的初始应力峰值过高将会损坏它们所包装的货物，或使车辆中的乘客严重受伤。图 3-4 为该组合试件分别与单块蜂窝试件对比的吸能特性曲线，可以看出三种组合叠加蜂窝结构和单块蜂窝的能量吸收结果非常接近，但是单块蜂窝试件的还是略小一点，从能量吸收角度来说，该组合叠加结构在吸能方面略优于单块蜂窝试件。图 3-5 为试件的最终变形图，从结果可以看出，叠加的两块蜂窝相互嵌入，最终达到致密化；同一试件的 2 次重复实验的最终变形基本一致，说明实验结果的重复性较好。表 3-3 为三种组合试件和单块蜂窝压缩时的力学性能和吸能特性数据，组合结构的平台应力、吸能量和比吸能略大于单块蜂窝的结果，这是因为蜂窝压缩过程中，单蜂窝出现的横向失稳现象略多于组合试件。

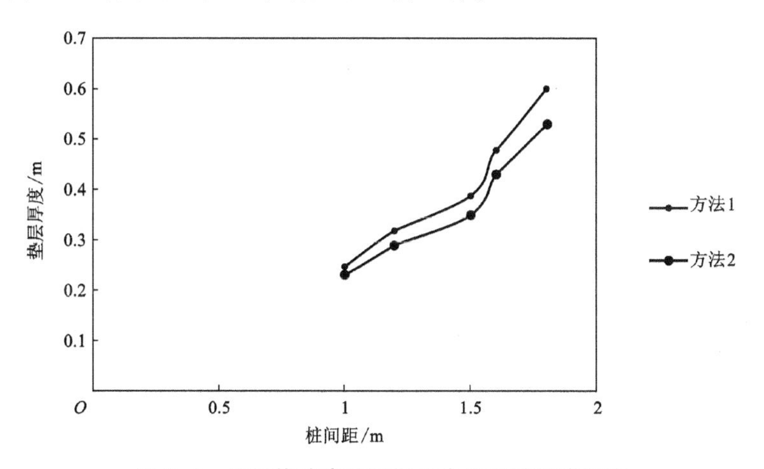

图 3-2　同规格蜂窝无隔板组合结构压缩变形图

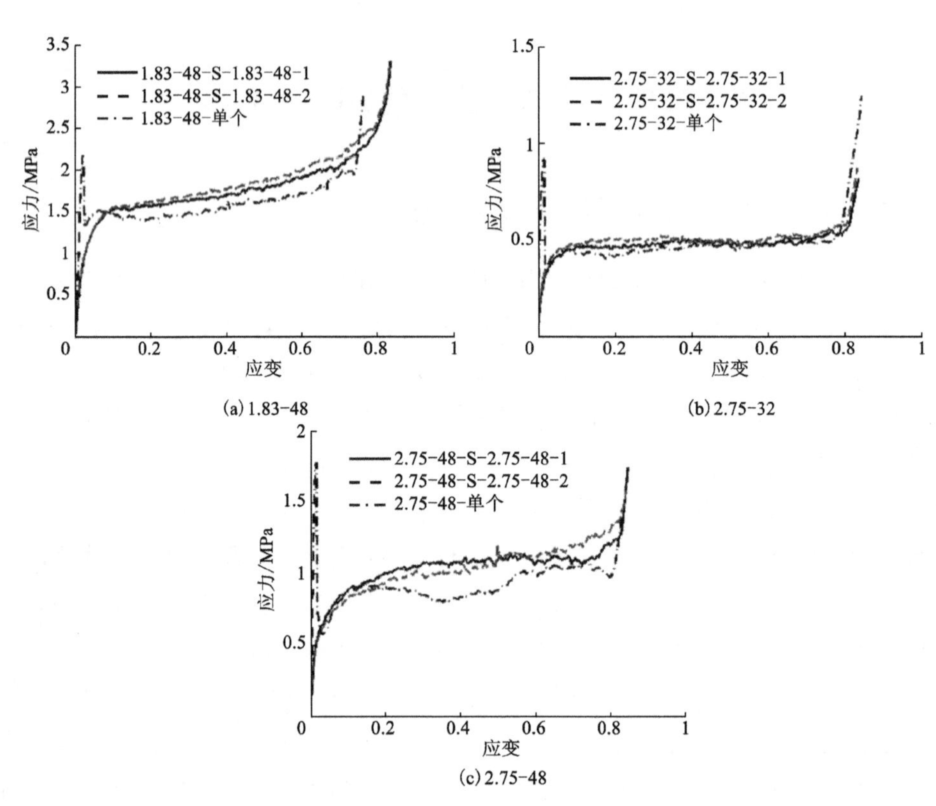

(a) 1.83-48

(b) 2.75-32

(c) 2.75-48

图 3-3　应力-应变对比曲线

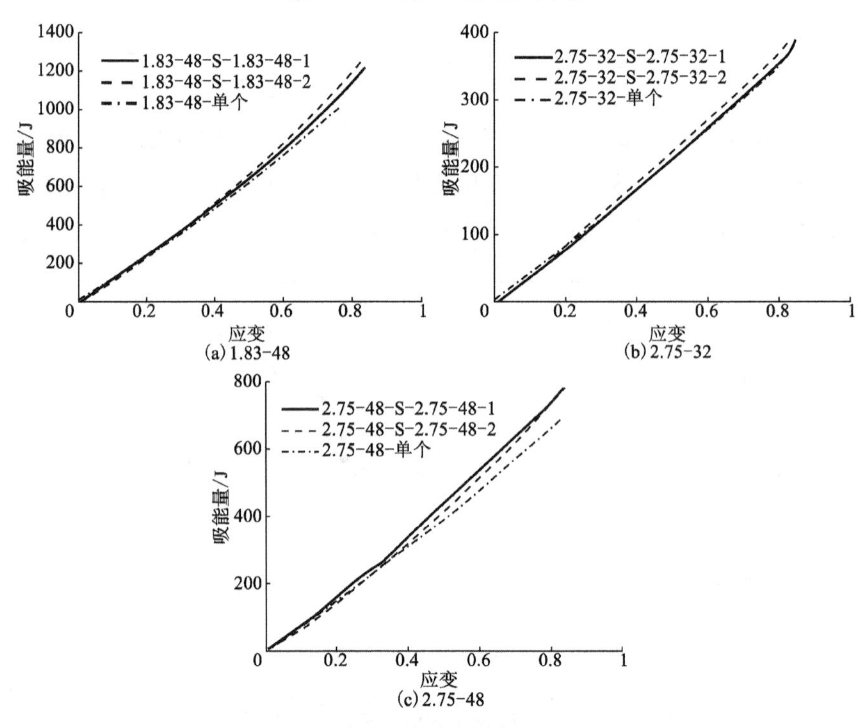

(a) 1.83-48

(b) 2.75-32

(c) 2.75-48

图 3-4　吸能特性对比曲线

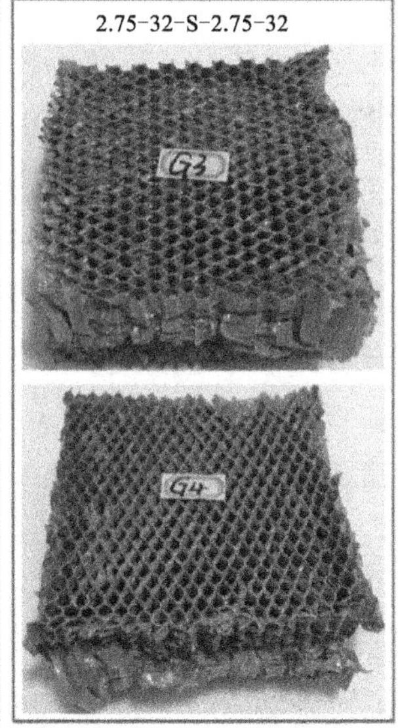

图 3-5 试件最终变形图

表 3-3 力学性能对比结果

结构类型	σ_c/MPa	ε_C	σ_p/MPa	E_a/J	E_m/(kJ · kg^{-1})	μ/%
1. 83-48-S-1. 83-48-1	1. 4625	0. 0698	1. 8028	1118. 82	25. 09	20. 68
1. 83-48-S-1. 83-48-2	1. 4745	0. 0653	1. 8688	1158. 03	25. 96	20. 69
1. 83-48-单个	2. 2021	0. 0201	1. 6099	986. 94	22. 56	26. 36
2. 75-32-S-2. 75-32-1	0. 4497	0. 0526	0. 5010	353. 92	12. 38	19. 08
2. 75-32-S-2. 75-32-2	0. 4347	0. 0493	0. 5197	363. 76	12. 72	19. 15
2. 75-32-单个	0. 8841	0. 0181	0. 4532	326. 16	11. 60	20. 67
2. 75-48-S-2. 75-48-1	0. 7629	0. 0571	1. 0589	748. 46	17. 82	18. 82
2. 75-48-S-2. 75-48-2	0. 6838	0. 0490	1. 0455	731. 91	17. 43	19. 77
2. 75-48-单个	1. 7882	0. 015	0. 9183	666. 56	15. 24	20. 89

3.3.2 同规格蜂窝有隔板组合力学性能分析

图 3-6 为同规格蜂窝有隔板组合结构压缩变形图。该组合虽采用相同规格试件，实际加工过程中蜂窝由芳纶纸蜂窝芯浸渍酚醛树脂制成，不能保证上下两个蜂窝试样结构完全一致，故隔板上、下层蜂窝哪个先发生结构屈服，具有一定的随机性。实验过程中两试件并未同时发生变形，屈曲强度稍弱的芳纶蜂窝先变形屈服，随后第二个蜂窝试件进入屈服阶段，最后两个试件同时塑性压溃变形直至进入致密化阶段。图 3-7 为三种组合蜂窝及单

块蜂窝的应力-应变对比曲线。由图 3-7 可知，所有试件在压缩过程中会出现一个明显的压溃应力峰值，每个试件的平台应力基本相同，组合试件的压溃应力高于单块蜂窝，但是在变形过程叠加组合结构由于两个蜂窝相互影响，应力-应变曲线的波动较大。图 3-8 为各组合试件与单块蜂窝吸能特性对比曲线，组合结构和单块蜂窝的能量吸收结果差异也不大，但是叠加组合结构同样大于单块蜂窝。图 3-9 为试件的最终变形图。表 3-4 为三种组合试件和单块蜂窝的力学性能和吸能特性数据。组合件的压溃应力略高于单块蜂窝。表 3-4 中的比吸能 1 和比吸能 2 分别为不考虑隔板质量和考虑隔板质量的比吸能。虽然带隔板和不带隔板的同规格组合蜂窝吸能量差异不大，但蜂窝结构质量本身较小，薄铝隔板的质量所占比重较大，因此当考虑隔板质量时，有隔板组合件的比吸能远低于无隔板组合件。

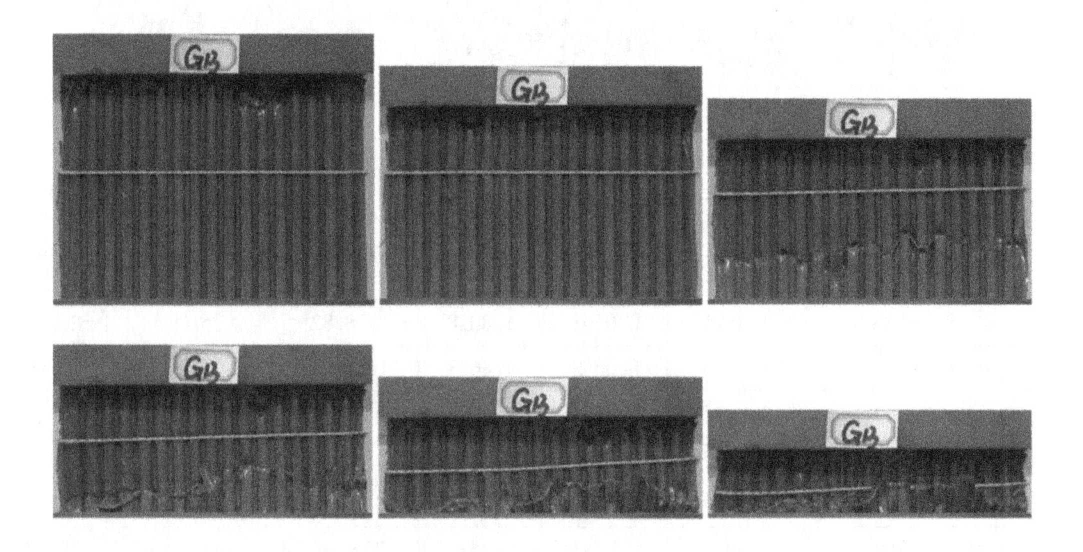

图 3-6　同规格蜂窝有隔板组合结构压缩变形图

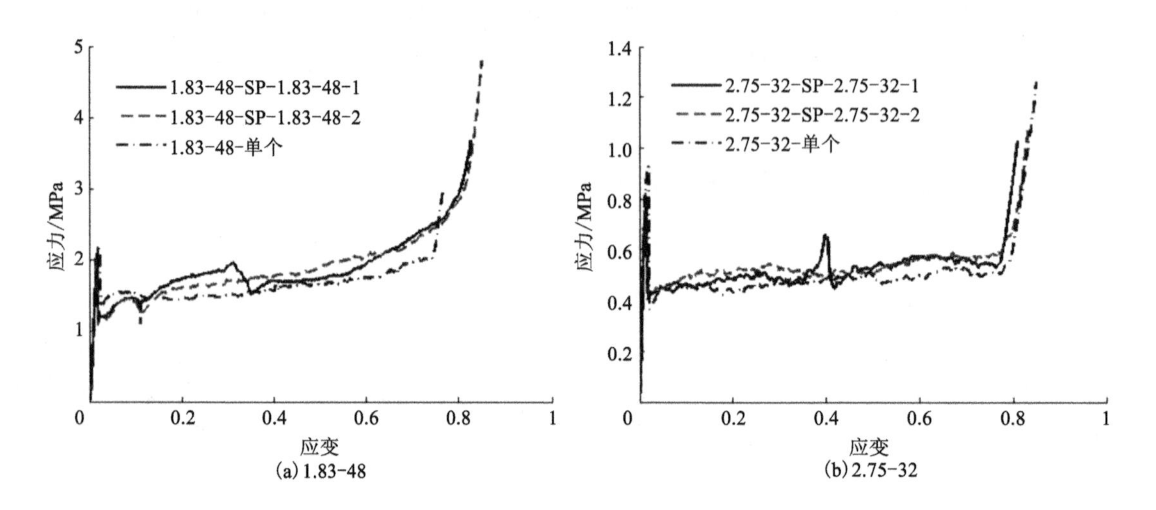

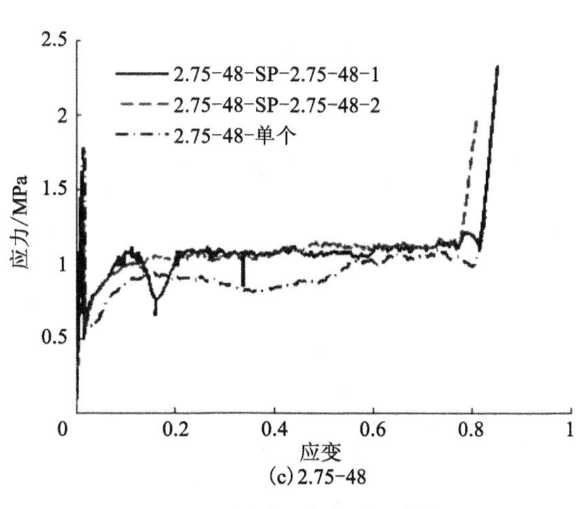

(c) 2.75-48

图 3-7　应力-应变对比曲线

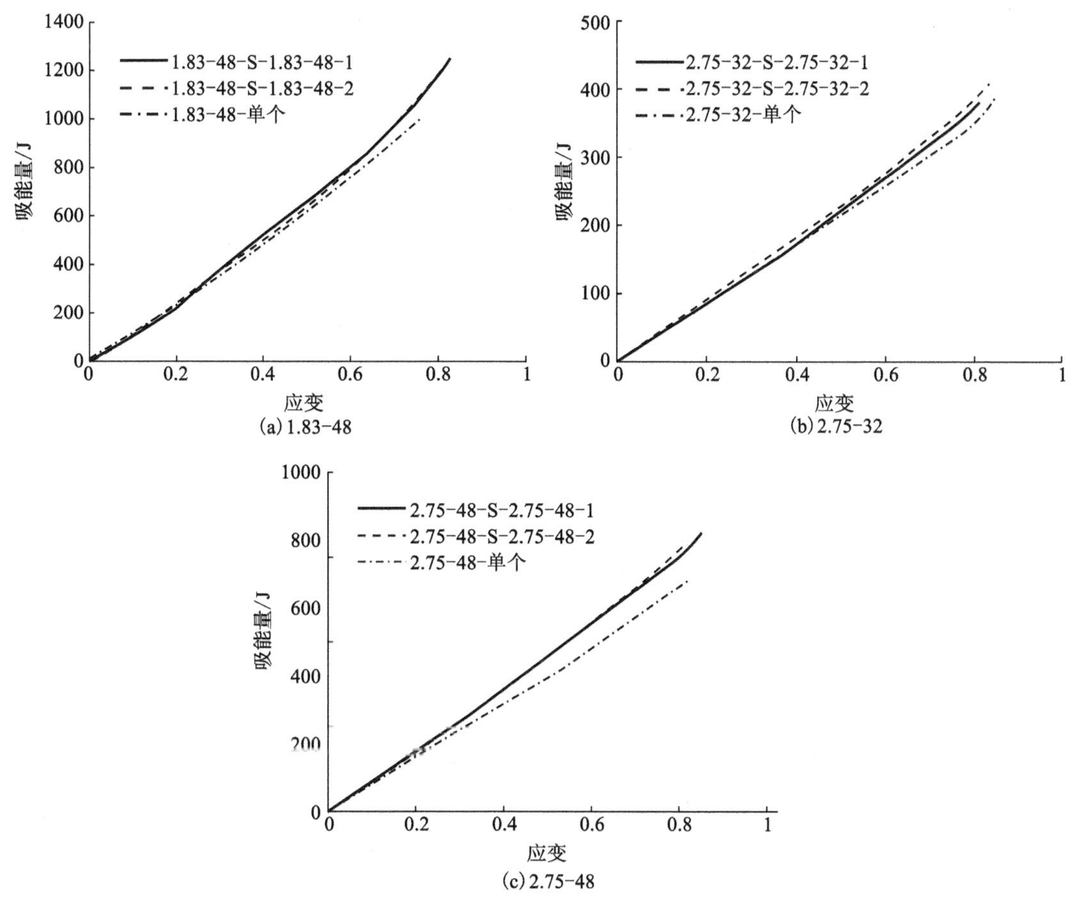

图 3-8　吸能特性对比曲线

图 3-9　试件最终变形图

表 3-4　力学性能对比结果

结构类型	σ_c/MPa	ε_c	σ_p/MPa	E_a/J	E_{m1}/(kJ·kg^{-1})	E_{m2}/(kJ·kg^{-1})	μ/%
1.83-48-SP-1.83-48-1	2.9794	0.0162	1.8411	1178.42	26.42	18.38	24.31
1.83-48-SP-1.83-48-2	1.9484	0.0152	1.8433	1184.91	26.57	18.49	23.57
2.75-32-SP-2.75-32-1	0.7606	0.0144	0.5097	346.72	12.12	7.208	24.12
2.75-32-SP-2.75-32-2	0.80116	0.0151	0.5282	374.11	13.08	7.778	21.07
2.75-48-SP-2.75-48-1	1.6180	0.0129	1.0446	756.14	18.00	12.29	18.24
2.75-48-SP-2.75-48-2	0.8583	0.0159	1.0591	725.57	17.28	11.80	23.07

通过实验我们可以得出以下结论：

(1)同规格蜂窝无隔板组合结构，在压缩开始时上下蜂窝壁之间相互嵌入剪切，随着嵌入深度增加，阻力越来越大，随后两块蜂窝从交界面开始产生褶皱，进入屈服阶段和塑性坍塌变形阶段，直至两块蜂窝被完全压实致密化。结果表明，该组合结构吸能能力稍高于单块蜂窝，并且在压缩过程中没有出现明显的初始应力峰值，这对结构压缩冲程不大的缓冲吸能来说是非常有利的。

(2)同规格蜂窝有隔板组合结构压缩时，由于实际蜂窝难以保证屈曲强度完全一致，上、下层蜂窝哪个先发生屈服，具有一定的随机性；在压缩初始阶段会出现一个明显的压

溃应力峰值，以诱发结构的初始折曲，较大的应力峰值可以用于保护结构不易被破坏，适用于耐撞性结构。同时，该叠加组合结构吸能量稍高于单块蜂窝和同规格无隔板组合蜂窝，且因为隔板的存在，其失稳的现象会优于无隔板组合，所以在撞击能量很大且压缩冲程大的吸能结构中也可考虑用无隔板组合方式。

3.4　不同规格双层叠加蜂窝力学性能

3.4.1　不同规格蜂窝无隔板组合力学性能分析

图 3-10 为不同规格蜂窝无隔板组合结构变形图，该组合结构的上、下蜂窝胞壁仍是相互交错排布。压缩开始时，上、下蜂窝壁相互嵌入剪切，随着嵌入深度增加，阻力越来越大，当力达到较弱强度蜂窝的折曲强度时，该蜂窝先进入塑性压溃阶段[图 3-10(a)]，直至蜂窝开始进入致密化阶段，整个结构受到的载荷急剧增大，当压缩载荷达到另一级蜂窝的折曲强度时，这一级蜂窝也开始变形[图 3-10(e)]，发生稳定的塑性压溃变形直至进入压实致密化阶段。图 3-11 为不同规格蜂窝组合结构的应力-应变对比曲线，从结果可知，该曲线没有出现明显的应力峰值，各级蜂窝均平稳有序变形，同规格蜂窝的平台应力大小基本一致。图 3-12 为三种组合结构吸能特性对比曲线，每条曲线均呈现为两段线性曲线，分别对应两级不同规格的蜂窝。图 3-13 为试件的最终变形图。表 3-5 为三种组合试件压缩时的力学性能及吸能特性数据，表格中的压溃应力包括一级压溃应力与二级压溃应力、平台应力包括一级平台应力和二级平台应力，分别对应两级不同规格蜂窝的相应值。不同规格组合的蜂窝最明显的优势是可以实现结构的有序变形控制和阶梯能级控制。

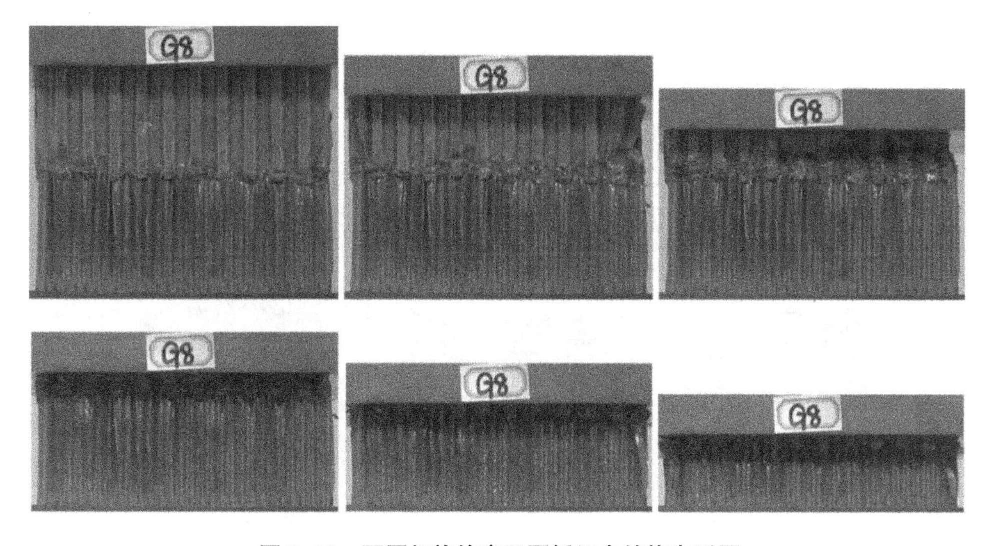

图 3-10　不同规格蜂窝无隔板组合结构变形图

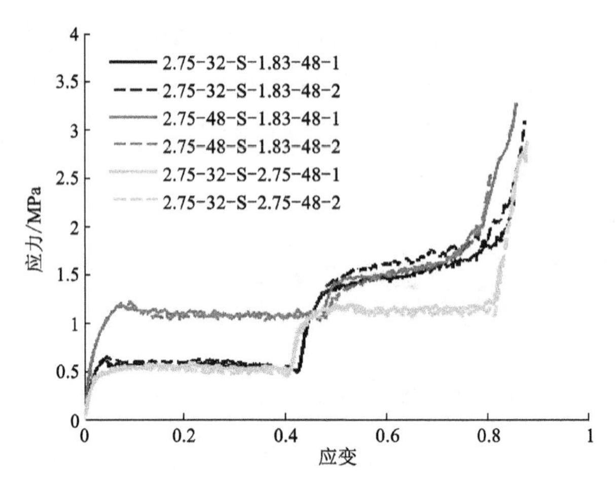

图 3-11 应力-应变对比曲线

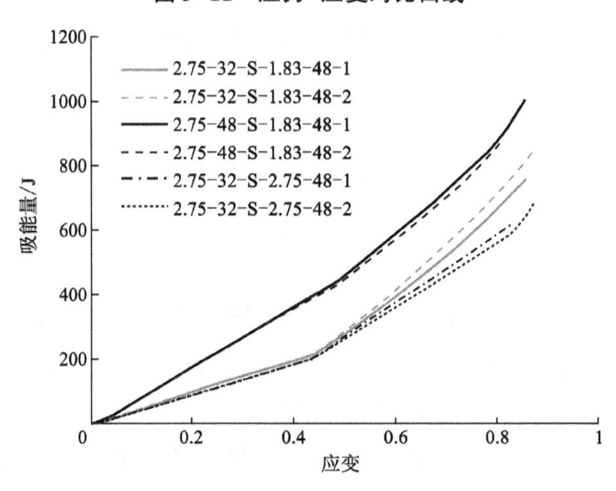

图 3-12 吸能特性对比曲线

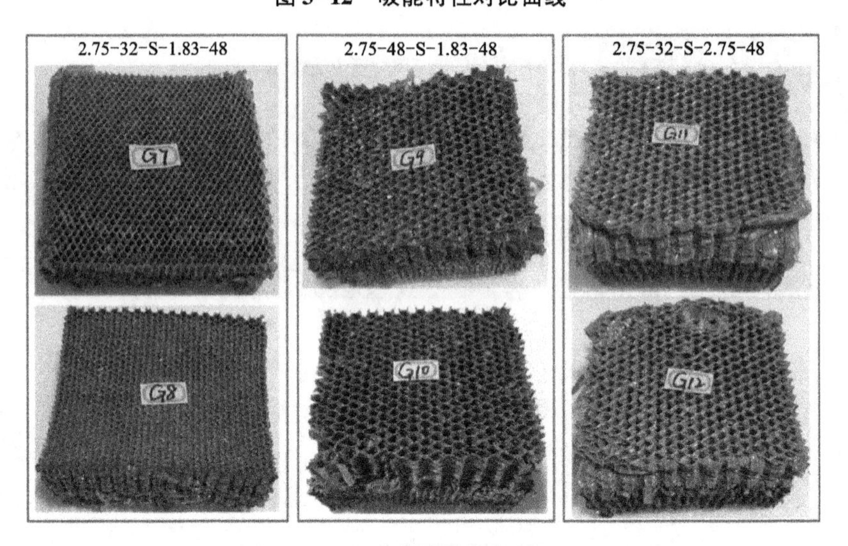

图 3-13 试件最终变形图

表 3-5　力学性能对比结果

结构类型	σ_{c1}/MPa	σ_{c2}/MPa	σ_{p1}/MPa	σ_{p2}/MPa	E_a/J	E_m/(kJ · kg^{-1})	μ/%
2.75-32-S-1.83-48-1	0.5593	1.3395	0.5628	1.5496	710.21	19.40	17.10
2.75-32-S-1.83-48-2	0.5789	1.3857	0.5874	1.6919	770.70	21.06	16.30
2.75-48-S-1.83-48-1	1.0391	1.3104	1.0980	1.5754	841.56	19.46	21.69
2.75-48-S-1.83-48-2	1.0834	1.3008	1.0802	1.5530	821.19	18.97	21.86
2.75-32-S-2.75-48-1	0.4472	1.0471	0.5306	1.1479	588.97	16.68	19.40
2.75-32-S-2.75-48-2	0.4220	0.9909	0.5025	1.1035	575.67	16.31	18.36

3.4.2　不同规格蜂窝有隔板组合力学性能分析

图 3-14 为不同规格蜂窝有隔板组合结构变形图，该组合结构在压缩实验过程中，强度较弱的蜂窝先发生折曲变形[图 3-14(a)]。当蜂窝进入致密化阶段后，整个组合结构受到的载荷会急剧增大；当压缩载荷达到另一级蜂窝的屈服强度时，这一级蜂窝也开始变形[图 3-14(e)]，进入稳定的塑性压溃阶段，直至强度较高的蜂窝也进入致密化阶段。从图 3-15 的应力-应变曲线中可以看出，每种组合结构的曲线都有两个明显的应力峰值，分别为两级蜂窝结构压溃应力值，两个较明显的应力平台阶段分别为两级蜂窝稳定的塑性压溃阶段。图 3-16 为三种组合结构吸能特性对比曲线，每条曲线均呈现为两段线性曲线，图 3-17 为试件的最终变形图。表 3-6 为三种组合结构的力学性能及吸能特性数据，从表中看出，不同规格蜂窝组合结构在有隔板的情况下，若不考虑隔板的的质量，压溃应力 1、压溃应力 2、平台应力 1、平台应力 2、吸能量和比吸能均高于无隔板组合(对比表 3-5)，吸能量增加范围为 3%~17%；但若考虑隔板的质量，有隔板组合结构的比吸能明显小很多。

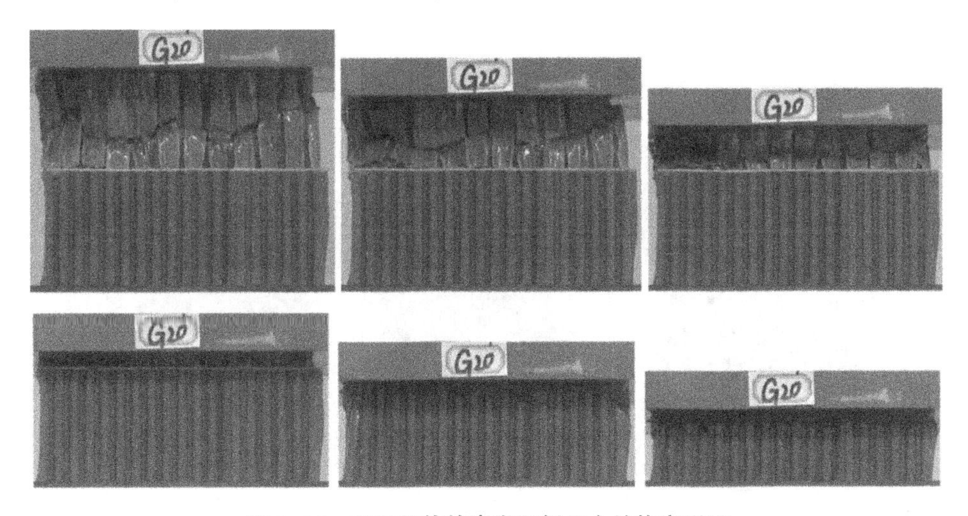

图 3-14　不同规格蜂窝有隔板组合结构变形图

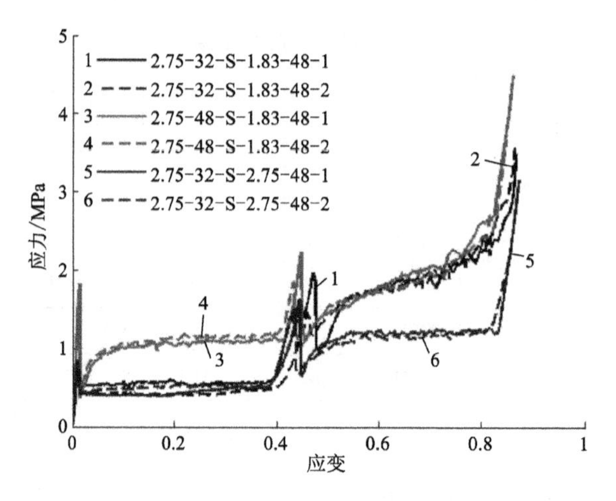

图 3-15　应力-应变对比曲线

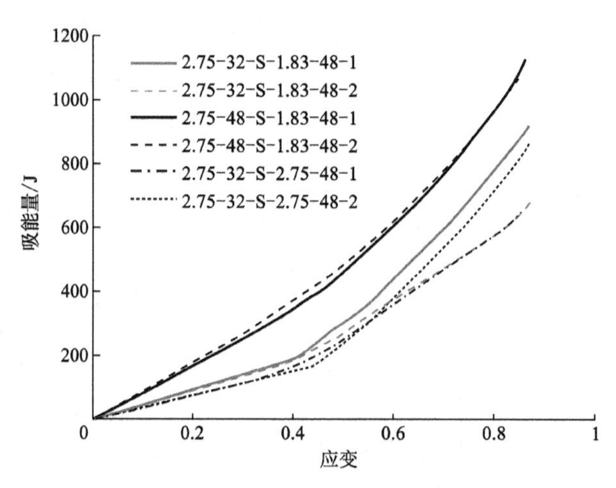

图 3-16　吸能特性对比曲线

图 3-17　试件最终变形图

表 3-6　力学性能对比结果

结构类型	σ_{c1}/MPa	σ_{c2}/MPa	σ_{p1}/MPa	σ_{p2}/MPa	E_a/J	E_{m1}/(kJ·kg^{-1})	E_{m2}/(kJ·kg^{-1})	μ/%
2.75-32-SP-1.83-48-1	1.0799	1.9077	0.5669	1.9706	869.79	23.76	15.58	15.52
2.75-32-SP-1.83-48-2	0.8159	1.4033	0.4329	1.8605	775.20	21.18	13.89	17.07
2.75-48-SP-1.83-48-1	1.8225	2.2278	1.0479	1.8948	1020.85	23.58	16.33	17.23
2.75-48-SP-1.83-48-2	1.8843	1.8192	1.1010	1.8432	1006.89	23.25	16.11	17.76
2.75-32-SP-2.75-48-1	1.0376	1.6246	0.4399	1.1839	605.36	17.15	11.10	17.19
2.75-32-SP-2.75-48-2	0.7034	1.5555	0.5018	1.1099	601.15	17.03	11.03	17.77

通过该实验可以得出以下结论：

(1)不同规格蜂窝无隔板组合结构，在压缩过程中折曲强度较弱的一级蜂窝先进入塑性压溃阶段，该级蜂窝压实致密化后压缩载荷继续增大，当载荷达到第二级蜂窝的折曲强度时，第二级蜂窝开始变形。整个压缩过程中未出现明显的应力峰值，但有两级明显的平台应力阶段，各级蜂窝呈现平稳有序变形，同规格蜂窝的平台应力大小基本一致。

(2)不同规格蜂窝有隔板组合结构，在压缩过程中会出现两个明显的应力峰值(分别诱发组合结构中两级蜂窝的初始折曲)和两个明显的平台应力阶段(分别对应两级蜂窝的平台应力)。同样的，该组合结构的吸能量大于无隔板组合试件，但是考虑隔板质量时的比吸能低于无隔板组合结构。

(3)无论是不同规格蜂窝无隔板组合结构还是不同规格蜂窝有隔板组合结构，都可以实现可控的有序变形控制和阶梯能级。

3.5　叠加芳纶蜂窝力学性能数值模拟

3.5.1　叠加蜂窝仿真模型构建

选取三种不同规格的芳纶蜂窝，采用壳(shell)单元构建模型，将多块蜂窝模型叠加并在层间加入壳(shell)单元隔板，如图 3-18 所示，各规格芳纶蜂窝的长宽高 $L_0W_0T_0$、等效密度 ρ_n、胞元边长 l 以及相邻蜂窝胞元之间所夹的锐角 θ 等参数如表 3-7 所示。

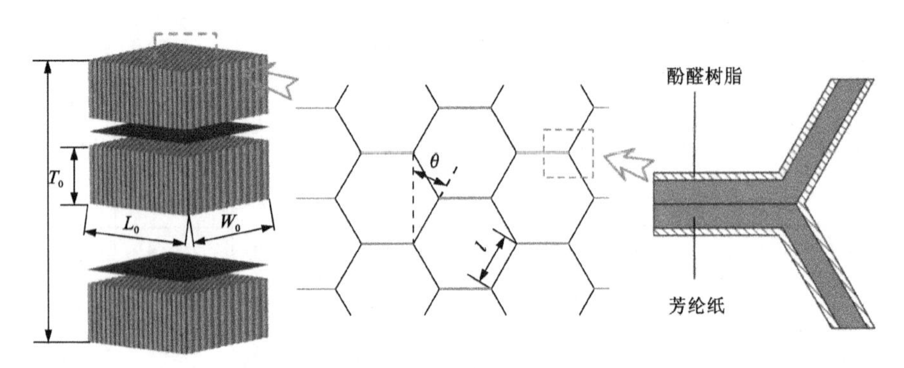

图 3-18　芳纶蜂窝有限元模型构建

表 3-7　三种规格芳纶蜂窝的具体参数

蜂窝规格	l/mm	ρ_n/(kg · m^{-3})	θ/(°)	L_0/mm	W_0/mm	T_0/mm
2.75a	2.75	48	30	100	100	45
2.75b	2.75	32	30	100	100	45
1.83	1.83	48	30	100	100	45

如图 3-19 所示，芳纶蜂窝由芳纶纸浸渍酚醛树脂制成，蜂窝壁具有酚醛树脂—芳纶纸—酚醛树脂三层结构，其中粘接面有两层的纸壁厚，独立面仅有一层的纸壁厚，而无论黏接面和独立面的酚醛树脂壁厚相同。为实现厚度方向上蜂窝材料特性的分层变化，在壳(shell)单元的基础上引入用户自定义积分 Integration_shell，即在 Integration_shell 中定义积分方法，并在 Section_shell 中调用所定义的积分方法。各蜂窝定义了三个方向和两种厚度共四种壳(shell)单元，在蜂窝厚度方向上根据酚醛树脂和芳纶纸的分布定义了单层壁厚和双层壁厚两种壳(shell)单元积分，每种壳(shell)单元的厚度方向使用 8 个积分点。

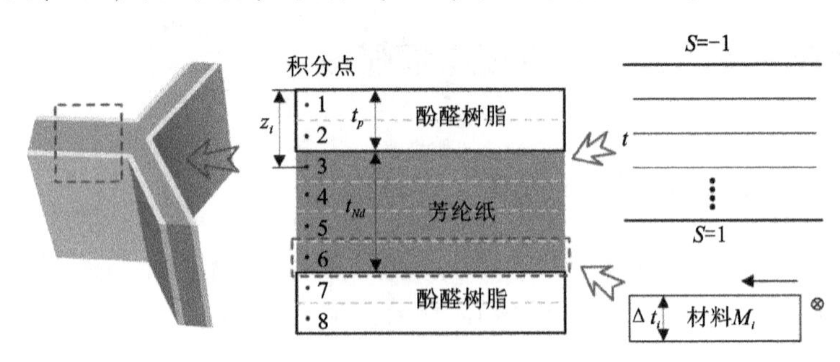

图 3-19　芳纶蜂窝建模细节

采用 MAT_22(composite_damage)材料模拟蜂窝的各向异性性质和破坏失效特点，对于各向异性的芳纶纸设定 ABC 三个方向的弹性模量 E_A、E_B、E_C，相对应的泊松比 η_{BA}、η_{CA}、η_{CB} 以及剪切模量 G_{AB}、G_{BC}、G_{CA}，对于各向同性的酚醛树脂，只需确定一组弹性模量 E_p、

泊松比 η_p 以及剪切模量 G_p，同时设定失效体积模量 K_{fail}，材料参数如表3-8所示。不同等效密度蜂窝胞壁的单层纸厚度 t_s、双层纸厚度 t_d 以及酚醛树脂的厚度 t_p 如表3-9所示。考虑到蜂窝之间的隔板在压缩过程中的变形很小，定义为刚性材料。

表3-8　芳纶蜂窝有限元模型材料参数

芳纶纸		酚醛树脂	
ρ_N	0.72 g/cm³	ρ_p	1.342 g/cm³
E_A	2500 MPa	E_p	4800 MPa
E_B	1300 MPa	η_p	0.389
E_C	1300 MPa	G_p	1727.86 MPa
η_{BA}	0.2	K_{fail}	7207.2002 MPa
η_{CA}	0.2	σ_{sc}	45 MPa
η_{CB}	0.3	σ_{yt}	75 MPa
G_{AB}	700 MPa	σ_{xt}	75 MPa
G_{BC}	700 MPa	σ_{yc}	135 MPa
G_{CA}	600 MPa		

表3-9　芳纶蜂窝有限元模型壁厚参数

ρ_e/(kg·m⁻³)	t_s/mm	t_d/mm	t_p/mm
48	0.051	0.104	0.012
32	0.051	0.104	0.002

定义接触类型为自动单面接触(automatic single surface)，静摩擦系数0.3，动摩擦系数0.2。将芳纶蜂窝叠加模型置于两刚性墙之间，刚性墙与芳纶蜂窝之间的摩擦系数为0.3，下端刚性墙固定不动，上端刚性墙以一恒定的速度下降，模拟准静态压缩过程。

3.5.2　两层同规格蜂窝叠加模型验证

先对两层叠加蜂窝进行仿真，再将结果与实验对比，验证有限元模型的准确性。图3-20为两层相同规格芳纶蜂窝叠加准静态压缩仿真的变形序列图。在实验过程中，由于实际加工影响不能保证上下两个蜂窝试样结构完全一致，两层蜂窝并未同时发生变形，而有限元仿真确保了两层蜂窝的完全一致，蜂窝在压缩过程中同步产生相同响应，两层蜂窝同时经历了弹性变形、屈服、塑性压溃和压实致密化四个基本阶段。叠加蜂窝压缩仿真与实验的应力-应变曲线、吸收特性曲线对比如图3-21所示，叠加蜂窝在压缩仿真过程中呈现一个压溃应力和平台应力，与实验结果一致，仿真与实验的压溃应力、平台应力数值对比如表3-10所示。

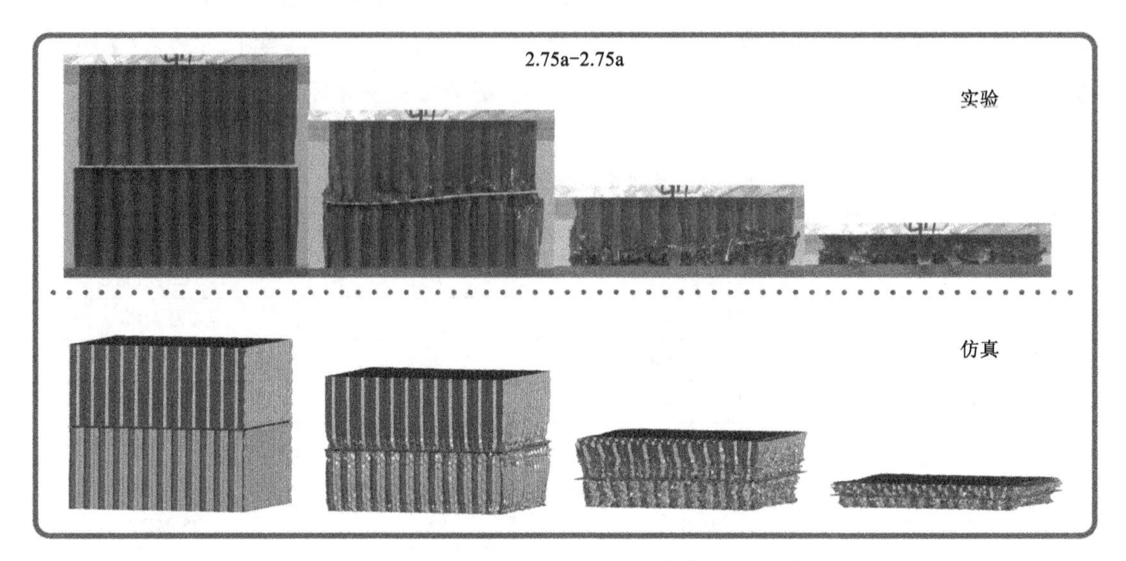

图 3-20　2.75-SP-2.75 叠加蜂窝变形序列图

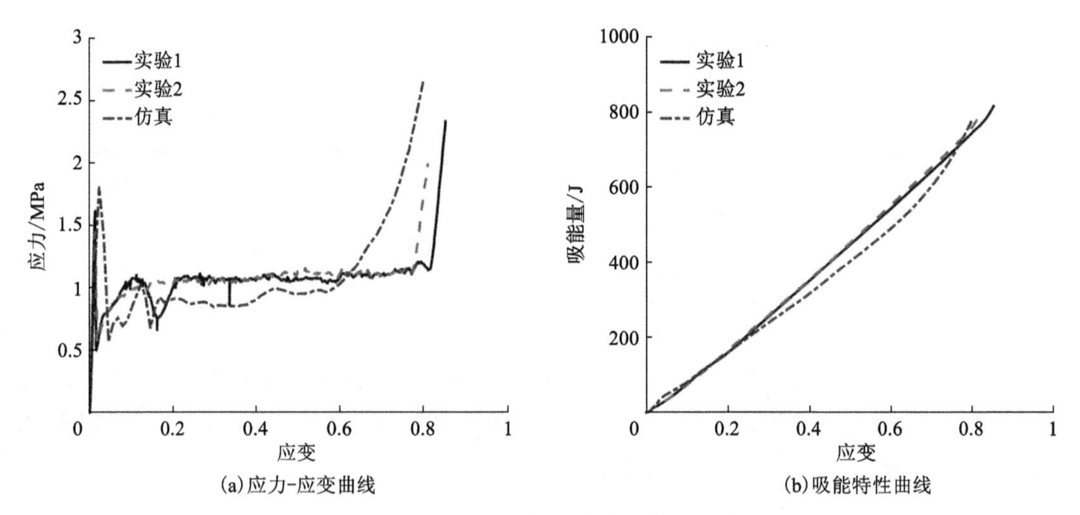

图 3-21　2.75-SP-2.75 叠加蜂窝仿真与实验的对比

表 3-10　2.75-SP-2.75 叠加蜂窝仿真与实验的力学性能对比

评估指标	实验 1	实验 2	仿真
σ_c/MPa	1.62	1.46	1.81
σ_p/MPa	1.04	1.06	0.96

3.5.3 两层不同胞元尺寸蜂窝叠加模型验证

图 3-22 为两层不同胞元尺寸的蜂窝压缩仿真变形序列图，上层为 2.75 mm，下层为 1.83 mm。压缩过程中上层 2.75a 蜂窝先屈服压溃，待上层蜂窝完全致密化后下层 1.83 蜂窝才屈服压溃。仿真与实验的应力-应变曲线、吸能特性曲线对比如图 3-23，压溃应力和平台应力对比如表 3-11。

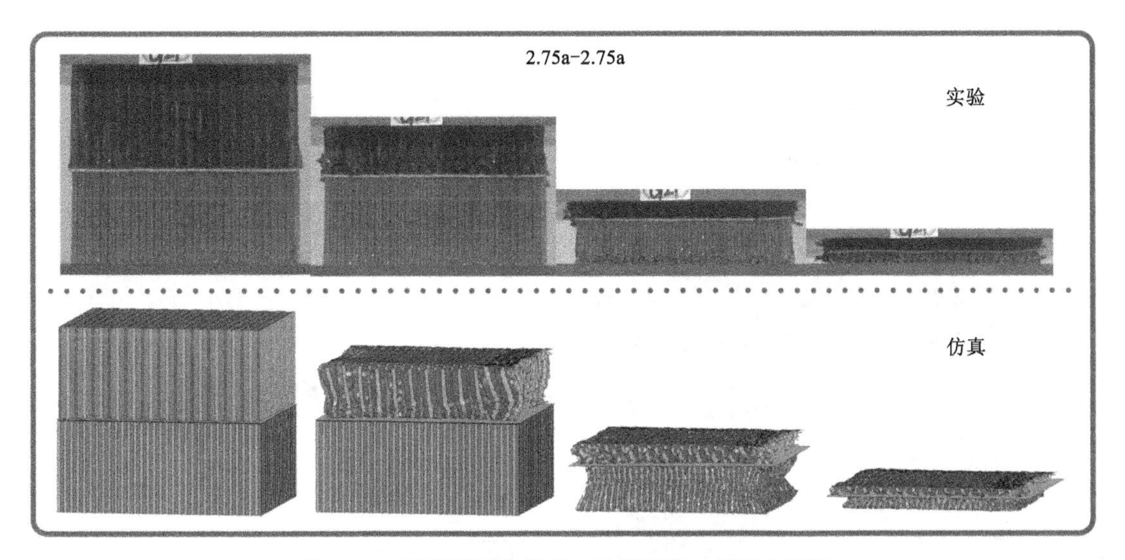

图 3-22 两层不同胞元尺寸的蜂窝叠加变形序列图

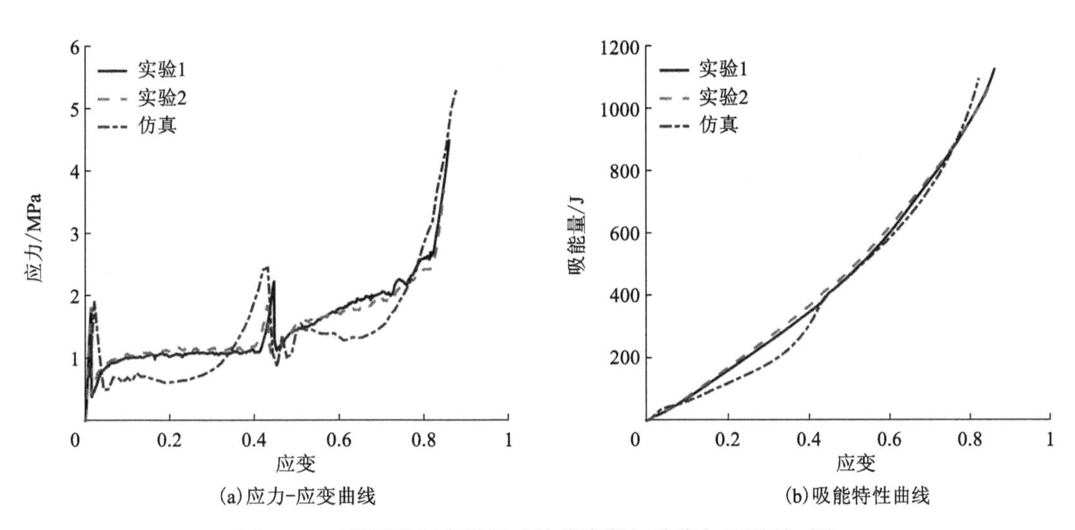

图 3-23 两层不同胞元尺寸的蜂窝叠加仿真与实验的对比

表 3-11　两层不同胞元尺寸蜂窝叠加力学性能仿真值与实验值的对比

方法	σ_{c1}/MPa	σ_{p1}/MPa	σ_{c2}/MPa	σ_{p2}/MPa
实验 1	1.82	1.05	2.22	1.89
实验 2	1.82	1.10	1.84	1.84
仿真	1.90	0.75	2.42	1.85

3.5.4　两层不同等效密度蜂窝叠加模型验证

图 3-24 为两层不同等效密度的蜂窝压缩仿真变形序列图，上层为 32 kg/m³，下层为 48 kg/m³。压缩过程中上层蜂窝先屈服、压溃，下层蜂窝后压溃。仿真与实验的应力-应变曲线、吸能特性曲线对比如图 3-25 所示，压溃应力和平台应力对比如表 3-12 所示。

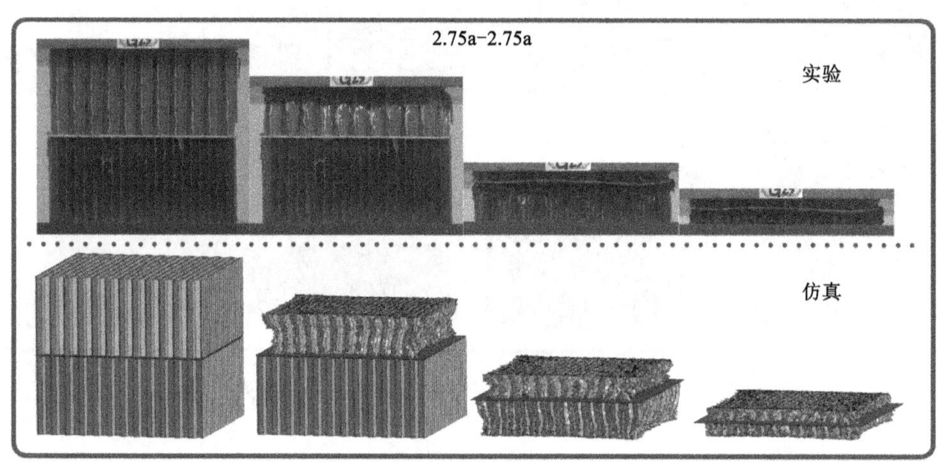

图 3-24　两层不同等效密度的蜂窝叠加变形序列图

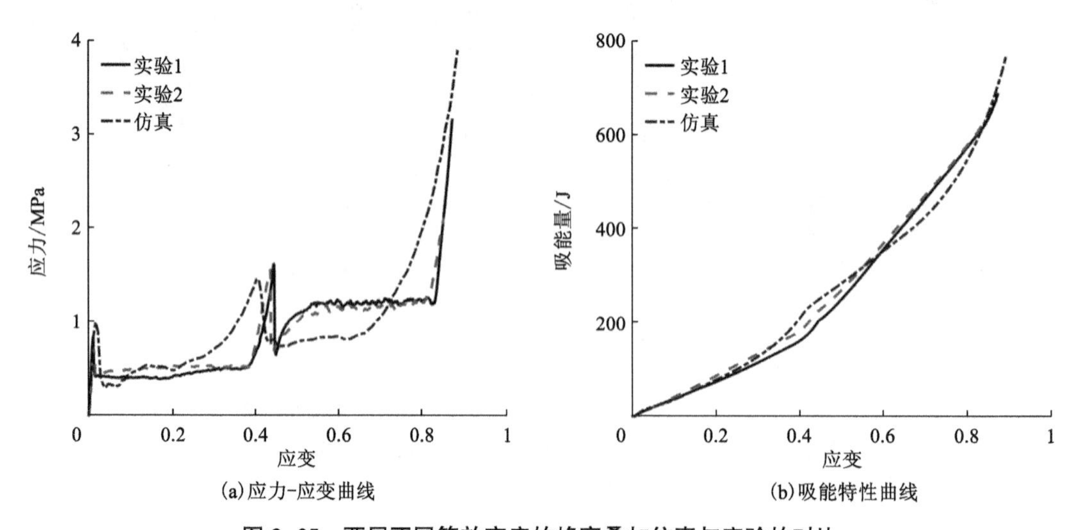

(a)应力-应变曲线　(b)吸能特性曲线

图 3-25　两层不同等效密度的蜂窝叠加仿真与实验的对比

表 3-12　两层不同等效密度蜂窝叠加力学性能仿真值与实验值的对比

方法	σ_{c1}/MPa	σ_{p1}/MPa	σ_{c2}/MPa	σ_{p2}/MPa
实验 1	0.85	0.44	1.62	1.18
实验 2	0.73	0.50	1.56	1.11
仿真	0.98	0.55	1.46	0.95

两层蜂窝叠加模型的压缩仿真结果与实验数据进行对比，叠加蜂窝的变形形态、应力-应变曲线、吸能特性曲线都能基本吻合，压溃应力、平台应力等力学性能基本接近，证明了所建立的有限元模型可以较为准确地预测叠加蜂窝压缩的响应特性。

3.6　多层叠加芳纶蜂窝力学性能仿真

在实际应用中两层芳纶蜂窝叠加往往难以满足需求，需要更多层蜂窝的叠加组合。为研究多层芳纶蜂窝叠加组合的力学性能，概括出多层叠加组合的一般规律，在两层芳纶蜂窝叠加模型的基础上，建立了三种规格蜂窝在上、中、下层不同排列组合的多层叠加芳纶蜂窝模型，分组情况如表 3-13 所示。

表 3-13　多层芳纶蜂窝叠加的分组情况

结构类型	蜂窝规格 1	蜂窝规格 2	蜂窝规格 3
2.75a-2.75a-2.75a	2.75a	2.75a	2.75a
1.83-1.83-1.83	1.83	1.83	1.83
2.75a-2.75a-1.83	2.75a	2.75a	1.83
2.75a-1.83-2.75a	2.75a	1.83	2.75a
1.83-2.75a-2.75a	1.83	2.75a	2.75a
2.75a-1.83-1.83	2.75a	1.83	1.83
1.83-2.75a-1.83	1.83	2.75a	1.83
1.83-1.83-2.75a	1.83	1.83	2.75a
2.75b-2.75a-1.83	2.75b	2.75a	1.83

3.6.1　同规格层数对多层蜂窝叠加的影响

对 2.75a 和 1.83 蜂窝各自进行三层叠加压缩仿真，并与对应的两层叠加以及单块蜂窝对比，研究层数对叠加蜂窝的影响，图 3-26 为 2.75a 和 1.83 的三层叠加组合蜂窝变形序列图，各层蜂窝大致同步、同等变形。仿真的应力-应变曲线与单层蜂窝、两层同规格蜂窝压缩的对比如图 3-27 所示，各组压溃应力和平台应力如表 3-14 所示。

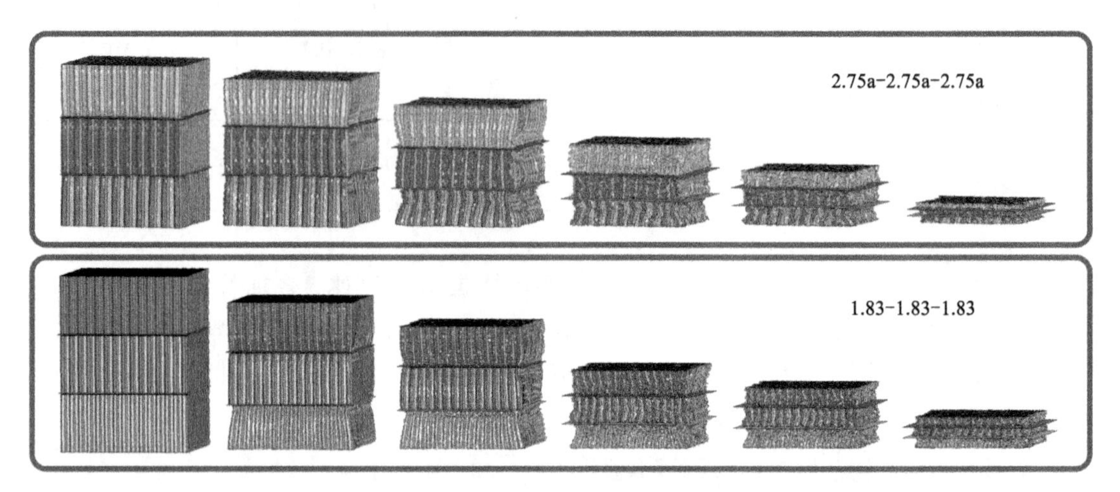

图 3-26　相同规格 2.75a 以及 1.83 多层叠加蜂窝变形序列图

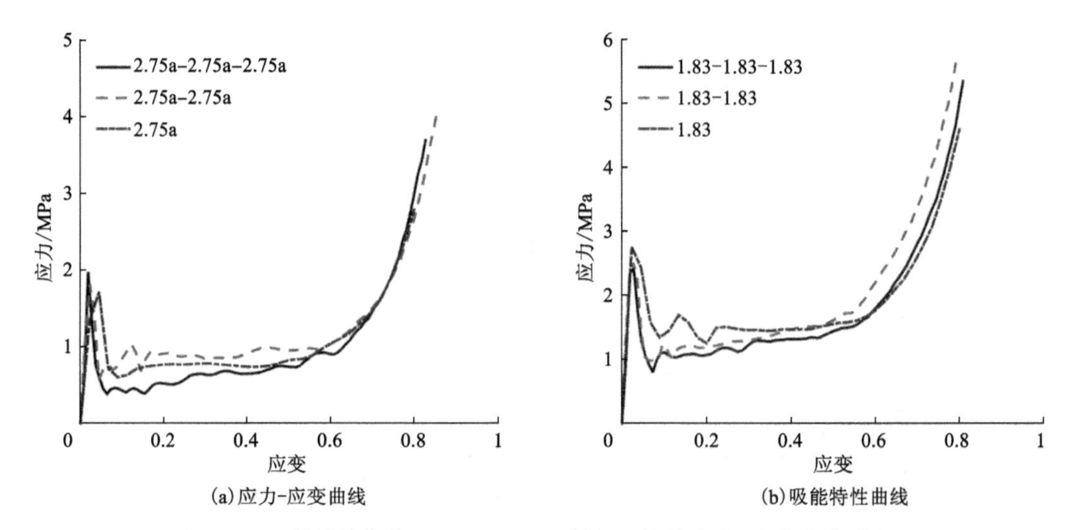

(a)应力-应变曲线　(b)吸能特性曲线

图 3-27　芳纶蜂窝单层、两层和三层叠加压缩的应力-应变曲线对比

表 3-14　不同数量的同规格蜂窝叠加力学性能对比

结构类型	σ_c/MPa	σ_p/MPa
2. 75a-2. 75a-2. 75a	1. 90	0. 70
2. 75a-2. 75a	1. 81	0. 94
2. 75a	1. 71	0. 76
1. 83-1. 83-1. 83	2. 48	1. 43
1. 83-1. 83	2. 50	1. 58
1. 83	2. 75	1. 52

同规格的芳纶蜂窝单层以及两层、三层叠加压缩的应力-应变曲线基本相同，呈现一级压溃应力和平台应力，随着叠加层数的增加，压溃应力和平台的应力改变很少。可以认为同规格芳纶蜂窝叠加的层数对组合蜂窝整体的压缩性质改变很小，使用时可以采用任意层同规格的芳纶蜂窝进行叠加以达到所需的使用高度，有效解决了单层高厚度蜂窝易失稳和成本高的问题。当然，考虑到隔板质量一般大于蜂窝质量，过多的分层会造成比吸能显著降低的问题，需要在实际应用中综合考虑并选择适宜的分层数。

3.6.2　不同规格叠加对多层蜂窝叠加的影响

为研究不同规格蜂窝叠加组合的性能，对2.75a、2.75b、1.83三种规格蜂窝进行叠加仿真，图3-28为仿真的变形序列图。组合蜂窝中各级蜂窝按折屈强度从小到大分别为2.75b、2.75a和1.83，这三者在压缩过程中依次屈服、压溃直至致密化。图3-29为压缩过程应力-应变曲线，该曲线呈现三级压溃应力和平台应力，分别对应每一规格的压溃应力和平台应力。可见，采用多层不同规格蜂窝叠加组合时，各级蜂窝依照折屈强度由低至高依次变形，应力-应变曲线出现对应各级的压溃应力和平台应力，组合蜂窝整体可以实现各级可控的有序变形。

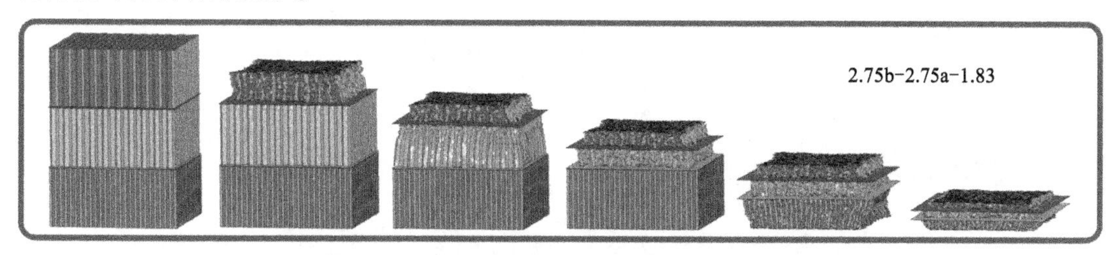

图3-28　2.75b-2.75a-1.83叠加蜂窝变形序列图

3.6.3　组合顺序对多层蜂窝叠加的影响

上文提到的组合蜂窝各级的折屈强度从上往下递增时发生了依次变形响应。为研究不同规格以不同组合顺序叠加是否会对组合蜂窝整体产生影响，对两块2.75a蜂窝和一块1.83蜂窝在上、中、下三层按不同顺序排列的组合蜂窝进行压缩仿真。图3-30为2.75a-2.75a-1.83、2.75a-1.83-2.75a、1.83-2.75a-2.75a三种不同组合顺序的叠加蜂窝变形序列图，虽然组合顺序不同造成了各组中三层蜂窝的变形先后各不相同，但是1.83蜂窝的折屈强度大于2.75a蜂窝，因此不论1.83蜂窝位于三层蜂窝中的上层、中层还是下层，在压缩过程中都是两块2.75a蜂窝先屈服并压溃变形直至致密化，待压缩应力达到1.83蜂窝的折屈强度后，1.83蜂窝才屈服变形。

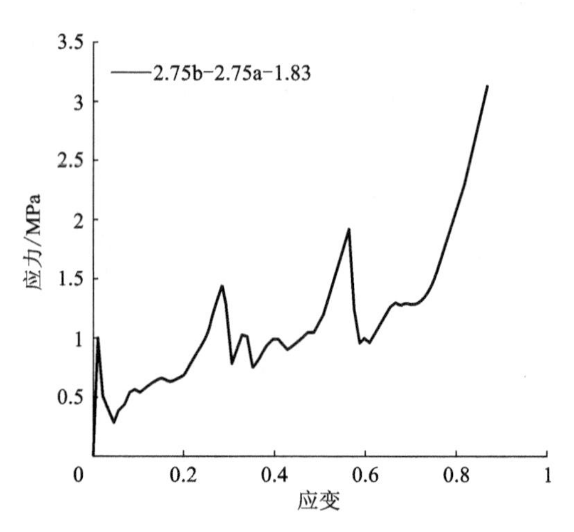

图 3-29　2.75b-2.75a-1.83 叠加蜂窝应力-应变曲线

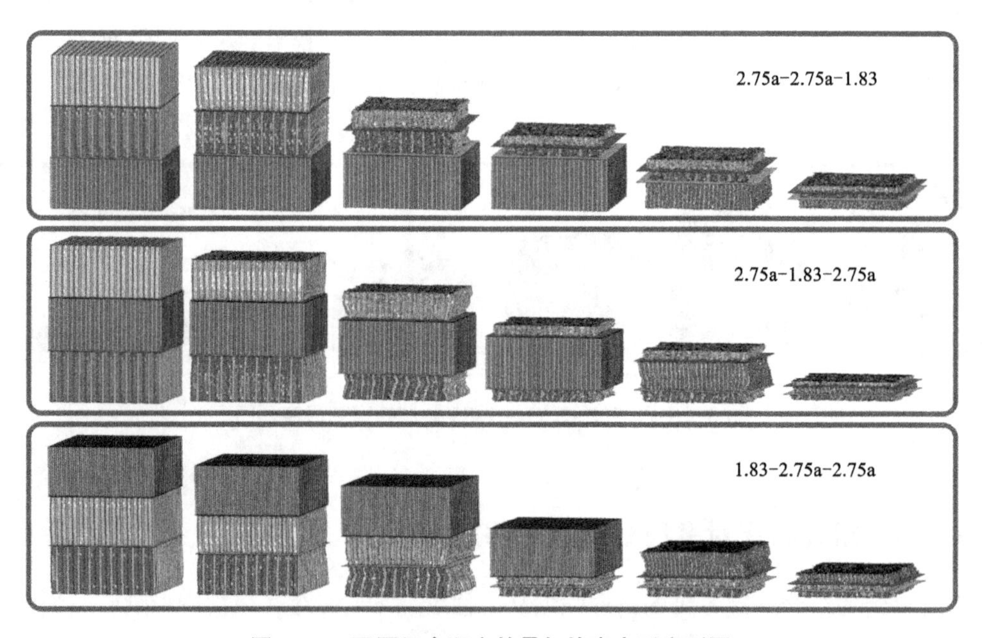

图 3-30　不同组合顺序的叠加蜂窝变形序列图

图 3-31 为三种组合顺序的组合蜂窝压缩应力-应变曲线的对比，三者曲线基本相同，呈现两级压溃应力和平台应力，且数值基本相同。可以认为，当几种不同规格的蜂窝进行多层叠加组合时，内部各规格蜂窝的组合顺序对组合蜂窝整体的压缩性质的改变很小。在实际使用中改变各规格蜂窝在叠加蜂窝内部各层间的组合顺序，可以在不改变叠加组合蜂窝整体性能的基础上控制压缩过程中组合蜂窝内部各层变形的先后顺序，使组合蜂窝的变形模式不局限于整体同时变形或单一方向的依次变形，可产生先两端后中间、先中间后两端以及更多适应各种不同需求的变形模式。

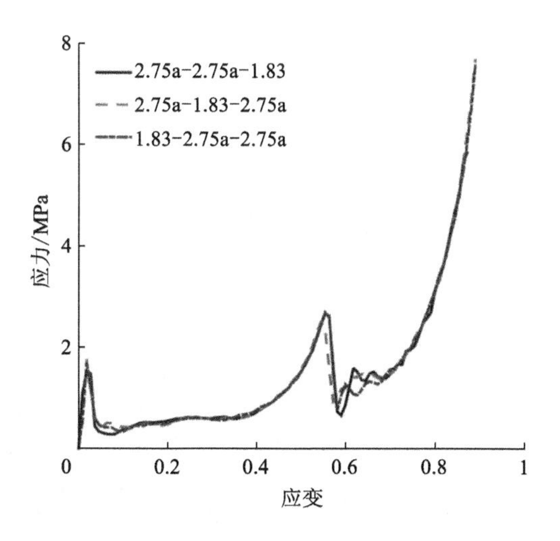

图 3-31　不同组合顺序的叠加蜂窝压缩应力-应变曲线的对比

3.6.4　各规格数量占比对多层蜂窝叠加组合的影响

在对不同组合顺序的蜂窝进行叠加的研究中，2.75a 和 1.83 两种规格蜂窝分别占组合蜂窝总数之比为 2∶1。在每块蜂窝的厚度相同的情况下，数量占比即为各规格蜂窝的厚度占比。为研究规格总数不变的情况下各个规格蜂窝的数量占比对多层叠加组合蜂窝的影响，进行一个 2.75a 蜂窝和两个 1.83 蜂窝的叠加仿真，即两种规格蜂窝的数量占比为 1∶2。图 3-32 为 2.75a-1.83-1.83、1.83-2.75a-1.83、1.83-1.83-2.75a 三种叠加组合压缩的变形序列图。

图 3-33(a)为三种叠加组合蜂窝压缩的应力-应变曲线，三者基本相同。2.75a 和 1.83 两种规格蜂窝的数量占比为 2∶1 和 1∶2 的六种多层芳纶蜂窝叠加压缩的应力-应变曲线对比如图 3-33(b)所示。每组蜂窝的各级压溃应力、平台应力以及第二级平台应力出现的应变点如表 3-14 所示。

表 3-14　不同数量占比多层蜂窝叠加的力学性能对比

结构类型	σ_{c1}/MPa	σ_{p1}/MPa	σ_{c2}/MPa	σ_{p2}/MPa	ε
2.75a-2.75a-1.83	1.52	0.62	2.69	1.67	0.55
2.75a-1.83-2.75a	1.76	0.62	2.50	1.69	0.55
1.83-2.75a-2.75a	1.70	0.62	2.67	1.67	0.55
2.75a-1.83-1.83	1.62	0.70	2.66	1.67	0.30
1.83-2.75a-1.83	2.01	0.70	2.38	1.61	0.29
1.83-1.83-2.75a	1.67	0.67	2.78	1.68	0.30

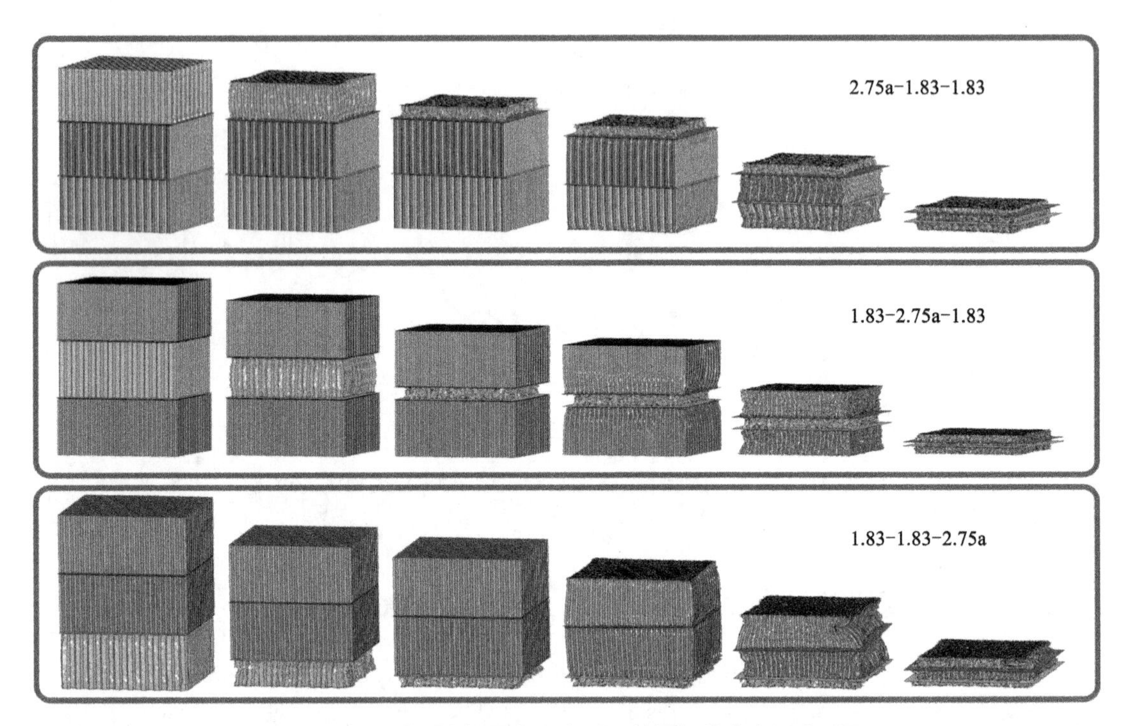

图 3-32　两种规格数量占比为 1∶2 的叠加蜂窝变形序列图

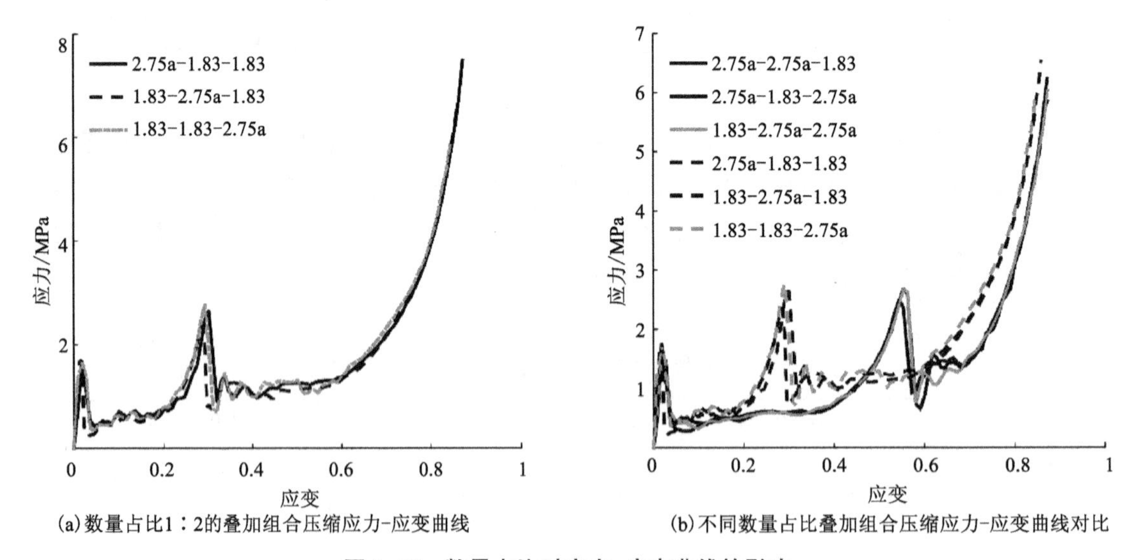

图 3-33　数量占比对应力-应变曲线的影响

2.75a 蜂窝和 1.83 蜂窝的数量占比为 2∶1 与 1∶2 的叠加组合蜂窝都呈现两级压溃应力和两级平台应力且大小相近，但是第二级压溃应力出现的应变点不同，前者约为 0.55，后者约为 0.30，与之对应第二级平台应力出现的应变点也不同，这造成了第一级平台应力

和第二级平台应力所经历的应变占总应变的比分别约为2:1和1:2。可见当蜂窝厚度相同时，各规格蜂窝的数量占比影响了组合蜂窝各级平台应力所经历的应变占比，加上平台应力区域是蜂窝吸能的主要区域，因此可以通过改变各规格蜂窝的数量占比来有序控制组合蜂窝的阶梯能级中各能级的占比。

本节建立的多层芳纶蜂窝叠加模型可以有效预测多层蜂窝叠加的准静态异面压缩过程。对于相同规格的芳纶蜂窝叠加，叠加组合蜂窝的应力-应变曲线与单层蜂窝压缩时基本相同，叠加蜂窝的力学性质与其数量基本无关。实际使用时将相同数量的芳纶蜂窝叠加，可以得到性质几乎不变的满足任意高度要求的蜂窝，有效解决了较大压缩行程时单层蜂窝易失稳、厚度过大的蜂窝制造难度大等问题。

对于不同规格的芳纶蜂窝叠加，应力-应变曲线随蜂窝的折曲强度从弱到强出现对应数目的多级压溃应力和平台应力，并且每一级压溃应力和平台应力的大小与单层该级规格蜂窝压缩时基本相同。每块蜂窝厚度相同的情况下，由不同规格蜂窝组合而成的总级数固定的叠加组合芳纶蜂窝，每种规格蜂窝的数量相同而蜂窝之间的组合顺序不同时，应力-应变曲线基本相同，每级压溃应力出现的应变点和组合顺序无关；每种规格蜂窝的数量不同时，应力-应变曲线的各级压溃应力出现的应变点随该级对应规格蜂窝数量的不同而不同，和蜂窝组合顺序无关。实际使用时将多层相同规格和不同规格芳纶蜂窝叠加，可以较好地实现结构所需的有序变形控制和阶梯能级控制。

3.7　本章小结

本章通过两层芳纶蜂窝的叠加组合的压缩实验、有限元仿真验证以及多层芳纶蜂窝的仿真研究，得出了以下结论。

(1)进行了四种叠加组合结构(同规格蜂窝无隔板组合、同规格蜂窝有隔板组合、不同规格蜂窝无隔板组合、不同规格蜂窝有隔板组合)的压缩实验。通过实验结果可以得知：四种芳纶蜂窝组合方式各自有各自的优缺点，适合不同的场合。有隔板组合方式诱发结构初始变形的需要较大的压溃应力，可以保护结构不易被破坏，适用于耐撞性结构；无隔板组合方式可以有效降低初始的压溃应力，适用于缓冲吸能结构；同规格蜂窝组合方式的力学性能几乎不变，解决了单层蜂窝容易出现失稳使得吸能效果降低等问题；不同规格蜂窝组合方式可以实现可控的有序变形控制和阶梯能级。

(2)建立了芳纶蜂窝芯叠加有限元仿真模型，并将仿真与实验结果进行了对比，仿真的变形情况、应力-应变曲线、吸能特性曲线以及相关力学参数等与实验较好地得到了吻合，证明了在中尺度下仿真模型能准确反映芳纶蜂窝的力学性能。

(3)进行了更多层蜂窝叠加的仿真研究，总结了叠加组合式芳纶蜂窝力学性能的一般规律：对于蜂窝有隔板组合，相同规格的芳纶蜂窝叠加时叠加蜂窝的性质与叠加蜂窝的数量无关；不同规格的芳纶蜂窝叠加，应力-应变曲线随蜂窝的折曲强度从弱到强出现多级压溃应力和平台应力，且各级压溃应力出现的应变点与该级对应规格的蜂窝数量有关，与蜂窝组合顺序无关；综合采用多层相同规格和不同规格的芳纶蜂窝叠加可以实现任意的有序变形控制和可控的阶梯能级；在一定范围内，加载速度对叠加蜂窝的力学性能影响很小。

本章的研究结果可用于预测多层叠加组合式芳纶蜂窝的力学性能，为芳纶蜂窝的叠加组合使用提供帮助，并为进一步研究多层芳纶蜂窝的叠加性能奠定基础。

第 4 章

芳纶蜂窝夹层结构弯曲力学性能

4.1 引言

第 3 章主要针对蜂窝结构的静态压缩力学性能进行研究分析，尚缺乏系统、详细的芳纶蜂窝夹层板弯曲性能研究。将芳纶蜂窝芯材用上下两个铝合金板蒙皮(也可采用碳纤维面板、玻璃纤维面板等材料)粘合后，形成的夹层板具有极高的比强度，实现了板材刚度和强度的完美结合，在航空航天、高速列车等领域中有着极其重要的应用价值。芳纶蜂窝夹层板具有轻质高强、良好的抗撞性能等优点，使之在实现构件轻量化方面具有较为明显的优势。芳纶蜂窝夹层板弯曲性能主要是用来检验材料经受弯曲负荷作用时的性能，是质量控制和应用设计的重要参考指标，也是力学性能的一项重要指标。本书研究芳纶蜂窝夹层结构弯曲性能主要基于以下两个原因：(1)由芳纶蜂窝夹层结构制造出的车辆部件，使用过程中会承受各种复杂载荷，沿板厚方向既承受压力又承受拉力，极易导致结构发生弯曲变形甚至失效。(2)对于吸能结构而言，弯曲性能的研究也是必要的。首先，对于类似于汽车保险杠等长条形的吸能结构，碰撞过程中会发生明显的弯曲变形；其次，铁道车辆发生碰撞时，由于撞击力方向与吸能装置轴向存在偏置等，撞击过程中吸能装置往往会承受多方向的载荷，撞击载荷的垂向分力将会以弯矩的形式加载到吸能装置根部，导致吸能装置产生弯曲变形或者彻底倾覆失效，因此吸能装置的弯曲力学性能是评估吸能装置吸能能力的一项重要评估指标。

很多学者对铝蜂窝及泡沫铝夹层板弯曲力学性能[110-114]和非金属蜂窝夹层板力学或结构特性进行了研究分析[115-118]，研究的热点主要集中在蜂窝夹层板结构的失效行为、耐撞性能、疲劳寿命等。本书通过三点弯曲实验对芳纶蜂窝夹层板进行弯曲力学性能对比分析和吸能特性研究。从五个角度来研究不同结构参数对芳纶蜂窝夹层板弯曲力学性能及能量吸收能力的影响：(1)不同方向的蜂窝芯；(2)不同规格的蜂窝芯；(3)不同厚度的蜂窝芯；(4)不同蒙皮厚度；(5)不同支撑跨度。此外，还对单独裸蜂窝及铝板的弯曲性能进行了测试，并与芳纶蜂窝夹层板进行了对比分析。同时，通过四种裸蜂窝及单、双层铝板的三点弯曲力学性能分析，对蜂窝夹层板中的铝板可显著提高的强度和刚度这个关系进行了量化；研究了弯曲载荷作用下夹层板的变形模式和压溃载荷的理论。弯曲力学性能研究为实际应用中如何选择合适规格大小的芳纶蜂窝材料、如何合理地设计使用蜂窝夹层结构复合材料的厚度、如何选择合适的铝板厚度等问题提供了力学性能数据支持，仿真分析为其力学性能的预测提供了可行的思路。

4.2 芳纶蜂窝夹层板弯曲力学性能参数

图 4-1 为本书开展三点弯曲实验的理论示意图，根据式(4-1)可以得到三点弯曲实验中蜂窝芯子所承受的剪切应力：

$$\tau_c = \frac{P \cdot K}{2b(t_s - t_f)} \tag{4-1}$$

式中：τ_c 为蜂窝芯子剪切应力(MPa)；P 为跨中载荷(N)；K 为无量纲数；b 为试样宽度(mm)；t_s 为试件厚度(mm)；t_f 为试件面板厚度(mm)。

如果 K 取值为 1，则式(4-1)所计算的剪切应力不涉及面板所承受的剪切力。当涉及面板所承受的剪切力时，K 按式(4-2)进行计算：

$$K = 1 - \mathrm{e}^{-A} \tag{4-2}$$

式中：e 为自然对数的底。

其中，A 为无量纲常数，按照公式(4-3)进行计算：

$$A = \frac{S}{4t_f}\left[\frac{6G_c(t_s - t_f)}{E_f \cdot t_f}\right]^{\frac{1}{2}} \tag{4-3}$$

式中：G_c 为蜂窝芯剪切模量(MPa)；E_f 为面板弹性模量(MPa)；S 为实验跨距(mm)。

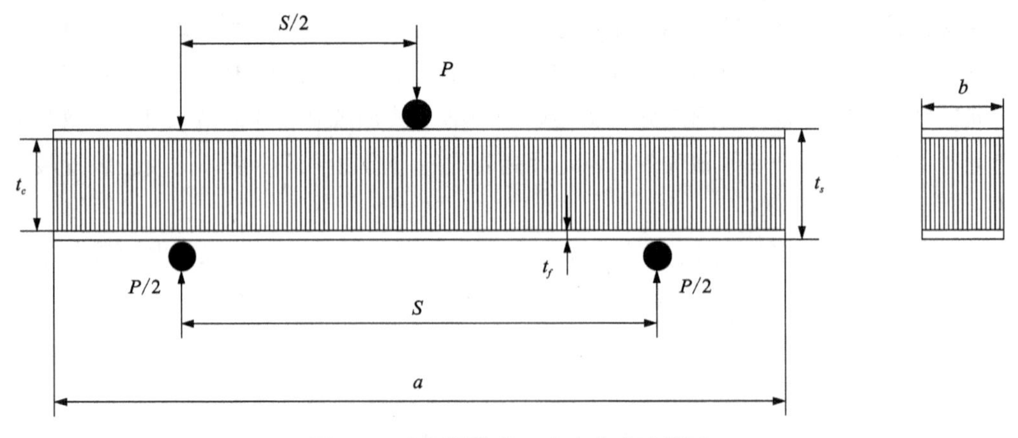

图 4-1　夹层板结构三点弯曲实验简图

蜂窝夹层板中面板所承受的应力按照公式(4-4)计算：

$$\sigma_f=\frac{P\cdot S}{4b\cdot t_f(t_s-t_f)} \tag{4-4}$$

式中：σ_f 为面板中的拉应力(MPa)。

当 P 达到破坏载荷值，并且发生面板拉断或压缩皱折等破坏现象时，则式(4-4)所计算的结果为蜂窝夹层结构弯曲时的面板强度。

图 4-2 为一典型芳纶蜂窝夹层板结构在受弯曲作用时的力-位移曲线，包含弹性变形阶段(Elastic bending、AC 段)、压溃变形阶段(Fracture、CD 段)和屈曲变形阶段(Buckling、D 点以后)。其中，弹性变形阶段一般包含线弹性阶段(AB 段)；压溃变形阶段和屈曲变形阶段是蜂窝夹层板结构发生塑性变形的阶段，压溃变形阶段是夹层板结构刚发生塑性变形后过渡到稳定屈曲变形时的阶段，它们之间并没有明显的分界。

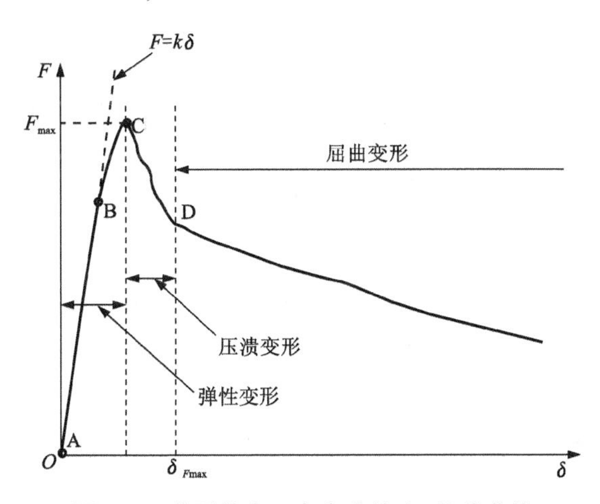

图 4-2　典型蜂窝三点弯曲的力-位移曲线

为了考核不同芳纶蜂窝夹层板结构在不同初始条件下的三点弯曲力学性能及能量吸收能力，本书引入如下评估指标：弹性系数 k、最大压溃力 F_{max}、最大压溃变形 $\delta_{F_{max}}$、变形能量 E_d 等。

(1)弹性系数 k

蜂窝夹层板在受到弯曲载荷作用初期会出现一线弹性阶段(AB 段)，该阶段的作用力 F 与变形 δ 之间的关系为 $F=k\delta$。式中，系数 k 数值上等于蜂窝夹层板单位变形时的受力，其结果由材料的性质所决定，用以评判结构塑性变形之前的物理属性。

(2)最大压溃力 F_{max}

蜂窝夹层板从弹性变形阶段过渡到压溃塑性变形阶段的压缩力临界值，即图 4-2 所示的最大峰值力 F_{max}。

(3)最大压溃变形 $\delta_{F_{max}}$

蜂窝夹层板出现最大压溃力时对应的变形，为最大压溃变形 $\delta_{F_{max}}$。

(4)变形能量 E_d

在三点弯曲实验中变形能量的大小可用压缩力-位移曲线以下所围成的面积来表征

$$E_d = \int_{\delta_0}^{\delta_t} f(\delta)\,\mathrm{d}\delta \tag{4-5}$$

式中：E_d 为夹层结构的总变形能量；$f(\delta)$ 为结构压缩力随压缩位移变化的函数；δ_0 与 δ_t 分别对应受压方向的位移起点和位移终点。

变形能量 E_d 表示结构在相应变形条件下所能消耗的外界能量，也表示结构在相应变形条件下储存能量的能力。

4.3 实验材料与实验方法

本书选用了四种应用最为广泛的芳纶蜂窝规格(1.83-48、2.75-32、2.75-48 和 2.75-80)制成夹层结构，以进行三点弯曲实验研究，表 4-1 为芳纶蜂窝芯的几何参数表。本次蜂窝夹层板蒙皮材料为铝合金，其型号为 A1060，材料性能指标如下所示：密度 $\rho = 2700\ \mathrm{kg/m^3}$，屈服强度为 35 MPa，极限强度为 75 MPa，泊松比 υ 为 0.33。

表 4-1　芳纶蜂窝几何结构参数

蜂窝类型	l/mm	ρ_n/(kg·m^{-3})	θ	总体尺寸/mm		
				L_0	W_0	T_0
2.75-32	2.75	32	30	200	75	12.7
				75	200	12.7
2.75-48	2.75	48	30	200	75	12.7
				75	200	12.7
1.83-48	1.83	48	30	200	75	12.7
				75	200	12.7
2.75-80	2.75	80	30	200	75	12.7
				75	200	12.7

本实验选用中南大学现代分析测试中心的 INSTRON 1342 液压实验机对夹层板试件进行加载，该实验机在此次实验安装的力传感器载荷量程为±10 kN，位移量程为±50 mm。实验标准参照 *Standard Test Method for Core Shear Properties of Sandwich Constructions by Beam Flexure*(ASTM C 393/C 393M-06)[119]，最大程度地保证结构中心线和实验机支承座的中心线重合，如图 4-3 所示。实验过程中，实验机的加载头以 6 mm/min 的恒定速度对芳纶蜂窝夹层板结构进行加载。由于单独的裸蜂窝芯及铝板在弯曲过程中的压力较小，为了提高实验的精确性，裸蜂窝芯和铝板的三点弯曲实验选择在中南大学现代分析测试中心 MTS

Insight 30 力学实验机上开展，该设备的力传感器的最大载荷量程为±1 kN，可以提供更加精确的实验数据，保证实验结果的准确性。此外，此实验机加载速度、实验条件和约束条件等与 INSTRON 1342 液压实验机相同。

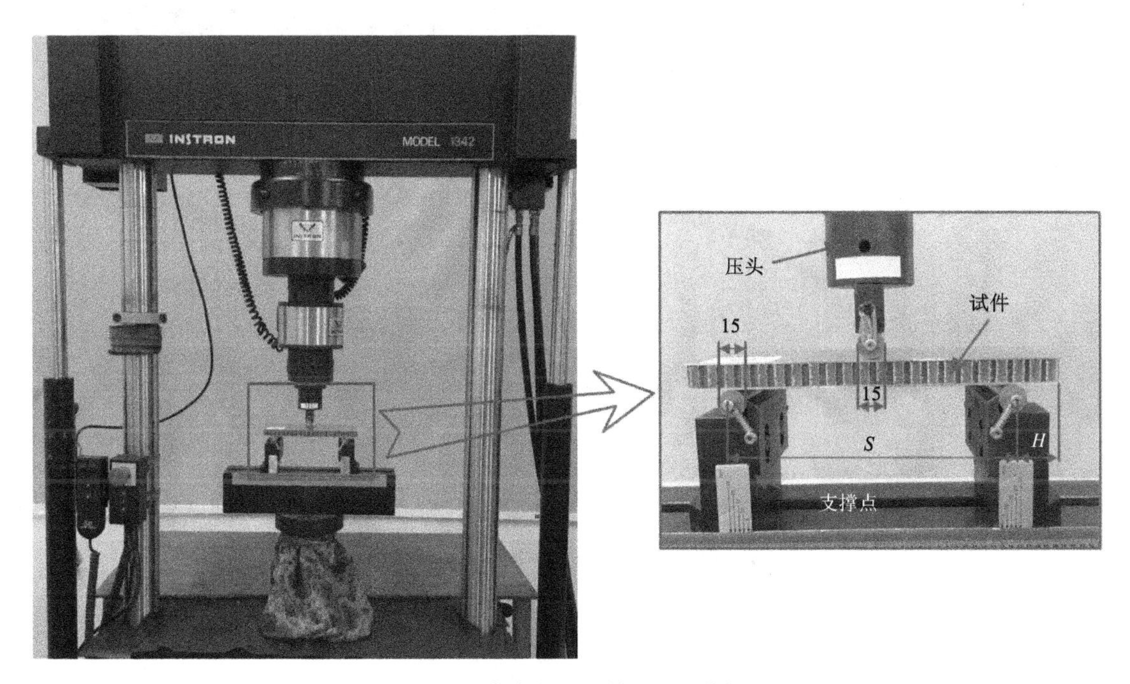

图 4-3　三点弯曲实验装置及加载条件

4.4　失效模式讨论及分析

很多研究者对铝蜂窝夹层板结构和泡沫铝夹层板结构的弯曲失效模式进行了研究[120-123]。芳纶蜂窝含有大量酚醛树脂，材料带有一定的脆性，因此研究芳纶蜂窝的失效模式是非常有意义的。通过对铝蒙皮和蜂窝芯变形模式的观察，可以总结出三种不同的变形模式(即 Mode Ⅰ、Mode Ⅱ 和 Mode Ⅲ)。其中，Mode Ⅲ 仅出现在蒙皮厚度为 1.0 mm 的夹层板三点弯曲实验中，这是因为铝板较厚，具有较高的强度，导致上层铝板与蜂窝芯之间的粘接失效，本书暂不对该失效模式做深入的分析研究。图 4-4 为 Mode Ⅰ 和 Mode Ⅱ 的失效模式示意图，从图 4-4(a)中可以看出夹层板的失效模式为面板和芯材的整体凹陷，压头两侧没有出现明显的塑性铰，芯材在压头加载方向塌陷并逐渐被压实并形成变形带，蜂窝芯体没有出现明显的剪切裂纹，因此夹层板主要发生整体“凹陷”形式的破坏。图 4-4(b)中的变形模式和图 4-4(a)的变形模式有较大的差异，从图中可以看到在压头一侧的支点上，夹层板出现了明显的塑性铰，芯材呈现剪切破坏形式，这种变形模式是一种非对称变形模式。

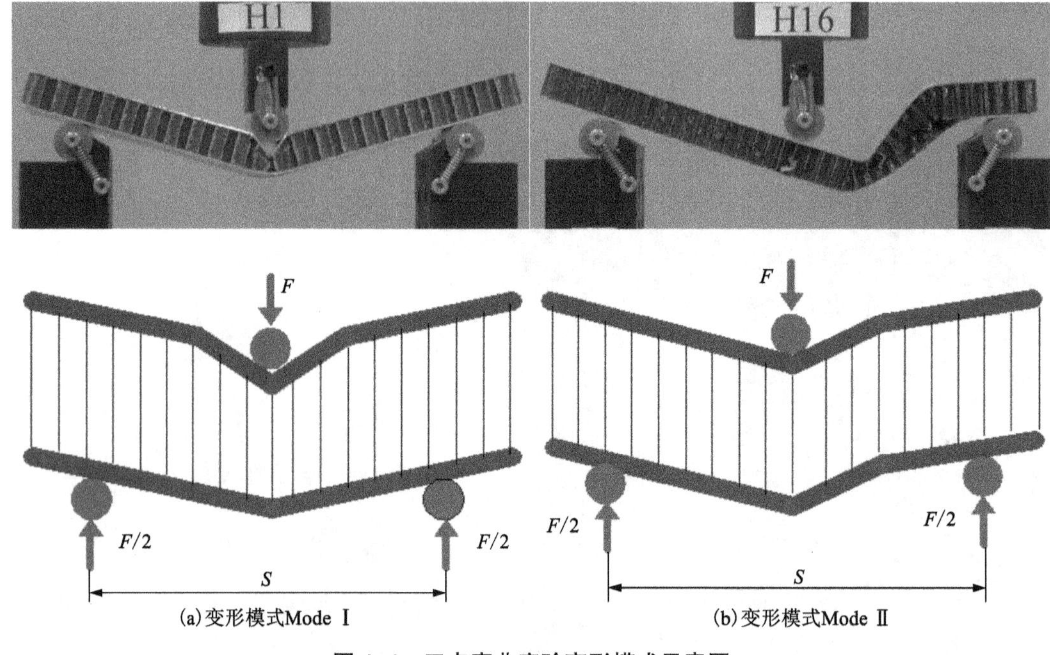

(a) 变形模式Mode Ⅰ (b) 变形模式Mode Ⅱ

图 4-4 三点弯曲实验变形模式示意图

4.5 芳纶蜂窝弯曲力学性能数值仿真

为进一步验证 2.6 节所建立的多层属性芳纶蜂窝有限元模型的正确性以及实验的准确性，本节基于上述有限元模型，对变形模式 Mode Ⅰ 中的三种典型芳纶蜂窝夹层板规格(2.75-32-W、2.75-32-L 及 2.75-48-L)进行蜂窝夹层板弯曲力学性能仿真模拟。三点弯曲有限元模型如图 4-5 所示。

仿真中压头释放 z 方向平动的自由度，其他方向的自由度均被约束，匀速向下压缩 40 mm；试件下方两个支撑点的所有自由度均被约束，尽量避免因支撑点的移动而造成误差。通过之前对芳纶蜂窝夹层板结构的介绍可知，蜂窝芯与蒙皮之间以胶粘的方式进行连接，而本次进行仿真的所有芳纶蜂窝夹层板试件在实验中并未出现脱胶的情况，因此仿真中使用面操作(faces)命令中的缝合(equivalence)手段建立两者之间的胶粘接触。由于该接触需要蒙皮网格和蜂窝网格之间的共节点，蒙皮在划分网格时需要使用蜂窝对其进行切割，以此保证两者的节点相重合。三点弯曲实验中，压头会与上层蒙皮产生接触，因此两者之间建立了自动面面(automatic surface to surface)接触，同时定义两者各自的接触面(contact surface)以方便力-位移曲线的提取，两者间的静摩擦系数设置为 0.3，动摩擦系数设置为 0.2。与之相类似，试件下方的两个支撑点与夹层板下层蒙皮之间也建立自动面面(automatic surface to surface)接触。

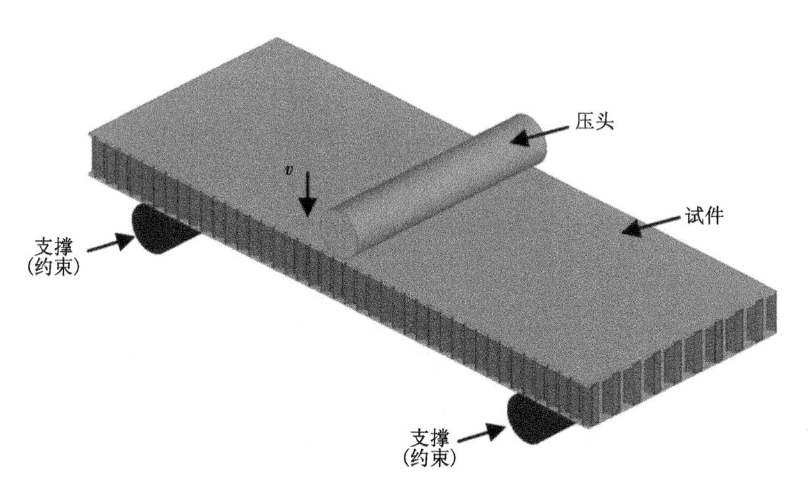

图 4-5　三点弯曲有限元模型图

4.6　芳纶蜂窝弯曲力学性能影响因素研究

4.6.1　蜂窝方向对结构性能的影响

图 4-6 为四种不同规格芳纶蜂窝夹层板分别在 L 方向和 W 方向的力-位移曲线对比图，从中可以看出，每组试件的重复性实验结果吻合较好。表 4-2 对不同规格蜂窝夹层板在两个方向上的弯曲力学性能及能量吸收能力进行了对比(数据源于两个有效实验样本的平均值)。从图 4-6(a)和图 4-6(b)中可以看出，2.75-32 和 1.83-48 两种规格的芳纶蜂窝夹层板变形均为模式Ⅰ，L 方向的弹性系数 k、最大压溃力F_{max} 均明显高于 W 方向。从图 4-6(c)可以看出，2.75-48 规格的芳纶蜂窝夹层板在 L 方向和 W 方向的变形方式并不相同，L 方向上的变形模式为模式Ⅰ，W 方向的变形模式为模式Ⅱ，L 方向的弹性系数 k 大于 W 方向，L 方向的最大压溃力F_{max} 略小于 W 方向。但 W 方向的载荷到达压溃力峰值后迅速下降，因此其总体吸能量反而稍低于 L 方向。2.75-80 规格的芳纶的芳纶蜂窝夹层板在 L 方向和 W 方向上的变形模式均为模式Ⅱ，L 方向的弹性系数 k、最大压溃力F_{max} 和吸能量仍然高于 W 方向。

图 4-7 为实验和仿真的力-位移曲线及变形对比图，通过观察可以发现实验与仿真的力-位移曲线在线弹性变形阶段吻合较好。但在后屈曲阶段，仿真压缩力的下降速度明显小于实验值，其原因可能在于，通过用户自定义积分建立的多层结构有限元模型只能实现酚醛树脂和芳纶纸的均匀分布，而实际情况中受加工工艺等因素的影响酚醛树脂分布的并不均匀，而是大量堆积在胞壁间的夹角之中。因此，当夹层板结构在三点弯曲实验中酚醛

树脂涂层所承受的压缩力一旦超过承载极限值后，堆积在角落间的大量酚醛树脂会发生脆性失效，使夹层板的整体抗弯性能迅速崩溃，即压缩力将会急剧下降。材料均匀分布的有限元模型达到最大压溃力后，虽然酚醛树脂也会发生脆性失效导致夹层板的抗弯性能下降，但由于压力分布更均匀、失效传播速度较前者稍缓，其作用力下降的速度会比实验值稍慢。随着酚醛树脂完全压溃失效，即进入平台力阶段时，酚醛树脂的积聚现象将不再对仿真结果造成影响，仿真曲线与实验曲线逐渐趋于一致。

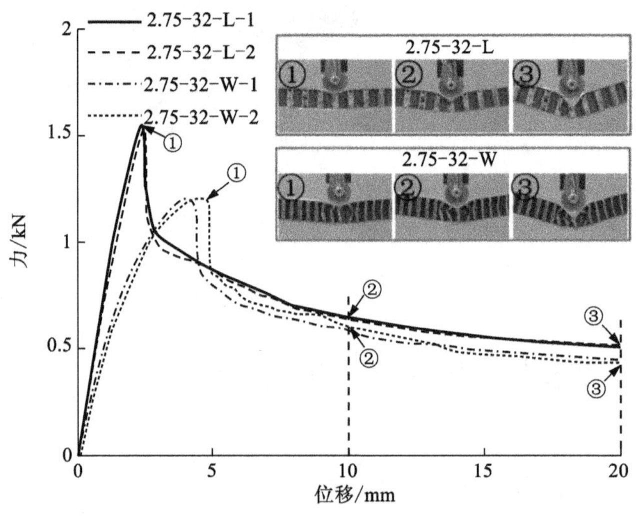

(a) 2.75-32夹层板结构两个方向的对比

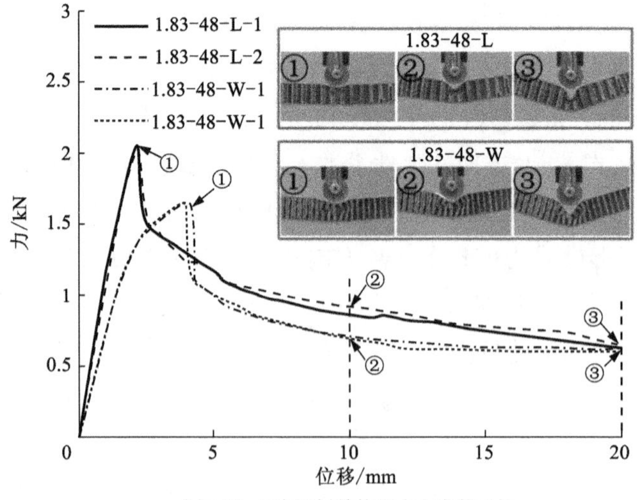

(b) 1.83-48夹层板结构两个方向的对比

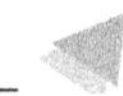

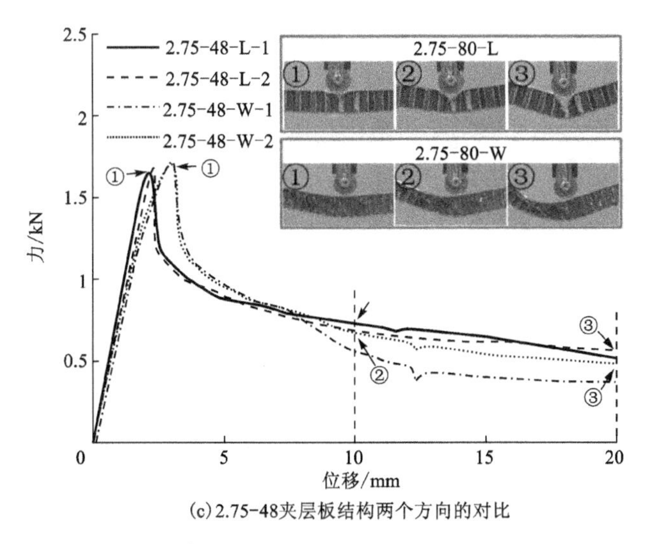

(c)2.75-48夹层板结构两个方向的对比

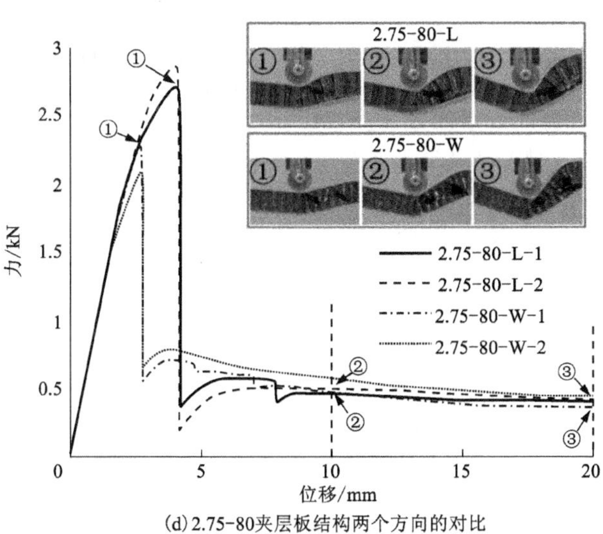

(d)2.75-80夹层板结构两个方向的对比

图 4-6　不同规格芳纶蜂窝夹层板分别在 L 方向和 W 方向的力-位移曲线对比

表 4-2　不同规格夹层板结构两个方向力学性能对比

蜂窝规格	变形模式	k/(kN・mm^{-1})	$\delta_{F_{max}}$/mm	E_d/J	F_{max}/kN
2. 75-32-L	Mode Ⅰ	0. 8043	2. 4320	13. 5999	1. 5358
2. 75-32-W	Mode Ⅰ	0. 4744	4. 4764	12. 3169	1. 1914
1. 83-48-L	Mode Ⅰ	1. 0301	2. 2984	18. 7317	2. 0470
1. 83-48-W	Mode Ⅰ	0. 6921	4. 0723	15. 9531	1. 6408
2. 75-48-L	Mode Ⅰ	0. 8700	2. 2412	14. 9848	1. 6640
2. 75-48-W	Mode Ⅱ	0. 7823	2. 9260	14. 7960	1. 6961
2. 75-80-L	Mode Ⅱ	1. 0272	4. 1009	14. 3160	2. 7760
2. 75-80-W	Mode Ⅱ	1. 0188	2. 7125	12. 3249	2. 1897

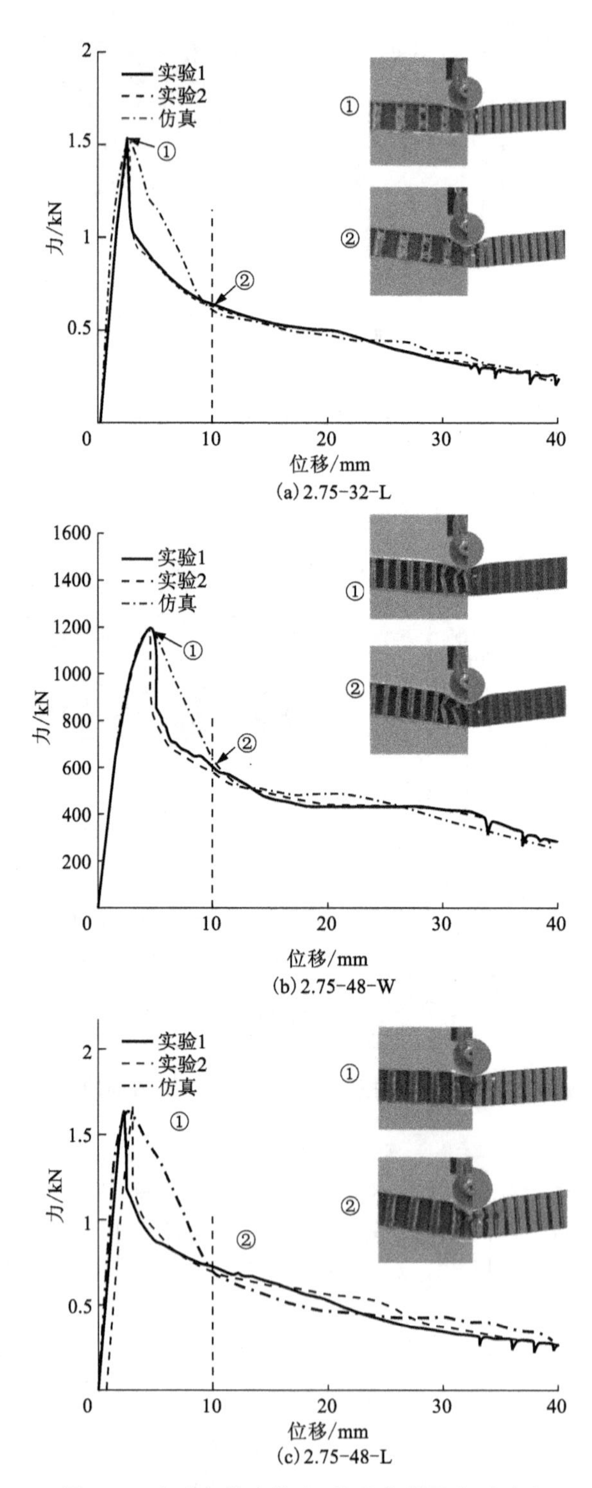

(a) 2.75-32-L

(b) 2.75-48-W

(c) 2.75-48-L

图 4-7　实验和仿真的力-位移曲线及变形对比

4.6.2　蜂窝规格对结构性能的影响

图 4-8 为 4 种不同规格蜂窝 L 方向的三点弯曲力-位移曲线，图 4-9 为压缩过程中不同规格蜂窝夹层板 L 方向的吸能曲线，从 2.75-32、2.75-48、2.75-80 三种规格的曲线可以得知，弹性系数 k、最大压溃力 F_{max} 随着芯层密度的增加而增加，这说明蜂窝夹层板的整体刚度和强度都随着芯材密度增大而增大。从 1.83-48 和 2.75-48 两种规格的曲线可以看出，在密度相同的情况下，胞元的边长越小，弹性系数 k、最大压溃力 F_{max} 越大。从图 4-6(d)的变形图可以看出，2.75-80 规格的变形模式为模式 Mode Ⅱ，在压缩过程中，芯层材料发生了明显的脆性断裂，因此载荷值达到极值后快速下降，使得其在实验过程中的吸能量反而低于 1.83-48 规格蜂窝和 2.75-48 规格蜂窝的夹层板。

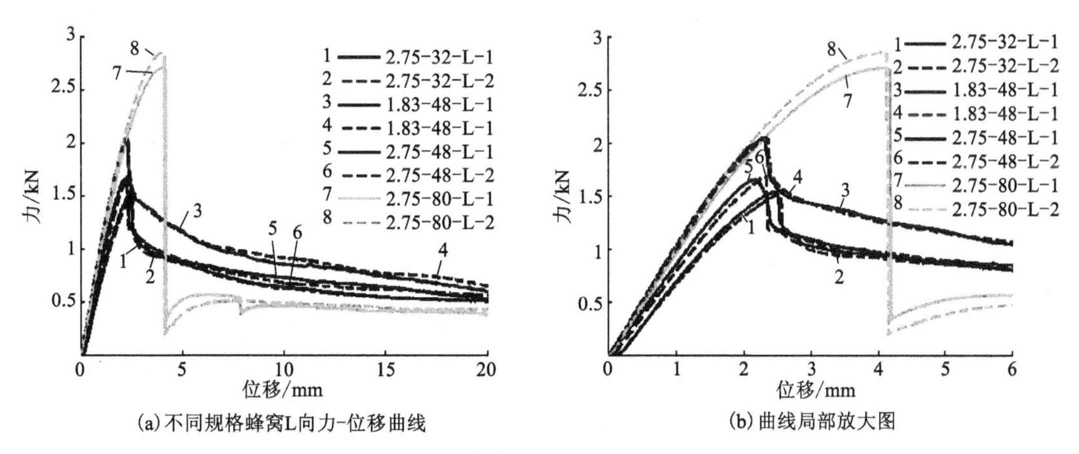

(a) 不同规格蜂窝L向力-位移曲线　　(b) 曲线局部放大图

图 4-8　不同规格蜂窝 L 方向三点弯曲力-位移曲线

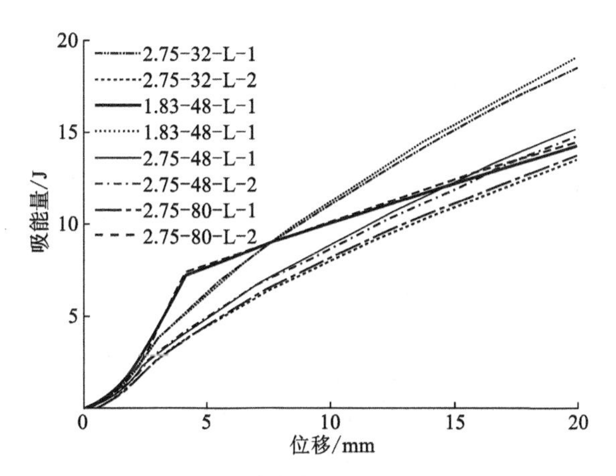

图 4-9　不同规格蜂窝夹层板 L 方向的吸能曲线

4.6.3 蒙皮厚度对结构性能影响

本书对四种不同蒙皮厚度(0.4 mm、0.6 mm、0.8 mm、1 mm)的夹层板进行了研究，观察图 4-10 可知，蒙皮厚度越大的夹层板弹性系数 K 和最大压溃力F_{max} 也越大；当蒙皮分别为 0.4 mm、0.6 mm、0.8 mm 时，弹性系数 k 和最大压溃力F_{max} 的变化不是特别明显，变形模式均为模式 Mode Ⅰ(图 4-11)，整个弯曲过程中未出现蜂窝芯和上下铝板脱胶的情况；当蒙皮为 1.0 mm 时，弹性系数 k 和最大压溃力F_{max} 的变化较大，压缩过程中蜂窝芯和上层铝板出现脱胶的情况，导致夹层板整体承载力急剧下降。这说明面板越厚越容易出现面板和蜂窝芯脱离的情况，对胶的力学性能要求就越高。从图 4-12 可以看出，夹层板在弯曲过程中的吸能量随着面层厚度的增加而增加。图 4-13 为不同蒙皮厚度三点弯曲实验 F_{max} 理论值与实验值的拟合曲线，从图中可以看出计算出来的F_{max} 理论值与实验值具有较好一致性。

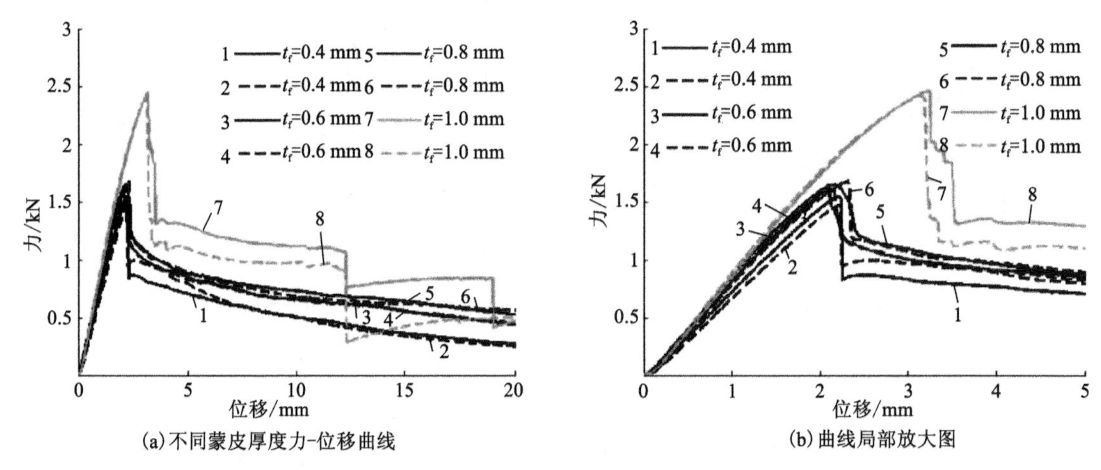

(a)不同蒙皮厚度力-位移曲线　　(b)曲线局部放大图

图 4-10　不同蒙皮厚度夹层板三点弯曲过程中的力-位移曲线对比图

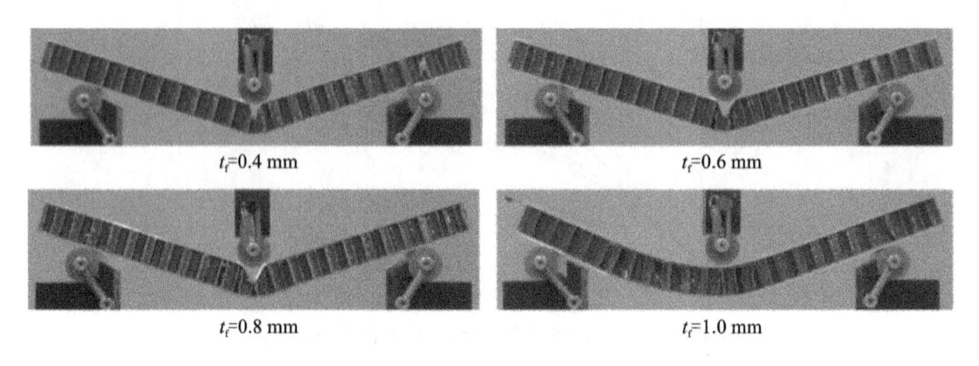

图 4-11　不同蒙皮厚度夹层板三点弯曲过程中的变形图

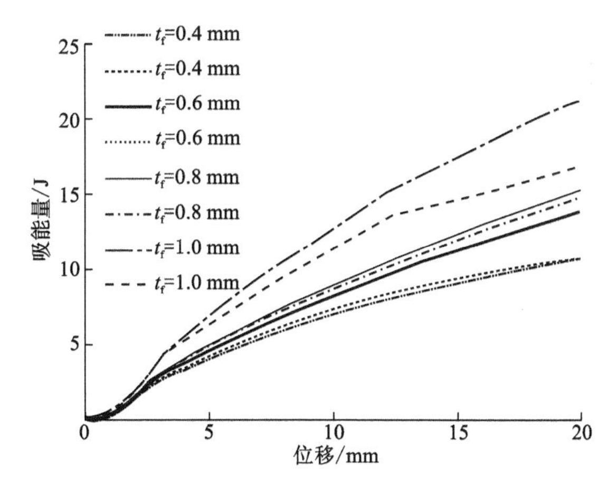

图 4-12　不同蒙皮厚度夹层板三点弯曲过程中能量吸收图

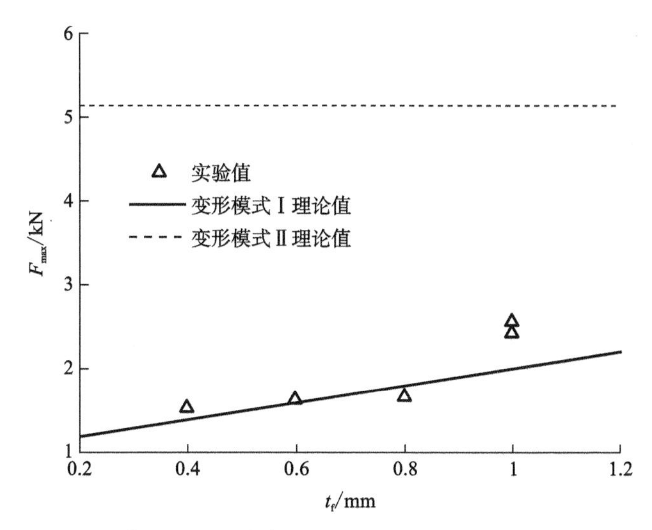

图 4-13　不同蒙皮厚度三点弯曲实验F_{max} 理论值与实验值的拟合曲线

4.6.4　不同蜂窝芯厚度对结构性能的影响

考虑到蜂窝芯高度对蜂窝夹层板弯曲力学性能的影响，本书对不同高度（即 Hc = 6.35 mm，12.7 mm、19.05 mm，25.4 mm）的蜂窝芯夹层板进行了三点弯曲测试。图 4-14 为不同蜂窝芯厚度夹层板弯曲实验中的力-位移曲线，很明显，弹性系数 k、最大压溃力 F_{max} 和吸能量随蜂窝芯厚度的增加而增加。图 4-15 为不同蜂窝芯厚度夹层板弯曲实验中的变形图，从中可以看出四种夹层板的变形模式均为 Mode Ⅰ。图 4-16 为不同蜂窝芯厚度夹层板弯曲实验中的能量吸收图，从中可以看出吸能量随着蜂窝芯厚度的增大而增大。图 4-17 为不同蜂窝芯厚度三点弯曲实验F_{max} 理论值与实验值的拟合曲线，从中可以看出计算出来的F_{max} 理论值与实验值可以较好拟合。

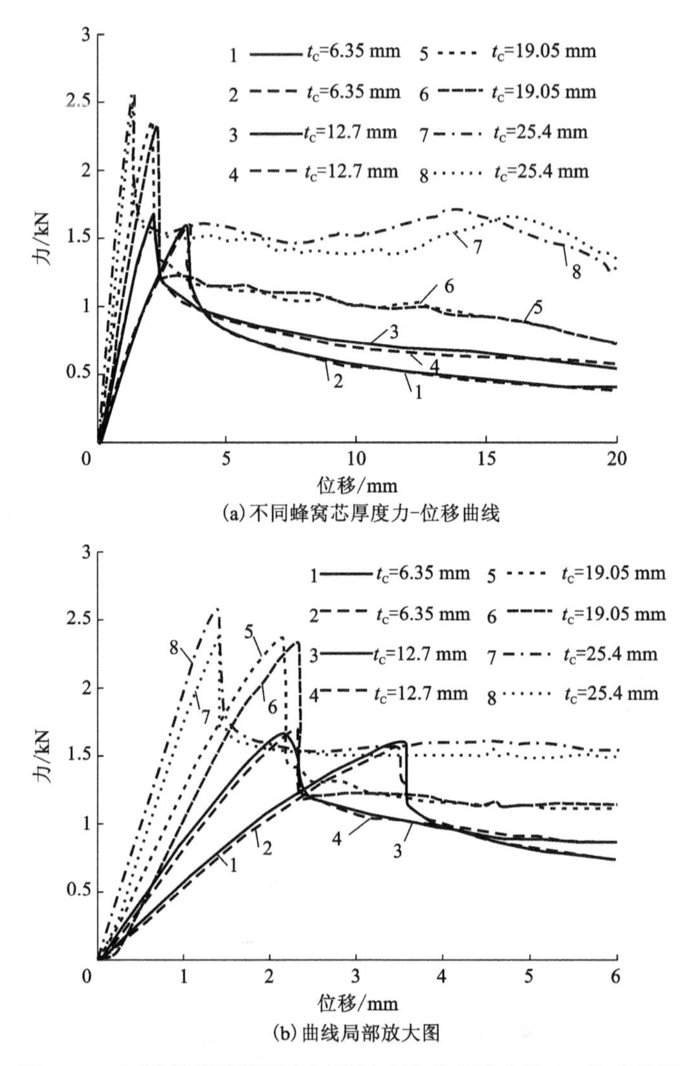

(a) 不同蜂窝芯厚度力-位移曲线

(b) 曲线局部放大图

图 4-14　不同蜂窝芯厚度夹层板三点弯曲实验中的力-位移曲线

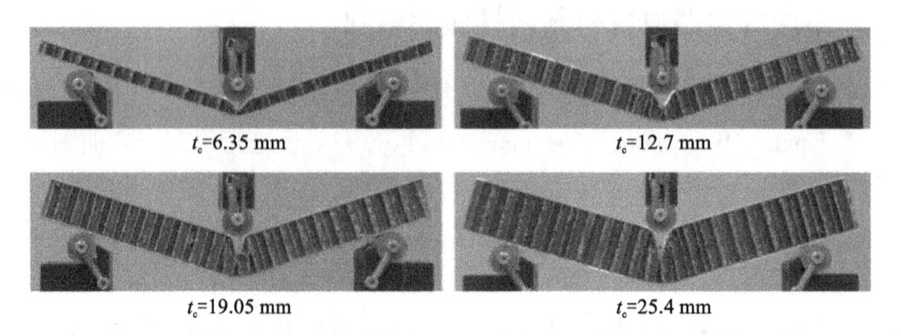

图 4-15　不同蜂窝芯厚度夹层板弯曲实验中的变形图

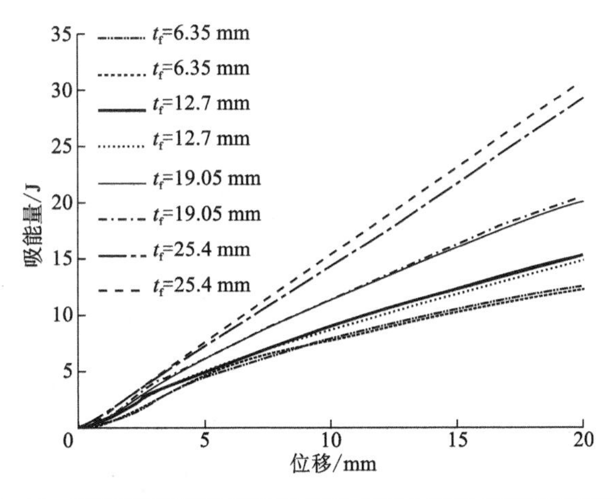

图 4-16　不同蜂窝芯厚度夹层板三点弯曲实验中的能量吸收图

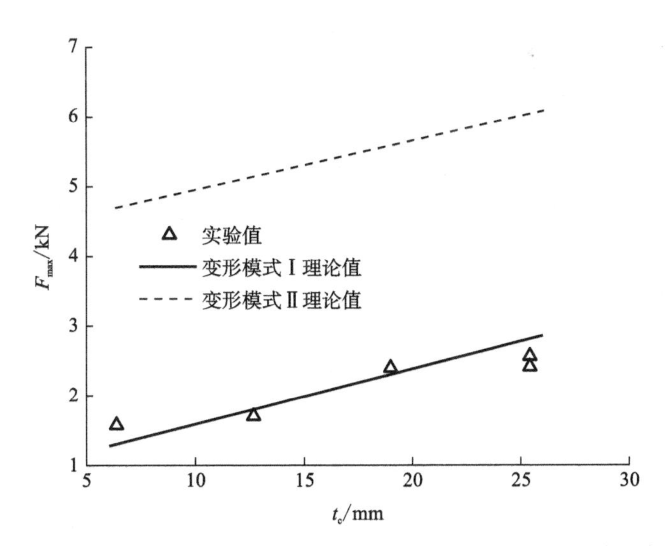

图 4-17　不同蜂窝芯厚度三点弯曲实验F_{max}理论值与实验值的似合曲线

4.6.5　不同跨距对结构性能的影响

本书对蜂窝夹层板进行了 90 mm、110 mm、130 mm 和 150 mm 四个不同支撑跨度的三点弯曲实验，在不同支撑跨距的研究中，支撑跨距 S 应满足：

$$S \leqslant \frac{2k'\sigma_{lf}t_f}{\tau_{yc}}+l_s \tag{4-6}$$

式中：k'为蒙皮强度因子；σ_{lf} 为蒙皮材料极限强度；t_f 为蒙皮厚度；l_s 为压头跨距。

芯子剪切强度应满足：

$$\tau_{yc} \leqslant \frac{2k'\sigma_{lf}t_f}{(S-l)} \tag{4-7}$$

芯子压缩强度应满足：

$$\sigma_{yc} \geqslant \frac{2(t_c+t_f)\sigma_{lf}t_f}{(S-l)l_{pad}} \tag{4-8}$$

式中：l_{pad} 为压头在试件长度方向上的尺寸。

铝合金面板的极限强度 $\sigma_{lf}=75$ MPa，参与分析的芳纶蜂窝芯剪切强度 $F_s=1.04$ MPa，面板厚度 $t_f=0.8$ mm，所以计算得到的跨距 $S\leqslant200$ mm，本书要研究的跨距均在此范围之内。图 4-18 为夹层板在弯曲过程中的力-位移曲线对比图，从图中可以看出，大跨度的试件承载力要低于小跨度的试件。图 4-19 为同支撑跨距夹层板弯曲实验变形图，四种夹层板的变形模式均为 Mode Ⅰ。图 4-20 为不同支撑跨距夹层板三点弯曲实验能量吸收图，夹层板的吸能量随着跨距增大而降低。图 4-21 为弯曲实验中压溃力 F_{max} 实验值和理论值的拟合曲线。同样，可以发现计算出来的 F_{max} 理论与实验值拟合较好。

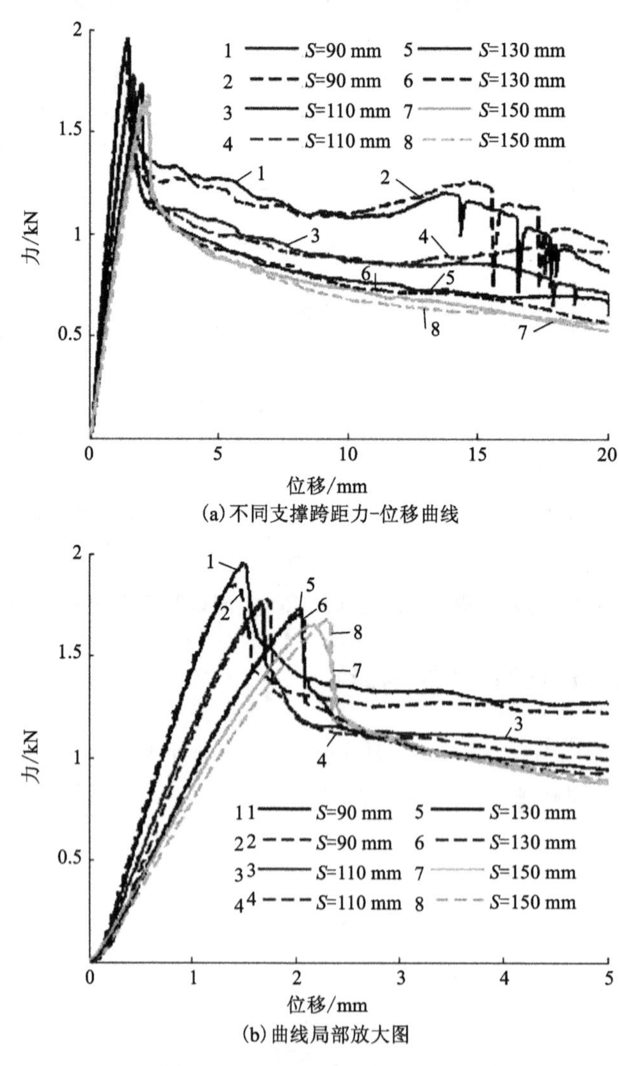

(a) 不同支撑跨距力-位移曲线

(b) 曲线局部放大图

图 4-18　不同支撑跨距夹层板三点弯曲实验中的力-位移曲线

图 4-19　不同支撑跨距夹层板三点弯曲实验变形图

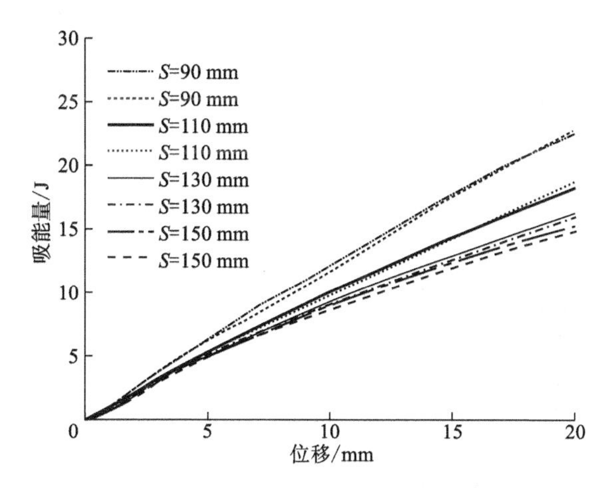

图 4-20　不同支撑跨距夹层板三点弯曲实验能量吸收图

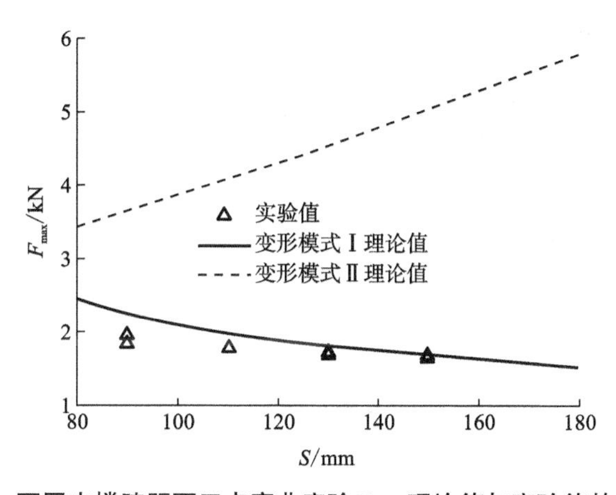

图 4-21　不同支撑跨距下三点弯曲实验 F_{max} 理论值与实验值的拟合曲线

4.6.6 蜂窝夹层板与裸蜂窝及铝板的对比

芳纶蜂窝夹层板可显著提高铝板的强度和刚度，为了量化这个关系，本书还对裸蜂窝及铝板的弯曲力学性能进行了测试，图 4-22 为四种类型的裸蜂窝、单块铝板及双层铝板三点弯曲实验的力-位移曲线，试件的重复性实验具有较好一致性，不论是裸蜂窝还是单独的铝板，在弯曲过程中的力均比较小，且压缩行程在 0~20 mm 时，试件的变形均为弹性变形。

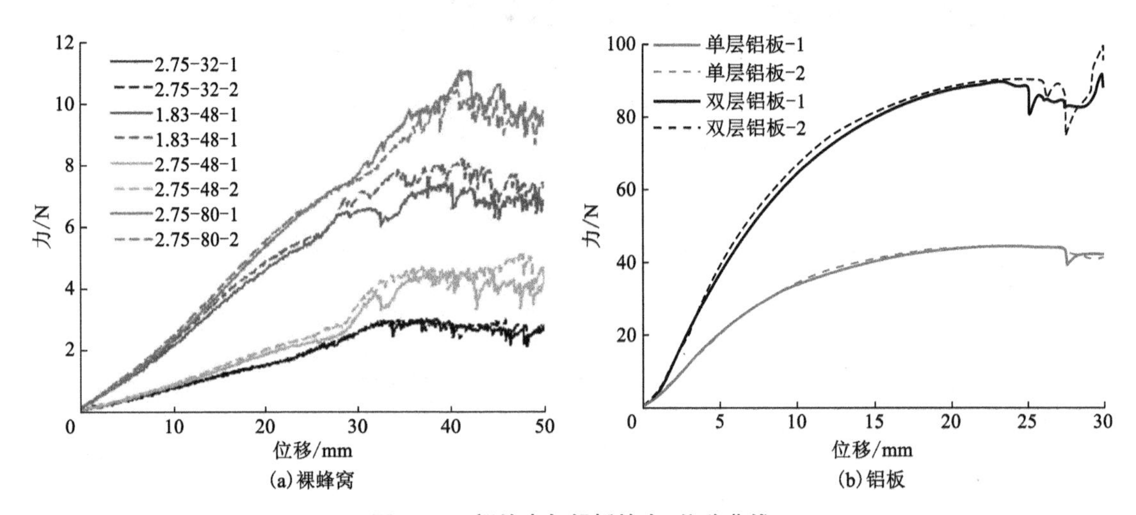

图 4-22 裸蜂窝与铝板的力-位移曲线

表 4-3 列出了四种芳纶蜂窝夹层板以及同类型、同大小的裸蜂窝和铝板的三点弯曲力学性能，可以总结发现，芳纶蜂窝夹层板的弹性系数 k、最大压溃力 F_{max} 和变形能量 E_d 均远高于铝板和裸蜂窝。以 1.83-48 规格的芳纶蜂窝夹层板为例，双层铝板的质量为 63.3 g，双层铝板和裸蜂窝加工而成的夹层板质量为 80.95 g（含酚醛树脂的质量），在质量只增加了 27%的情况下，蜂窝夹层板的弹性系数 k 提高了 134 倍，F_{max} 提高了 23 倍，E_d 提高了 16 倍。相对于蜂窝芯而言，在高度几乎没有改变的情况下，加入蒙皮后整体的弹性系数 k 提高了 4317 倍，F_{max} 提高了 261 倍，E_d 提高了 406 倍。在其他三种芳纶蜂窝夹层板的分析研究中，均可以得出相似的结论。

表 4-3 夹层板、裸蜂窝及铝板三点弯曲实验结果对比

规格	质量/g	$k/(kN \cdot mm^{-1})$	F_{max}/kN	$\delta_{F_{max}}/mm$	E_d/J
单层铝板	31.70	4.1236×10^{-3}	4.4045×10^{-2}	23.4397	0.5879
双层铝板	63.30	7.6841×10^{-3}	8.9440×10^{-2}	24.5600	1.1371

续表4-3

规格	质量/g	$k/(\mathrm{kN\cdot mm^{-1}})$	F_{max}/kN	$\delta_{F_{max}}/\mathrm{mm}$	E_d/J
2.75-32 夹层板	77.10	0.8042	1.5358	2.4320	13.5998
2.75-32 裸蜂窝	7.20	7.7501×10^{-5}	3.085×10^{-3}	45.9601	1.4949×10^{-2}
1.83-48 夹层板	80.95	1.0309	2.0470	2.2984	18.7317
1.83-48 裸蜂窝	10.20	2.3876×10^{-4}	7.83×10^{-3}	40.7598	4.6090×10^{-2}
2.75-48 夹层板	78.30	0.8700	1.6640	2.2412	14.9848
2.75-48 裸蜂窝	9.40	9.4379×10^{-5}	4.9000×10^{-3}	48.8402	1.7881×10^{-2}
2.75-80 夹层板	84.50	1.0272	2.7760	4.1001	14.3160
2.75-80 裸蜂窝	14.75	2.5939×10^{-4}	1.0790×10^{-2}	41.4000	5.0915×10^{-2}

4.7　构建蜂窝夹层板弯曲失效图

在文献[124-128]中，有专家和学者对铝蜂窝夹层板三点弯曲的压溃载荷进行了一系列的理论研究。

变形模式 Mode Ⅰ的压溃力F_{I}计算公式如下：

$$F_{\mathrm{I}}=F_{\mathrm{IND}}+F_{\mathrm{CSA}} \tag{4-9}$$

$$F_{\mathrm{I}}=bt\sqrt{3}+\sigma_{yf}\frac{bt^2}{L_s}+2bc\tau_{yc}\left(1+\frac{2H_l}{L_s}\right) \tag{4-10}$$

式中：F_{IND} 为压缩失效载荷；F_{CSA} 为芯材剪切失效载荷；b 为试件宽度；L_s 为试件长度；σ_{yc} 为芯材屈服应力；σ_{yf} 蒙皮屈服强度；τ_{yc} 芯材剪切强度；H_l 为试件悬挂长度。

变形模式 ModeⅡ的压溃力F_{II}计算公式如下：

$$F_{\mathrm{II}}=2\sigma_{yf}\frac{bt^2}{L_s}+2bc\tau_{yc}\left(1+\frac{H_l}{L_s}\right)+\sigma_{yc}\frac{bL_s}{4} \tag{4-11}$$

其中：

$$\sigma_{yc}=16.56\sigma_{ys}\left(\frac{t_c}{d}\right)^{\frac{5}{3}} \tag{4-12}$$

式中：t_c 为蜂窝芯层厚度。

不同规格的芳纶蜂窝夹层板具有不同的变形模式和弯曲特性，因此根据实际需求选择合适的夹层板规格参数显得尤为重要。然而，通过上述实验结果和理论公式，很难阐明规格参数与失效模式之间的内在联系，显然其难以为夹层板的实际生产和应用提供充足的数据和理论支持。因此，研究夹层板弯曲失效图是十分有必要的。基于上述，联立式(4-10)和(4-11)可以得到变形模式 ModeⅠ和 ModeⅡ的临界曲线：

$$F_{\mathrm{I}}=F_{\mathrm{II}} \tag{4-13}$$

$$t_f\sqrt{\frac{3\sigma_{yc}}{\sigma_{yf}}}+2t_c\frac{H}{L_s}\frac{\tau_{yc}}{\sigma_{yf}}=\frac{t_f^2}{L_s}+\frac{L_s}{4}\frac{\sigma_{yc}}{\sigma_{yf}} \tag{4-14}$$

根据式(2-14)可知，夹层板的变形模式与芯材的屈服强度和剪切强度密切相关。芳纶蜂窝是典型的三层结构，即中间层为芳纶纸、两侧为酚醛树脂涂层。芳纶纸是一种理想的弹塑性材料，在弯曲过程中同时承受剪应力和法向应力，而酚醛树脂是一种脆性材料，其抗拉能力远小于抗压能力，在弯曲过程中主要承受法向应力。基于上述材料的特性，芳纶蜂窝芯的屈服强度也受芳纶纸厚度、酚醛树脂厚度和孔壁长度的影响，同时芳纶蜂窝芯的剪切强度受芳纶纸厚度和孔壁长度的影响。另外，所有规格蜂窝中的芳纶纸均为同一型号，厚度均为0.054 mm。综上所述，蜂窝芯的屈服强度主要与酚醛树脂厚度和孔壁长度有关，可以用蜂窝的等效密度来表征。具体计算公式如下：

$$\frac{\rho_n}{\rho_s}=\frac{2}{(1+\sin\theta)\cos\theta}\frac{t}{l} \tag{4-15}$$

$$\sigma_{yc}=6.6\sigma_{ys}\left(\frac{t}{l}\right)^{\frac{5}{3}}=6.6\sigma_{ys}\left(\frac{\rho_n}{\rho_s}\right)^{\frac{5}{3}} \tag{4-16}$$

芳纶纸的厚度是一个固定值，因此芯材的剪切强度主要受孔壁长度的影响。同时，芳纶蜂窝是典型的具有双厚孔壁的结构，因此芯材方向(L方向、W方向)也会影响其剪切强度。如图4-23所示，与W方向的蜂窝芯相比，L方向的蜂窝芯在受到剪切力时具有更大的承载面积，即双层壁厚胞壁(双层芳纶纸)也承受载荷，导致后者具有更高的剪切强度，这也造成了芯材剪切强度的各向异性。各方向具体的剪切强度计算公式如下：

$$\tau_W=\frac{Q}{(1+\sin\theta)l^2} \tag{4-17}$$

$$\tau_L=\frac{Q}{\cos\theta l^2} \tag{4-18}$$

$$Q=\frac{CE_s}{1-v_s^2}\frac{t_a^3}{l} \tag{4-19}$$

联立上述公式，则变形模式ModeⅠ和ModeⅡ在L方向和W方向上的临界曲线可分别由公式(4-20)和(4-21)表示：

$$t_f\sqrt{\left(\frac{\rho_n}{\rho_s}\right)^{\frac{5}{3}}}+2t_c\frac{H_l}{L_s\sigma_{yf}}\frac{CE_s}{(1-v_s^2)(1+\sin\alpha)}\frac{t_a^3}{l^3}=\frac{t_f^2}{L_s}+\frac{3.3L_s\sigma_{ys}}{2\sigma_{yf}}\left(\frac{\rho_n}{\rho_s}\right)^{\frac{5}{3}} \tag{4-20}$$

$$t_f\sqrt{\left(\frac{\rho_n}{\rho_s}\right)^{\frac{5}{3}}}+2t_c\frac{H_l}{L_s\sigma_{yf}}\frac{CE_s}{(1-v_s^2)\cos\alpha}\frac{t_a^3}{l^3}=\frac{t_f^2}{L_s}+\frac{3.3L_s\sigma_{ys}}{2\sigma_{yf}}\left(\frac{\rho_n}{\rho_s}\right)^{\frac{5}{3}} \tag{4-21}$$

基于上式，将ρ_n和l提取为变量可绘制出芳纶蜂窝夹层板的三点弯曲失效图，具体结果如图4-24所示。

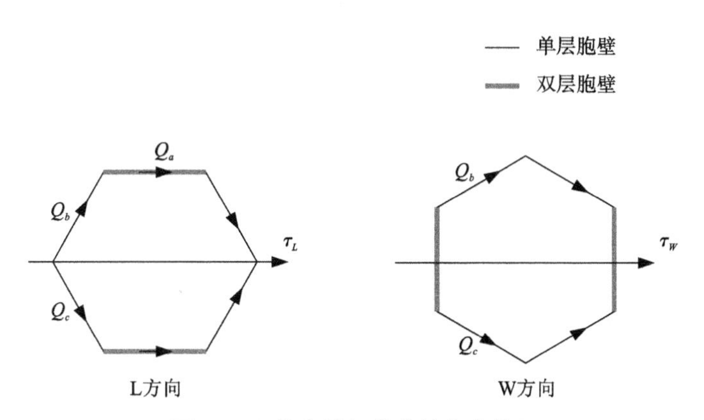

图 4-23　蜂窝剪切载荷的分布情况

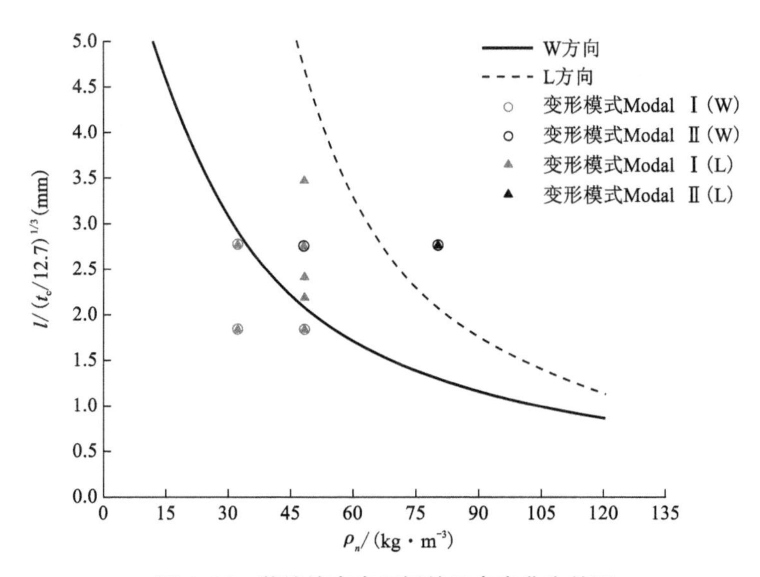

图 4-24　芳纶蜂窝夹层板的三点弯曲失效图

4.8　本章小结

(1)芳纶蜂窝是一种各向异性材料，不同规格的蜂窝夹层板结构分别在L方向和W方向弯曲时，表现出了不相同变形模式(主要分为modeⅠ、modeⅡ、modeⅢ)，而弹性系数k、最大压溃力F_{max}和吸能量的大小E_d均与其变形模式相关，因此没有特定的规律来判断这些参数值的具体大小。

(2)蒙皮厚度对夹层板的弯曲力学性能有着极其明显的影响。总体来说，蒙皮厚度越大的夹层结构弹性系数k和最大压溃力F_{max}也越大，但是当蒙皮厚度≥1.0 mm时，夹层结构出现了明显的脱胶现象。与蒙皮厚度类似，蜂窝芯的厚度对夹层板弯曲力学性能也具有显著的影响，弹性系数 k、最大压溃力 F_{max} 和结构吸能量随蜂窝芯厚度的增加而增加，同时四种厚度的夹层板在实验过程中并没有出现明显的脱胶现象。

（3）对芳纶蜂窝夹层板进行了 90 mm、110 mm、130 mm 和 150 mm 四个不同跨距的三点弯曲实验中，四个跨距下夹层板的三点弯曲变形模式均为变形模式 Mode Ⅰ，大跨度的试件承载力要明显低于小跨度的试件承载力。

（4）通过对裸蜂窝（四种规格）、单层铝板及双层铝板的三点弯曲力学实验分析发现，裸蜂窝和单独的铝板在弯曲过程中的力均比较小。通过对比分析，还可以发现芳纶蜂窝和可以显著提高铝板和蜂窝芯的弯曲刚度和强度。

（5）虽然本次仿真分析中的有限元模型在表征材料失效方面仍有所缺陷，但其不需要考虑薄壁夹角间酚醛树脂的堆积现象及中间复杂的接触关系，可以大大缩小模型规模，避免细小时间步长的出现，节约了计算资源和计算空间，大大提高了仿真分析的效率。芳纶蜂窝夹层板的弯曲失效图与蜂窝芯材的屈服强度和剪切强度密切相关，前者可以用等效密度 ρ_n 表示，后者可以用胞壁长度 l 表示。与 L 方向的夹层板相比，W 方向的夹层板更容易出现失效模式 Mode Ⅱ。将弯曲失效图与有限元模型相结合，可为芳纶蜂窝夹层板的性能预测和参数选择提供数据和理论支持。

第5章

芳纶蜂窝结构冲击载荷动态响应研究

5.1 引言

轨道车辆、飞机、汽车等交通设备在运用及检修的过程中经常会受到各种冲击损伤，如与冰雹、碎石、维修工具等物体的碰撞等。对于芳纶蜂窝夹层结构件而言，这些损伤不仅会导致承载能力的衰退，还会导致基体本身开裂、分层、界面胶脱落和纤维层纤维断裂等问题。如果这些损伤未得到及时的发现或修复，可能会导致比较严重的事故，甚至造成重大的人员伤亡[129-135]。基于以上原因，本书开展了芳纶蜂窝-金属耦合结构动态冲击下损伤机理和响应研究，探讨短暂冲击下，芳纶蜂窝芯层的各胞元屈曲模式、脆裂失效特征、塑性坍塌行为及能量耗散方式；研究芳纶蜂窝夹芯板在冲击作用下的变形模式、破坏特征及失效机理；合理组合与优化芳纶蜂窝结构和金属薄板之间的匹配关系，开发适用于不同场合和不同受力要求的芳纶蜂窝夹层结构。同时，研究A型损伤下压痕与冲击载荷间的理论关系，在实际应用中判断芳纶蜂窝结构所经受的载荷情况，以决定是否要对其结构强度进行调整。本章的研究为芳纶蜂窝夹层结构的生产和应用提供了理论支持和优化方法。

5.2 动态冲击下的失效机理研究

5.2.1 失效模式研究

芳纶蜂窝夹层结构在运用过程中会因受到不同载荷的影响而发生复杂的损伤及失效情况，往往处于多种模式的叠加状态，难以用理论公式去描述精确的变形过程，表5-1列举了夹层结构常见的失效模式、引起失效的载荷及相关原因。

在冲击载荷的作用下，材料种类、加载条件及边界条件的不同，会使夹层结构出现不同模式的损伤失效形式，因此不同领域的学者关注的点也不尽相同。Triantafillou 等人[136]，介绍了六种失效模式：面板屈服、面板皱曲、面板与芯子间脱粘、芯子剪切、芯子拉伸和芯子压缩失效；Petras 等人[137]则提出了面板屈服、面板格间屈曲、面板皱曲、芯子剪切和压入五种失效模式；Steeves 等人[138-139]把由复合材料面板和泡沫芯子夹层结构的失效模式分为面板微屈曲、面板皱曲、芯子剪切、压入失效四种，将面板格间屈曲看作是面板皱曲失效的一种特殊状态。Raju 等人[140]对复合材料夹层结构进行了冲击实验，并将夹层结构的损伤扩展为以下五个阶段：

(1)蜂窝芯层和复合材料面板的起始损伤，包括复合材料面板分层、基体压碎及蜂窝芯层局部受压屈曲，如图 5-1(a)所示；

(2)蜂窝芯层和复合材料面板的扩展损伤，面板损伤的进一步扩展使得蜂窝芯层受压产生的变形更加明显，如图 5-1(b)所示；

(3)复合面板纤维断裂导致的面板断裂，如图 5-1(c)所示；

(4)上面板被穿透以及芯层被压碎密实化，冲头在穿透上面板之后会将芯层压碎并逐渐压实，如图 5-1(d)所示；

(5)芯层密实化后下面板开始变形并逐渐产生损伤，如图 5-1(e)所示。

表 5-1　夹层结构失效模式图

失效模式	载荷及变形示意图	主要原因
横向剪切失效		芯子的剪切强度不足或者整个夹层结构的强度不足
芯子局部压塌		芯子的压缩强度不够或者载荷的作用面积太小
面板穿透		面板强度不够
总体失稳		夹层结构的厚度或者芯子的剪切强度不够
剪切皱折		整体失稳的特殊形式，芯子的剪切模量低，或者夹层板的厚度不够
面板皱曲		当胶黏剂的平面拉伸强度不够时，面板向外凸出 面板在弹性的基础上失稳且芯子的压缩强度不够时，面板向内凹陷

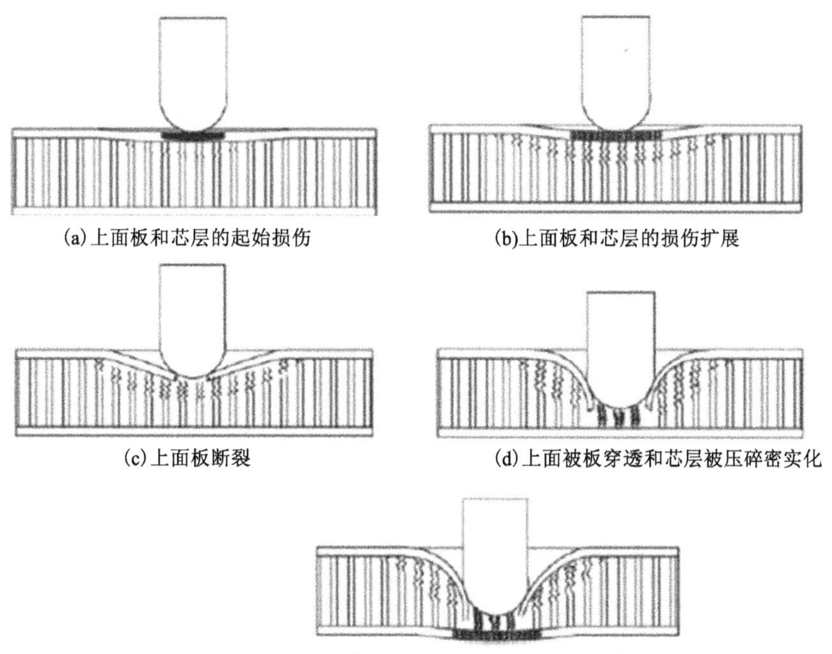

图 5-1　蜂窝夹层结构受到冲击损伤的过程

本书结合 Olsson 等[141]的研究，将金属面板的夹层板遭受冲击损伤的过程分为四个阶段：(1)上面板出现凹坑，蜂窝芯被压溃；(2)上面板被穿透，蜂窝芯破碎，下面板无损伤；(3)上面板被穿透，蜂窝芯层被压实，下面板出现变形；(4)上面板被穿透，蜂窝芯层被压实，下面板被穿透。

5.2.2　压痕失效理论研究

赫兹定律是一种著名的各向同性物体接触分析理论[142]。在实际应用中，对于大多数夹层结构而言，采用低模量芯体意味着芯体的局部变形将主导整体的横向变形。此外，蒙皮的厚度和芯层的高度不同，从蒙皮到芯层模量也会发生变化，这是赫兹定律无法解释的。结果表明，传统的赫兹定律必须得到修正，以适应具有轻量化芯层的夹层结构。

根据赫兹定律，与平板接触的半球形冲击器的接触面积是圆面，如图 5-2 所示，接触应力 q 的分布如下：

$$q=P_0\sqrt{1-\left(\frac{r}{R_c}\right)^2} \tag{5-1}$$

式中：P_0 为接触中心最大的接触压力；r 和 R_c 分别为接触区某一点的径向坐标和接触半径。

对于冲击器与夹芯板之间的接触，接触面积的半径 R_c 如下[143]：

$$R_c=\sqrt{2\alpha} \tag{5-2}$$

式中：r_p 为冲头的半径。

局部压痕轮廓可以表示如下：

$$\alpha(r)=\alpha_0\left(1-\frac{r^2}{a^2}\right)^2 \tag{5-3}$$

式中：α_0 为中心横向挠度；a 为上面板局部压痕区域半径。

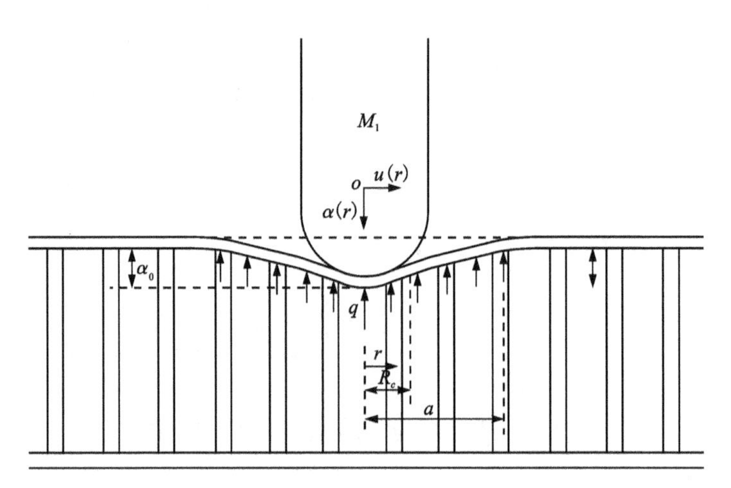

图 5-2 半球形冲击器冲击夹层板的凹痕示意图

蒙皮的弹性应变弯曲能可表示如下：

$$V_1=\frac{D_f}{2}\int_0^{2\pi}\int_0^a\left[\frac{\partial^2\alpha}{\partial r^2}+\frac{1}{r^2}\left(\frac{\partial\alpha}{\partial r}\right)^2+\frac{2v}{r}\frac{\partial\alpha}{\partial r}\frac{\partial^2\alpha}{\partial r^2}\right]r\mathrm{d}r\mathrm{d}\theta \tag{5-4}$$

式中：D_f 为蒙皮的抗弯刚度。

其可由下式给出：

$$D_f=E_f t_f^3[12(1-\nu^2)]^{-1} \tag{5-5}$$

式中：E_f、t_f、ν 分别为面板的杨氏模量、厚度和泊松比。

其径向位移可近似表示为：

$$u=r(a-r)(A+Br) \tag{5-6}$$

式中：A 和 B 为待确定的常数。

系数 A 和系数 B 只出现在膜拉伸能的表达式中，不出现在弯曲能的表达式中，因此可以分别通过将拉伸能最小化来得到 A 和 B 的值。薄膜拉伸引起的应变能则可表示如下：

$$V_2=2\pi\int_0^a\left(\frac{N_r\varepsilon_r}{2}+\frac{N_\theta\varepsilon_\theta}{2}\right)r\mathrm{d}r=\frac{\pi E_f t_f}{(1-\nu^2)}\int_0^a(\varepsilon_r^2+\varepsilon_\theta^2+2\nu\varepsilon_r\varepsilon_\theta)\,r\mathrm{d}r \tag{5-7}$$

因此得到 A 和 B 的值：

$$A=\frac{\alpha_0(89\nu-179)}{126a^3} \tag{5-8}$$

$$B=\frac{\alpha_0{}^2(13\nu-79)}{42a^4} \tag{5-9}$$

式(5-7)中，ε_r 和 ε_θ 分别为径向应变和圆周应变[144]，可表示如下：

$$\varepsilon_r=\frac{\mathrm{d}u}{\mathrm{d}r}+\frac{1}{2}\left(\frac{\mathrm{d}\alpha}{\mathrm{d}r}\right)^2 \tag{5-10}$$

$$\varepsilon_\theta=u/r \tag{5-11}$$

将一个完整的蜂窝芯格压碎所需的功：

$$U_1 = 2\pi\int_0^a \sigma_1\alpha \cdot r\mathrm{d}r \tag{5-12}$$

式中：σ_1 为蜂窝芯屈服应力。

接触力 P 所做的功：

$$U_2 = -\int_0^{\alpha_0} P\mathrm{d}\alpha_0 \tag{5-13}$$

因此，总势能可以表示如下：

$$\Pi=V_1+V_2+U_1+U_2 \tag{5-14}$$

基于最小势能原理，总势能对于中心挠度最小，即$\frac{\partial\Pi}{\partial\alpha_0}=0$，得到的接触力 P 如下：

$$P=\frac{64\pi D_f\alpha_0}{3a^2}\left[1+\frac{\alpha_0^2(7505+4250\nu-2791\nu^2)}{17640t_f^2}\right]+\frac{\pi\sigma_1a^2}{3} \tag{5-15}$$

使接触力 P 相对于局部压痕 a 区域的半径最小，即$\frac{\partial P}{\partial a}=0$，得到的力与压痕的关系如：

$$P=\frac{16\pi}{3}\sqrt{D_f\sigma_1\alpha_0\left[1+\frac{\alpha_0^2(7505+4250\nu-2791\nu^2)}{17640t_f^2}\right]} \tag{5-16}$$

结合式(5-15)和式(5-16)，可得上蒙皮局部压痕区域的半径：

$$a=\sqrt{\frac{3P}{2\pi\sigma_1}} \tag{5-17}$$

5.2.3 穿透失效理论研究

冲头与试件较小的接触面积导致彼此之间产生了很大的应力，达到了试件的屈服极限，从而发生了穿透损伤。球状冲头对试件产生侵彻力，主要是因为弹丸头部对其四周和前方材料进行挤压，圆头与平板较小的接触面积引起较大的接触应力，以致容易将其接触到的周围材料向外挤开[145]，这也是球形冲头具有较强侵彻力的原因，如图 5-3 所示。

在这里为简化分析，将球形冲头穿透蜂窝夹层板的过程分为三个主要阶段进行讨论。

(1)冲头穿透上面板

根据能量守恒定理可知：

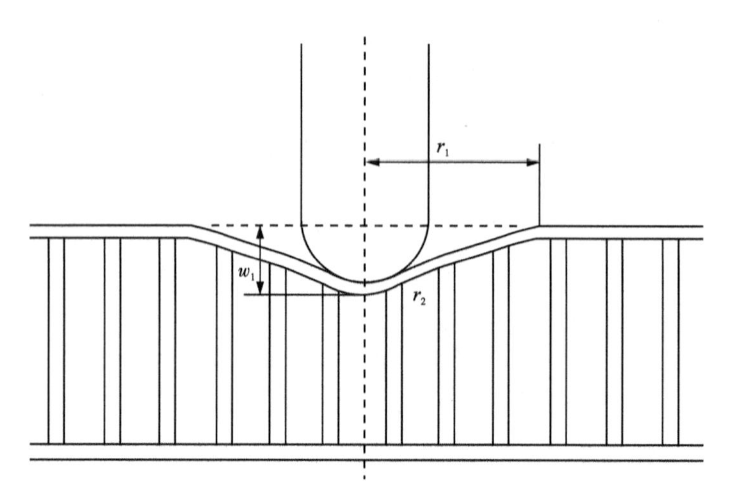

图 5-3　球形冲头穿透夹层板的模型

$$\frac{1}{2}m_0\nu_i^2=E_1+E_{r1}+\frac{1}{2}m_0\nu_{r1}^2 \tag{5-18}$$

式中：E_1 为面板拉伸所损失的能量；E_{r1} 为裂纹扩展所损失的能量。

根据实验情况，取 $r_1=3r_p$。

面板冲击点被拉伸破坏的原则如下：

$$\varepsilon_p=\varepsilon_f \tag{5-19}$$

面板冲击点的应变：

$$\varepsilon_p=\frac{r_2-r_1}{r_1} \tag{5-20}$$

式中：r_2 为 r_1 发生弯曲变形后的长度。

因此，可得到它们之间的几何关系：

$$r_2=(1+\varepsilon_f)r_1=3.459r_p,\ w_1=1.722r_p \tag{5-21}$$

根据几何关系，可得到面板因拉伸作用产生的面积变化量：

$$\Delta S=1.377\pi r_p^2 \tag{5-22}$$

由此，面板拉伸消耗的能量如下：

$$E_1=\sigma_f\Delta St_f \tag{5-23}$$

在这个过程中，面板和冲头的冲击区域周围产生了弯曲和拉伸变形。在轴向拉伸作用下，面板冲击区域会逐渐贴向冲头头部直至扩展到整个冲头。

假设在穿透的过程中，面板破裂所产生的花瓣形破片与冲头贴合，且花瓣根部依然与面板相切，可从花瓣侧面看出其长为 1/4 圆弧，即长 $L_f=\frac{\pi r_f}{2}$，其中 r_f 为花瓣破片的弯曲半径，如图 5-4(a)所示。图 5-4(b)是实际三角形花瓣的平面图，其中 φ 为花瓣圆心角的一半；端点 O 到中心线点 C 的距离为 l_α，即花瓣在冲头冲击作用下转过 α 角度时的花瓣长

度。具体可表示如下：

$$l=r\alpha \tag{5-24}$$

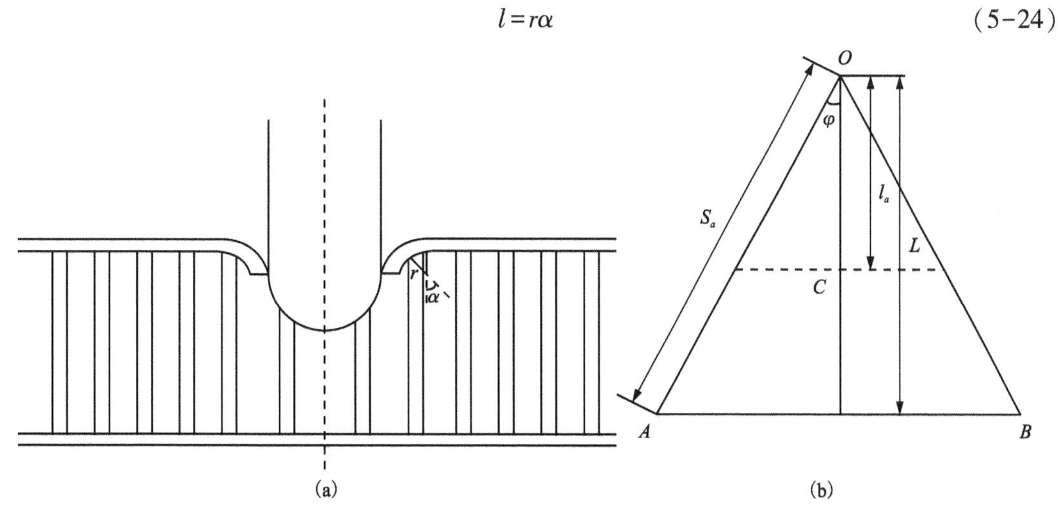

图 5-4　球形冲头穿透蒙皮的花瓣形破坏

根据图 5-4(b)所示的几何关系，当面板被冲头完全穿透时，可得

$$r_f+\frac{D_p}{2}=L_f \tag{5-25}$$

式中：D_p 为冲头直径。

因此：

$$l_\alpha=\frac{D_p}{(\pi-2)\alpha} \tag{5-26}$$

当面板转过 α 角度时，其裂缝长度可表示如下：

$$S_\alpha=\frac{l_\alpha}{\cos\varphi}=\frac{D_p}{[(\pi-2)\cos\varphi]\alpha} \tag{5-27}$$

根据 Dugdale[145] 描述的狭带模型，裂缝尖端所在的塑性区域宽度与面板厚度 t_f 近似相等，长度为dS_α，因此可得到此塑性区的体积为 $dV=t_f^2\ dS_\alpha$。则塑性区域的单位体积应变能表示如下：

$$dE_r=\sigma_f\varepsilon_f dV=\sigma_f\varepsilon_f t_f^2 dS_\alpha \tag{5-28}$$

式中：σ_f 为面板所用材料的断裂应力；ε_f 为面板所用材料的断裂应变；$dS_\alpha=\frac{D}{[(\pi-2)\cos\varphi]\alpha}$

则面板裂纹扩展所需要的能量表示如下：

$$E_{r1}=n_c\int\sigma_f\varepsilon_f T^2 dS_\alpha=\frac{n_c\sigma_f\varepsilon_f T^2 D\alpha}{[(\pi-2)\cos\varphi]} \tag{5-29}$$

式中，n_c 为裂缝数。

因此，蜂窝夹层板在第一阶段吸收的能量表示如下：

$$E_{p1}=E_1+E_{r1} \tag{5-30}$$

（2）冲头穿透蜂窝芯

在第二阶段，由能量守恒定理可得：

$$\frac{1}{2}m_0V_{r1}^2=E_2+\frac{1}{2}m_0V_{r2}^2 \tag{5-31}$$

式中，E_2 为冲头在穿透蜂窝夹层板的过程中剪切作用消耗的能量。

可以利用蜂窝夹层板的弹道极限 V_{50} 来计算这一能量：

$$E_2=\frac{1}{2}m_0V_{50}^2 \tag{5-32}$$

在这其中仅考虑冲头对蜂窝芯层的穿透情况：

$$\frac{1}{2}m_0V_{50}^2=(P_c+P_s)t_c \tag{5-33}$$

式中，P_c 和 P_s 为蜂窝芯层的压溃力和剪切力，是固定常数。

所以，弹道极限 ν_{50} 与蜂窝芯层的厚度 t_c 成正比。

$$P_c=q_c\pi r_p^2 \tag{5-34}$$

$$P_s=2\pi r_pq_st_c \tag{5-35}$$

式中，q_c 和 q_s 分别为蜂窝夹层板的压溃强度和剪切强度。

综合以上公式，可得到冲头在第二阶段后的剩余速度 V_{r2}。

（3）冲头冲击下面板

第三阶段的分析过程可参照第一阶段进行，从面板的拉伸穿透、裂纹扩展方面考虑能量的消耗。根据能量守恒定律，可得：

$$\frac{1}{2}m_0V_{r2}^2=E_3+E_{r2}+\frac{1}{2}m_0V_{r3}^2 \tag{5-36}$$

其中，E_3 和 E_{r2} 与第一阶段计算方法相同。

因此第三阶段夹层板的吸收能量如下：

$$E_{p2}=E_3+E_{r2} \tag{5-37}$$

若第三阶段未将下面板穿透，则第二阶段后的剩余能量完全被下面板以弯曲变形的形式吸收，剩余速度为0。

将整个过程拆分成三个阶段进行分析计算，可得到冲头穿透夹层板后的最终速度，进而得到夹层板的总吸收能量。

5.3 实验材料及实验方法

在采用蜂窝夹层结构复合材料设计制造铁道车辆零部件时，通常需要考虑以下几个主要问题：其一，如何选择合适规格大小的芳纶材料；其二，如何合理地设计并使用蜂窝夹层结构复合材料的厚度；其三，如何选择合适的铝板厚度。当然，除了以上问题，还要考

虑为满足运用结构需要该如何设计蜂窝夹层结构复合材料中的预埋件等问题，但这都不是材料设计的共性问题，因此本书暂时没有考虑这个问题。

5.3.1　实验材料

本书中的冲击实验包含了不同材质、不同规格芳纶蜂窝、不同铝皮厚度、不同碰撞速度下的落锤撞击实验，判定不同材质、不同规格、不同碰撞速度下芳纶蜂窝结构的大变形模式、速度、加速度、撞击力及吸能量特性；实验试件由上下两层相同的蒙皮和芳纶蜂窝芯粘结而成。蒙皮材料型号、厚度及蜂窝芯密度如表 5-2 所示。蜂窝芯单个蜂窝胞元为正六边形，边长 l 为 2.75 mm，芯层高度 t_c 为 12.7 mm。

表 5-2　试件类别

编号	蒙皮材料型号	蒙皮厚度 T/mm	蜂窝芯密度 D/(kg·m^{-3})
1	5052H	0.6	48
2	5052H	0.8	32
3	5052H	0.8	48
4	5052H	0.8	80
5	5052H	1.0	48

5.3.2　实验设备及方法

ASTM7766[147]实验方法修改了层合板准静态压痕和落锤冲击实验方法，以确定适合夹层结构的实验方法，为测试其冲击性能和抗损伤性能等提供了指导。本书按照标准文件准备了 150 mm×100 mm 大小的试件，试件夹具按照标准文件进行加工，如图 5-5 所示。冲击实验使用数字化落锤冲击设备，测试装置上安装有气动控制的防止冲头对试件二次冲击的辅助装置，以保证实验数据完全为一次冲击所产生的。在冲击实验中，冲击器的总质量为 8.28 ~8.33 kg(因不同直径的锤头质量稍有误差，可根据采集软件进行校正)，通过自动调节落锤高度来获取初始能量。冲头与冲击器之间附加一个最大载荷为 10 kN 的动态力传感器，用以获取冲击过程中的冲击时程载荷。每次冲击后，脉冲数据采集软件自动记录和分析所需的冲击响应参数，如冲击载荷-时间曲线。

实验通过两个蜂窝夹层板结构参数和两个冲击参数来研究夹层板在冲击载荷下的动态力学行为(力学性能表现)和失效模式。(1)不同的蜂窝芯等效密度(D)：32 kg/m^3、48 kg/m^3、80 kg/m^3；(2)不同的蒙皮厚度(t_f)：0.6 mm、0.8 mm、1.0 mm；(3)不同的冲头直径(d)：12 mm、16 mm、20 mm；(4)不同的冲击能量(E)：20 J、40 J、60 J。共计 12 种工况，考虑其中的重合部分，实际只有 9 种工况，每种工况重复三组实验，共计需要 27 个试件。详细的冲击实验工况如表 5-3 所示。

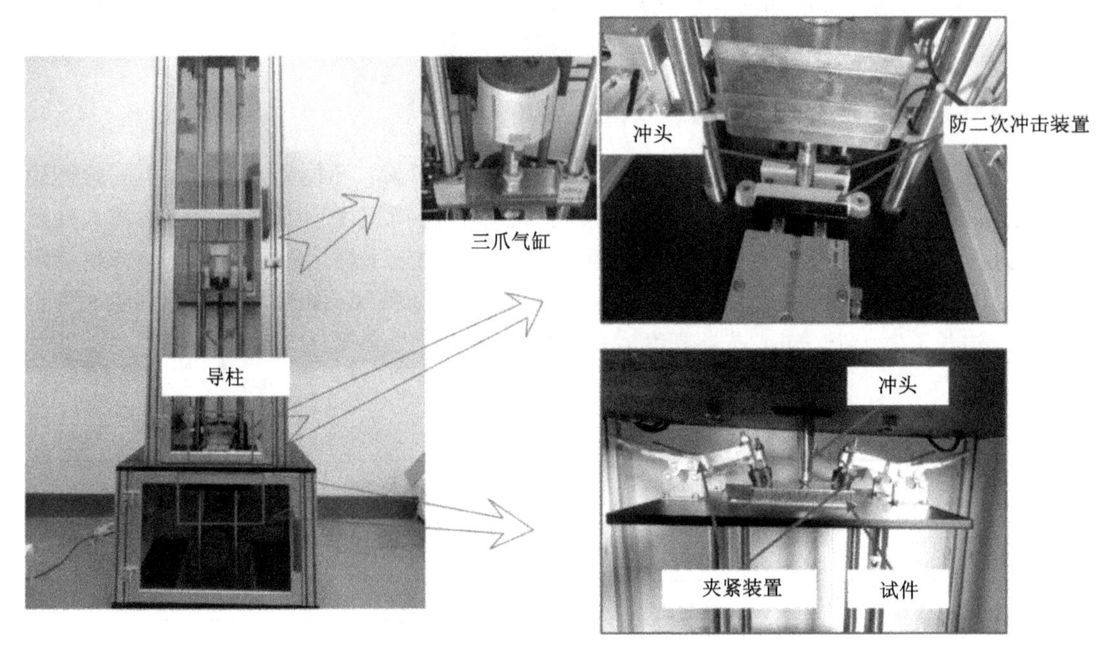

图 5-5　冲击实验系统

表 5-3　冲击实验工况表

变量	实验标签	蜂窝芯密度 $D/(\mathrm{kg \cdot m^{-3}})$	蒙皮厚度 t_f/mm	冲击能量 E/J	冲头直径 d/mm
不同的蜂窝密度	T0.8-D32	32	0.8	40	16.0
	T0.8-D48	48	0.8	40	16.0
	T0.8-D80	80	0.8	40	16.0
不同的蒙皮厚度	T0.6-D48	48	0.6	40	16.0
	T0.8-D48	48	0.8	40	16.0
	T1.0-D48	48	1.0	40	16.0
不同的冲头直径	E40-d12	48	0.8	40	12.0
	E40-d16	48	0.8	40	16.0
	E40-d20	48	0.8	40	20.0
不同的冲击能量	E20-d16	48	0.8	20	16.0
	E40-d16	48	0.8	40	16.0
	E60-d16	48	0.8	60	16.0

5.4　冲击载荷动态响应数值仿真

5.4.1　建立模型

Giglio 等人[148-149]认为蜂窝夹层结构的有限元数值模拟方法分为两种：等效均质模型和微元模型。前者直接用均质的固体单元来建立模型，赋予其等效的整体力学性能参数，计算效率较高但忽略了局部芯层失效机制的影响；后者建立与实体模型相同的蜂窝结构，赋予各材料实际的参数，并定义各部分之间的接触，可以模拟出蜂窝芯层的真实变形行为。这里采用壳(shell)单元来建立真实的蜂窝夹层板几何模型，上下蒙皮与蜂窝芯层采用 equivalence 命令进行连接，使其共节点，以模拟胶接，底板模拟实验条件下的支撑板，在中部开 125 mm×75 mm 的矩形口。所建模型如图 5-6 所示。

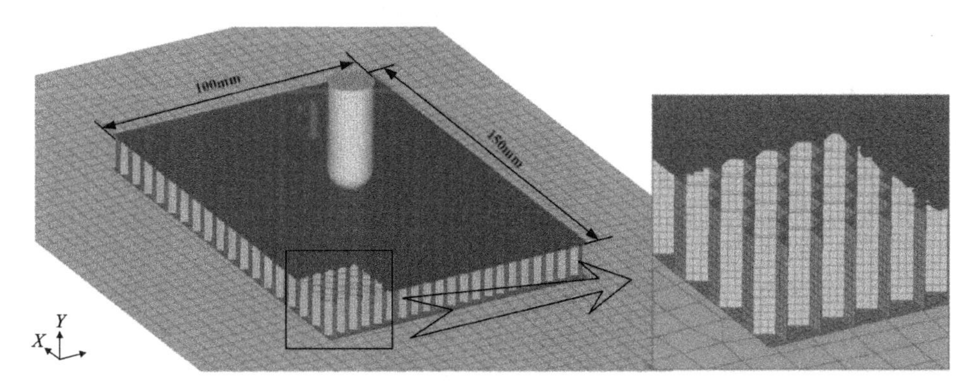

图 5-6　冲击实验有限元模型

5.4.2　定义材料及属性

蜂窝芯层采用各向异性材料中的 MAT_22(composite damage)材料，其材料参数与第 2 章相同。

蜂窝芯层的几何属性如表 5-4 所示。

表 5-4　蜂窝芯层的几何属性

蜂窝边长 l/mm	单层芳纶纸厚度t_s/mm	双层芳纶纸厚度t_d/mm	酚醛树脂厚度t_p/mm
2.75	0.051	0.104	0.012

单层蜂窝壁厚度由单层芳纶厚度加两层酚醛树脂厚度组成，双层蜂窝壁厚度由双层蜂窝纸厚度(考虑到两层芳纶纸之间有很薄的胶层，取其值为 0.104 mm，与 Jafar 等人[150]观察到的一致)加两层酚醛树脂厚度组成。芳纶厚度由厂家提供，酚醛树脂厚度在忽略蜂窝

三角区堆积的情况下[151]，可根据下面的公式进行计算。

取单位高度的独立蜂窝质量：

$$m_{comb}=2l\rho_{comb}\cos\theta(h+l\sin\theta) \tag{5-38}$$

芳纶纸和酚醛树脂的质量分别如下：

$$m_N=2\rho_N t_N(h+l) \tag{5-39}$$

$$m_p=2\rho_p t_p(h+2l) \tag{5-40}$$

上式中：l 为单层蜂窝壁厚蜂窝芯格边长；h 为双层壁厚蜂窝芯格边长，在所研究的材料中均为 2.75 mm；ρ_{comb} 为蜂窝芯的名义密度；ρ_N 和 ρ_p 分别为芳纶和酚醛树脂的密度。

经计算 48 kg/m³ 的试件酚醛树脂的厚度 t_p 约为 0.012 mm，与 Fischer 等人[152]的结果基本一致。

蜂窝芯层的三层结构采用多层树脂涂布法，利用用户定义积分进行模拟[153-154]。用户定义积分的方法是选择 Belytschko-Tsay 壳单元，并在蜂窝壁的厚度上分布 8 个积分点以代表酚醛树脂和芳纶纸的分布情况，密度 48 kg/m³ 的蜂窝积分点设置参数见第 2 章表 2-10，其他密度的积分点设置可由上述公式计算出壁厚之后，参照积分点计算方法进行计算，积分点计算方法参照公式(2-30)和公式(2-31)。

铝合金蒙皮采用 24 号弹塑性材料，忽略应变率影响，根据厂家提供的相关参数进行设置，具体参数如表 5-5 所示。

表 5-5　铝板材料参数

铝板型号	密度ρ_{Al}/(t·mm^{-3})	弹性模量 E_{Al}/MPa	泊松比 NU_{Al}	屈服应力σ_{yAl}/MPa
1060H	2.7×10^{-9}	69000	0.33	57
5052H	2.68×10^{-9}	70000	0.33	178

夹具底板采用壳单元和 20 号材料，冲头采用体单元和 20 号材料，尺寸和质量与实验相同。其材料属性如表 5-6 所示。

表 5-6　冲头及刚性板参数

材料	密度ρ_{pr}/(t·mm^{-3})	弹性模量 E_{pr}/MPa	泊松比 NU_{pr}	屈服应力σ_{ypr}/MPa
冲头	1.1106×10^{-6}	206000	0.3	—
刚性板	7.85×10^{-9}	206000	0.3	—

5.4.3　接触及边界条件

将冲头与整个夹层结构设置“*CONTACT_AUTOMATIC_SINGLE_SURFACE”，在保证

冲头与整个夹层结构接触的同时建立起蜂窝自接触，防止在冲击蜂窝的过程因变形而产生自穿透，利用“*CONTACT_FORCE_TRANSDUCER_PENALTY”命令设置冲头为接触从面，输出整个过程的冲击载荷，下蒙皮与刚性板设置“*CONTACT_AUTOMATIC_SURFACE_TO_SURFAC”。冲头限制轴向移动外的所有自由度均模拟实验冲击情况，冲击速度根据不同工况的冲击能量及冲击器质量进行计算，实验夹具利用设置在夹层板的均布力进行模拟，保证与实验情况一致。

5.5　动态冲击下的响应规律研究

5.5.1　失效模式分析

本书所进行的实验是基于低速冲击载荷下产生的VID损伤(visible impact damage)。多种失效形式是蜂窝夹层结构在动态冲击载荷作用下VID损伤的主要特征，其失效形式包括蜂窝芯压溃、金属蒙皮拉伸弯曲、复合材料蒙皮分层、永久凹坑、蜂窝与蒙皮界面脱胶等，损伤模式及损伤程度取决于冲击物形状及冲击能量。根据实验试样的变形情况，大致将其归为三种类型：上蒙皮仅产生永久凹坑的A型(几乎完全回弹)；上蒙皮大变形、蜂窝压溃和断裂、蜂窝与上蒙皮界面脱胶等的B型(不完全回弹)；出现穿透损伤的C型。整个变形过程又可以大致分为三个阶段。

阶段1：面板和芯层均处于弹性区，无明显损伤。响应本质上是线弹性的，在位移u_1处以初始阈值P_1结束。

阶段2：在冲击力超过P_1之后，结构刚度突然下降，且曲线变得非线性，就是初始损伤的开端，其可能包括芯层屈曲和面板的局部损伤。由于上面板的膜效应冲击力显著增加，该阶段以位移u_f处的最大力P_m结束，而P_m通常远大于初始阈值力。

阶段3：如果上面板被穿透，则夹层板的刚度和承载能力将急剧下降，冲击力下降的同样明显。如果没有被穿透，冲头将会反弹且面板几乎不会有明显的损坏或仅留下小凹痕。

5.5.2　蜂窝芯密度的影响

密度为32 kg/m^{3}的蜂窝芯夹层板的酚醛树脂含量较少，蜂窝芯层相对较软，其损伤失效情况符合B型，凹痕在上蒙皮冲头冲击处，折痕在落锤冲头冲压区域附近，具有明显的对称性，冲击临近区域下蜂窝芯层被压溃，并不断朝下蒙皮方向扩展，下蒙皮略微向外弯曲变形，远离冲击区域的蜂窝芯层无损伤，冲击载荷相对缓慢地上升，直到蜂窝芯层被压溃且逐渐密实化，冲击载荷升到最高；密度为48 kg/m^{3}及80 kg/m^{3}的蜂窝芯夹层板，损伤失效情况符合C型，冲头穿透上蒙皮，芯层被压碎且挤压到周围，并对下蒙皮造成不同程度的损伤，载荷在接触上、下蒙皮处达到峰值，如表5-7及图5-7所示。图5-7(d)的峰值及平均载荷则表现出小密度的蜂窝芯具有更好的缓冲作用。

表 5-7　不同蜂窝芯密度下夹层板的变形情况

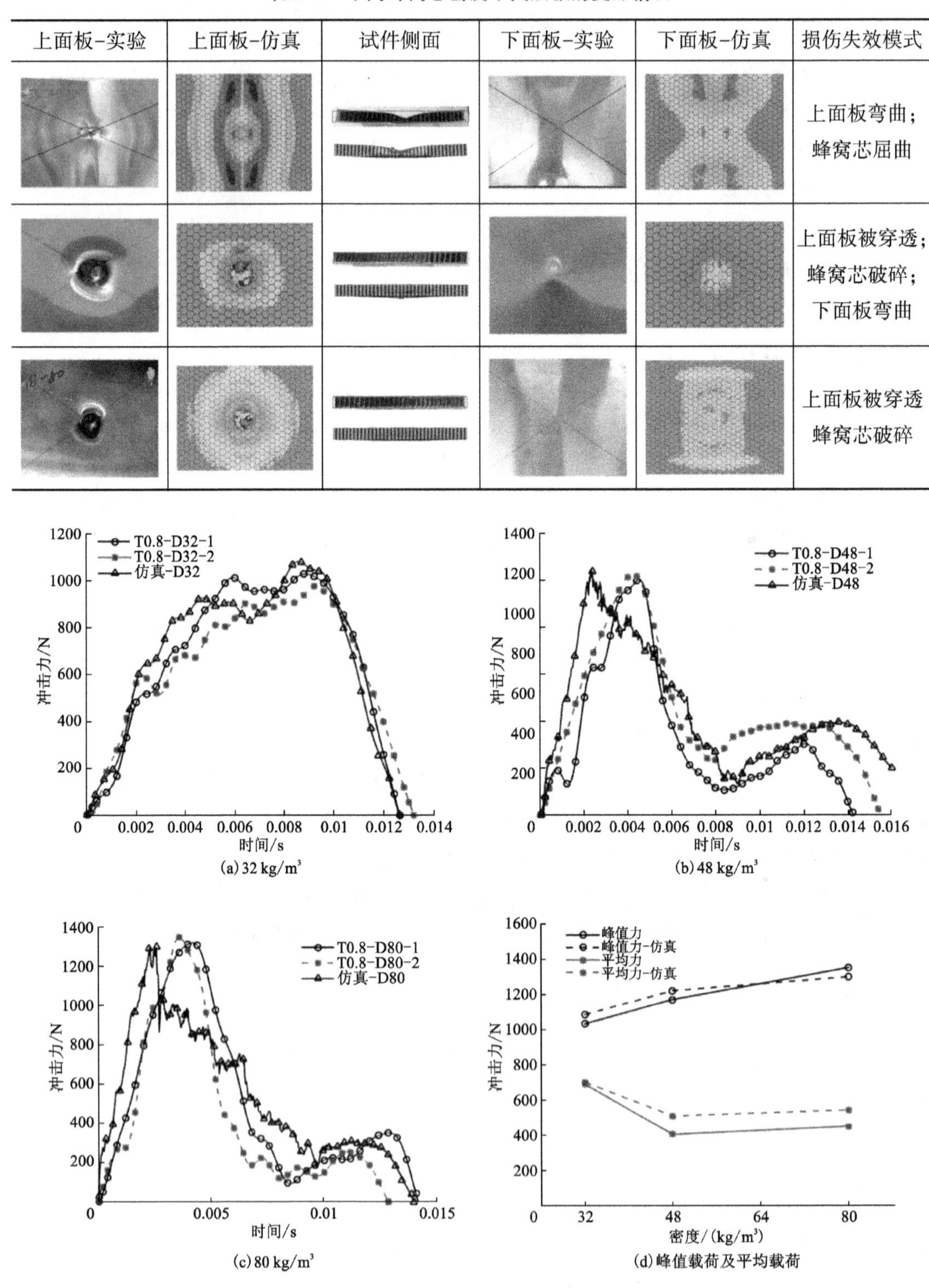

上面板-实验	上面板-仿真	试件侧面	下面板-实验	下面板-仿真	损伤失效模式
					上面板弯曲；蜂窝芯屈曲
					上面板被穿透；蜂窝芯破碎；下面板弯曲
					上面板被穿透 蜂窝芯破碎

图 5-7　不同蜂窝芯密度下夹层板的时程曲线

5.5.3　蒙皮厚度的影响

蒙皮 0.6 mm 及 0.8 mm 厚的夹层板的损伤失效情况符合 C 型，冲击载荷在冲头分别穿透或接触上、下蒙皮时产生峰值，除了穿透处附近小区域略微内凹或外凸，其他区域无明显变形，穿透区域的蜂窝芯层被压碎且挤压到周围，区域外的蜂窝芯层基本未受到影响；1.0 mm 夹层板的损伤失效情况符合 A 型，凹痕出现在冲头冲击处，周围略微向内凹陷，冲击载荷时程曲线类似正弦曲线的半个周期，如表 5-8 及图 5-8 所示。此时，蒙皮 0.6 mm 和 0.8 mm 厚的夹层板明显产生了相似的穿透损伤，冲击载荷时程曲线趋势也类似，但蒙皮厚度不同导致峰值力有所变化，蒙皮 0.8 mm 厚的夹层板抵御了更大的冲击能量，也因此下蒙皮产生的变形较小；而蒙皮 1.0 mm 厚的试件变形情况及其冲击载荷时程曲线表明蒙皮厚度在超过特定界限之后可以使整个夹层结构抵御更大的冲击能量，其未被穿透且峰值应力较前两者更大。图 5-8(d) 中可看出峰值载荷及平均载荷随着蒙皮厚度的增加，上升趋势明显，表现出蒙皮厚度对试件的抗冲击性能具有很大的影响，蒙皮越厚，抗冲击性能越强，因此增强结构的耐冲击性能时可考虑蒙皮厚度这一因素。但蜂窝夹层板的主要质量源于作为蒙皮的铝合金面板，所以在考虑增加耐冲击性能的同时也要考虑整体质量的增长，这将在接下来的研究中进行更加详细的讨论。

表 5-8　不同蒙皮厚度下夹层板的变形情况

上面板-实验	上面板-仿真	下面板-实验	下面板-仿真	损伤失效模式
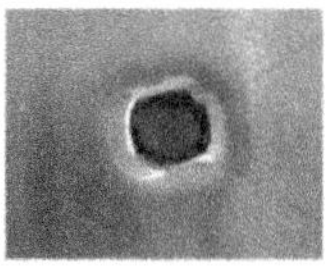	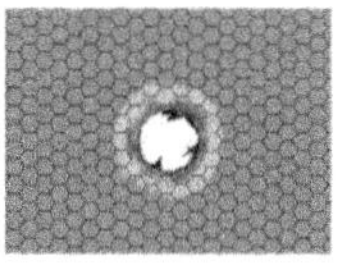	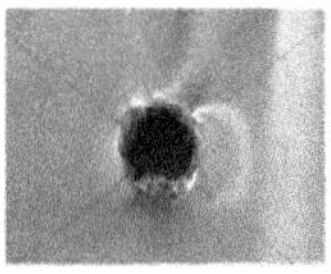	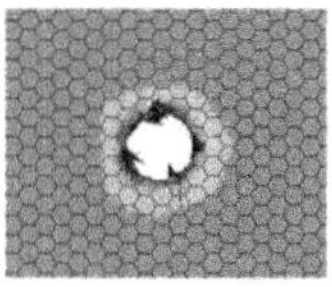	上、下面板被穿透； 蜂窝芯破碎
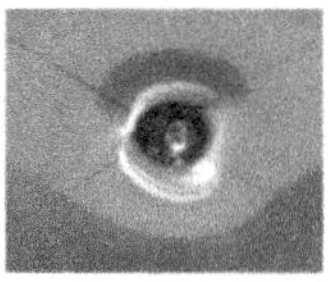	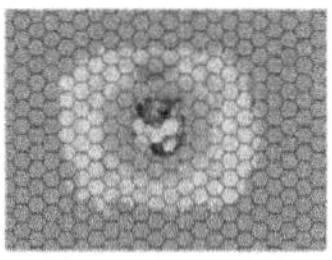	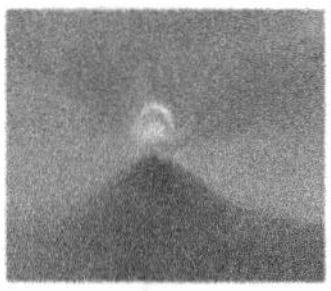	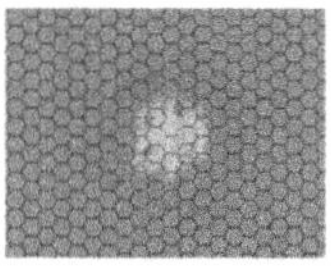	上面板被穿透； 蜂窝芯破碎； 下面板弯曲
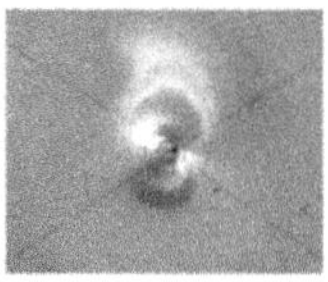	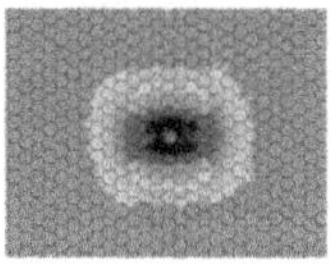			上面板凹陷； 蜂窝芯屈曲

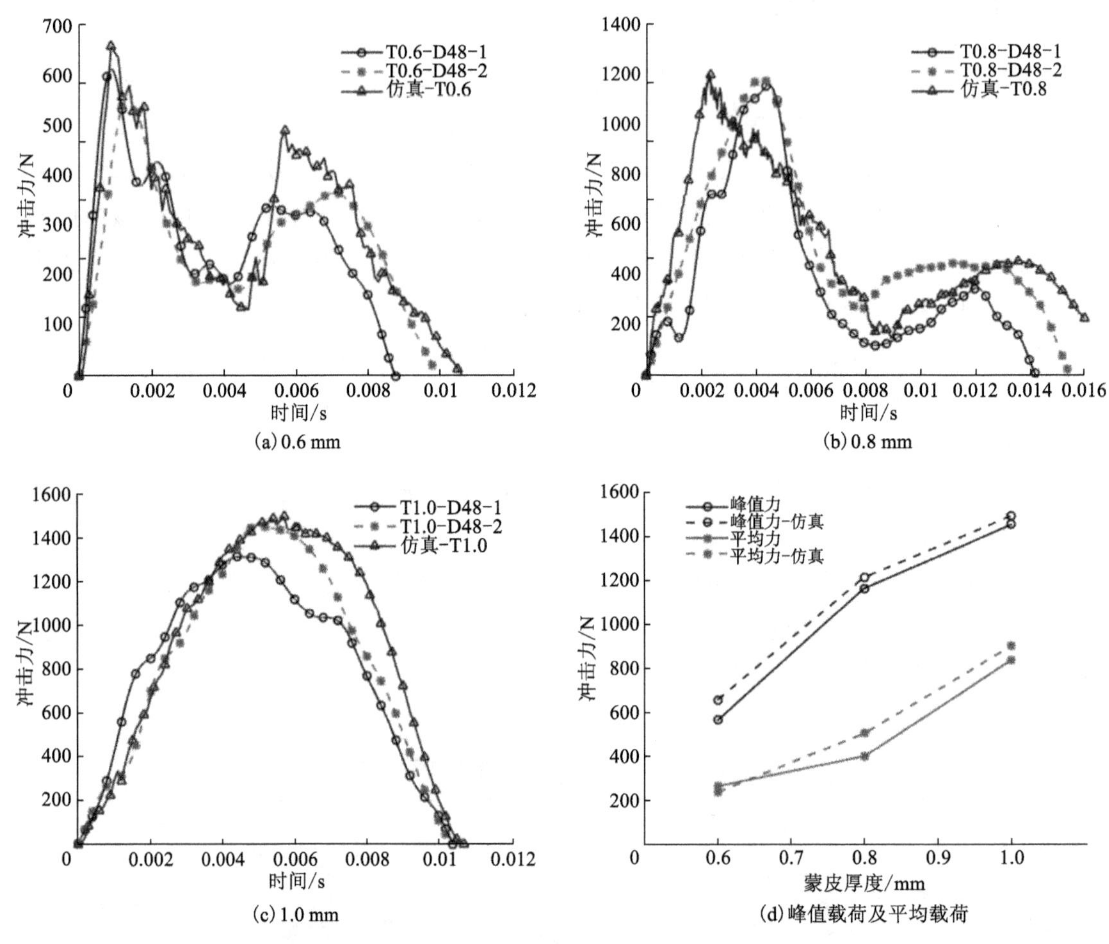

图 5-8 不同蒙皮厚度下夹层板的时程曲线

5.5.4 冲头直径的影响

夹层板在直径 12 mm 及 16 mm 冲头下的损伤失效情况符合 C 型，上蒙皮除穿透区域小范围内略有塌陷外，其他区域无明显变形，载荷在冲头分别穿透及接触上、下蒙皮时产生两次峰值；在直径 20 mm 冲头下的损伤失效情况符合 B 型，冲击载荷在冲头冲击上蒙皮导致弯曲变形时产生第一峰值，之后压迫下方蜂窝芯层，而蜂窝芯层的屈曲和断裂失效使得冲击载荷下降，当芯层被压迫得逐渐密实化时，载荷维持在一个相对恒定的平台，待完全密实化后压迫下蒙皮使得载荷略微上升，如表 5-9 及图 5-9 所示。图 5-9(d) 表现出大直径冲头造成的整体损伤会导致峰值载荷的降低及平均载荷的升高，使得夹层板表现出更好的缓冲性能。

表 5-9　不同冲头直径下夹层板的变形情况

上面板-实验	上面板-仿真	试件侧面	下面板-实验	下面板-仿真	损伤失效模式
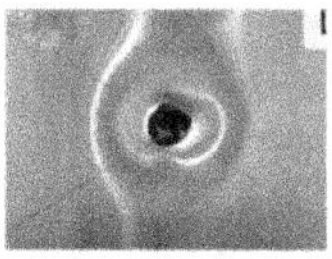	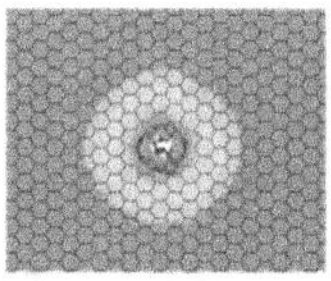	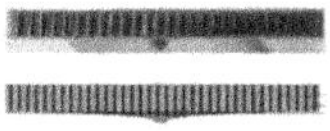	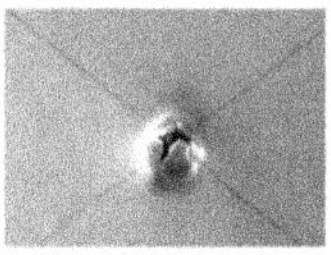	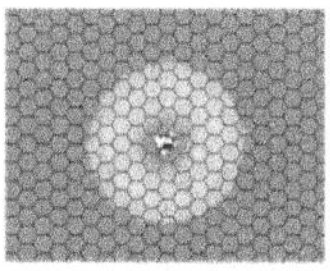	上面板穿透；蜂窝芯破碎；下面板破裂
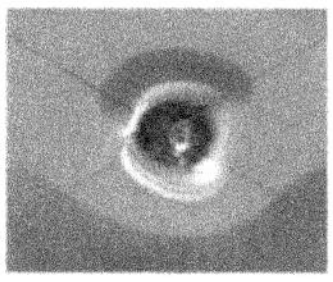	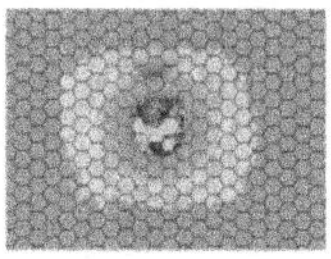	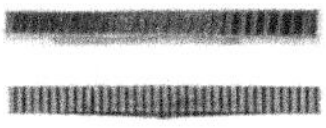		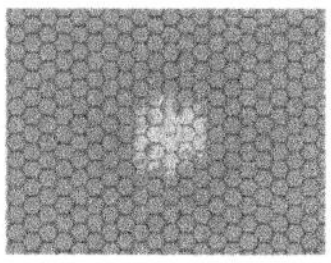	上面板穿透；蜂窝芯破碎；下面板弯曲
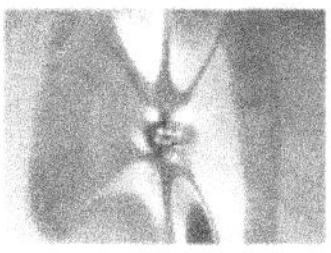	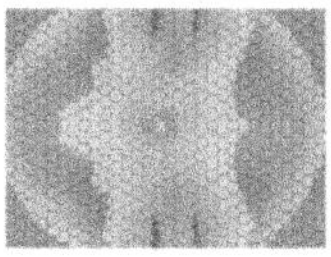		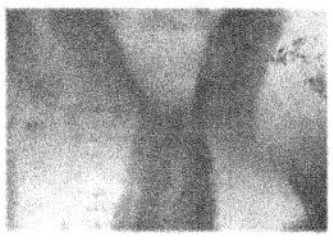	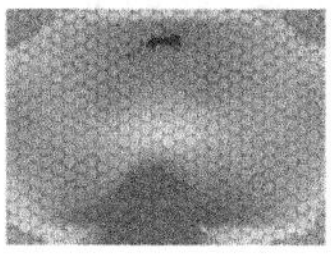	上下面板弯曲；蜂窝芯断裂

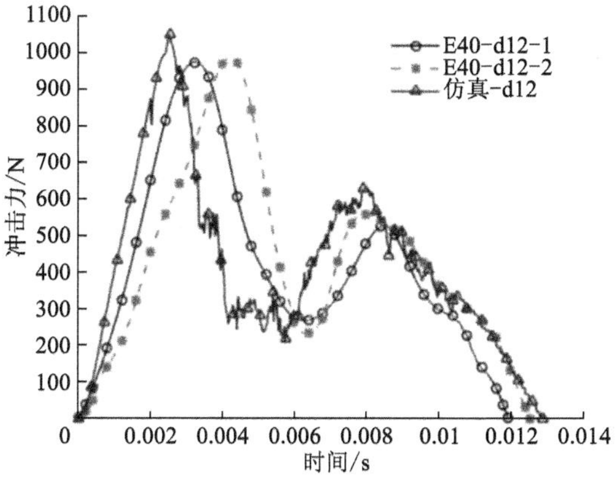

(a) 12 mm

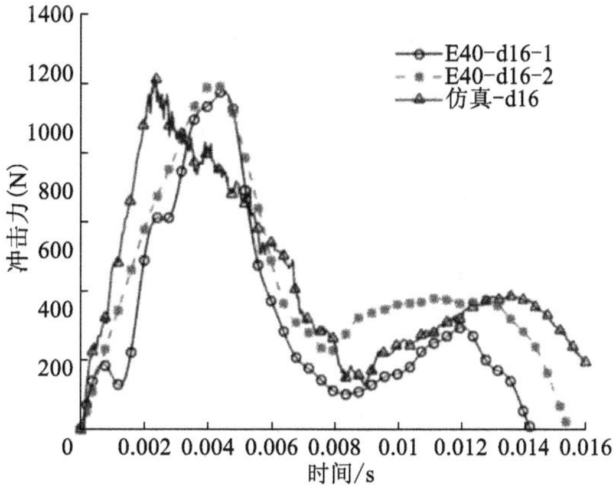

(b) 16 mm

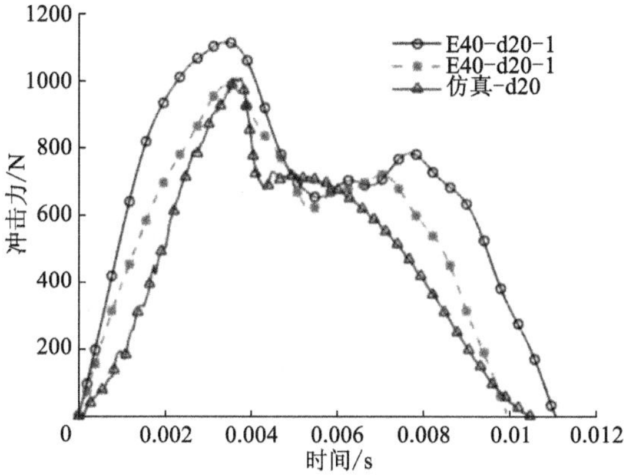

(c) 20 mm

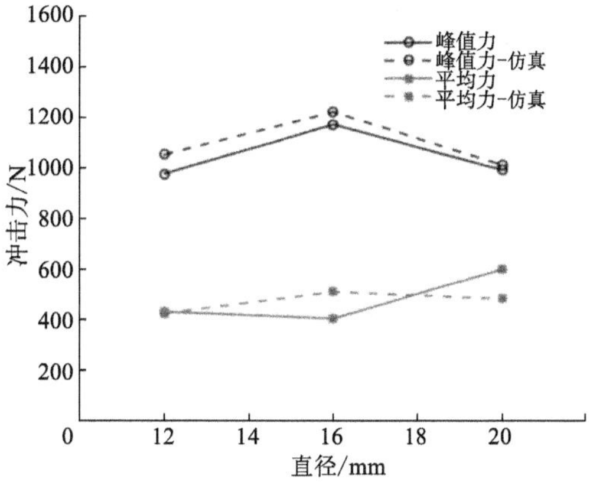

(d) 峰值及平均载荷

图 5-9　不同冲头直径下夹层板的时程曲线

5.5.5 冲击能量的影响

夹层板在 20 J 能量下的损伤失效情况符合 A 型，冲头直接接触区域产生较深凹痕，周围有小范围的凹陷，其他区域无明显变形，后蒙皮无变形，冲击载荷只有一个峰值，类似正弦曲线的半个周期；夹层板在 40 J 能量下的损伤失效情况符合 C 型，冲头穿透上蒙皮及芯层，并对下蒙皮也造成了略微变形，冲击载荷分别在接触上、下蒙皮时产生峰值；夹层板在 60 J 能量下的损伤失效情况为 B 型和 C 型叠加在一起的混合型损伤失效，上冲头先压迫上蒙皮使之起皱变形，并同时导致冲击区域下芯层的屈曲、断裂，使得冲击力不断上升；待上蒙皮被穿透之后，冲击力急剧下降，在接触蒙皮使之变形，使得冲击力再次上升，如表 5-10 及图 5-10 (d)可以看出冲击能量对夹层板的损伤失效模式及冲击载荷有较大的影响，能量越大，试件损伤越严重，失效形式越多，冲击载荷就会在一定范围内呈上升趋势。

表 5-10　不同冲击能量下夹层板的变形情况

上面板-实验	上面板-仿真	试件侧面	下面板-实验	下面板-仿真	损伤失效模式
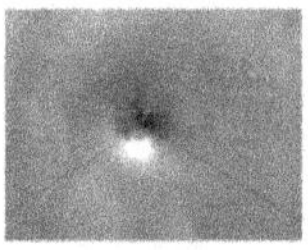	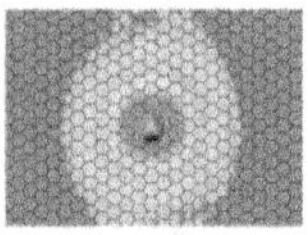	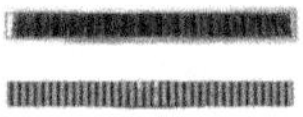		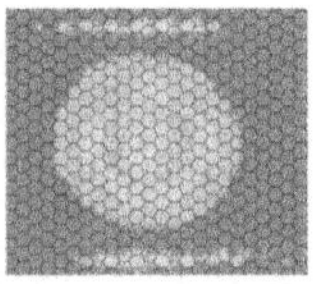	上面板凹陷； 蜂窝芯屈曲
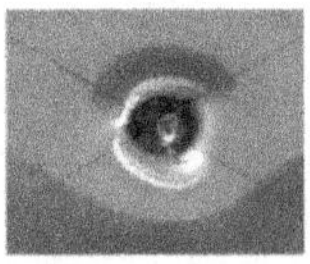	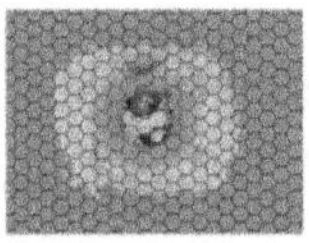	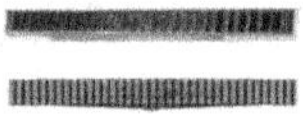		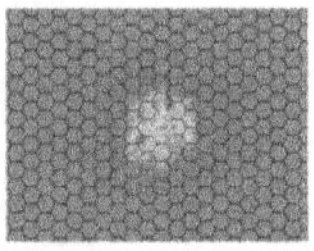	上面板被穿透； 蜂窝芯破碎； 下面板弯曲
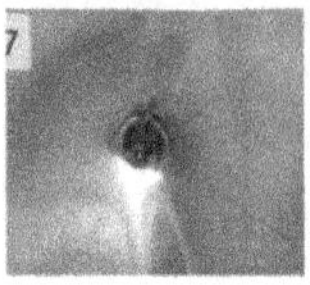	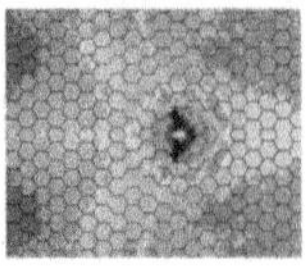		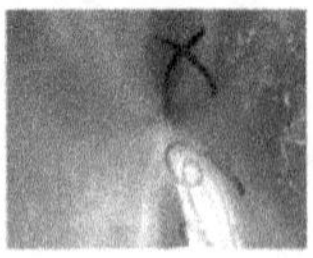	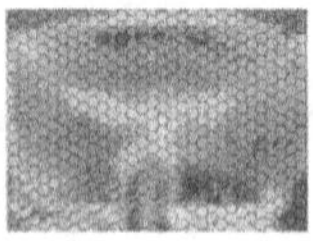	上面板弯曲、穿孔； 蜂窝芯断裂、破碎； 下面板弯曲

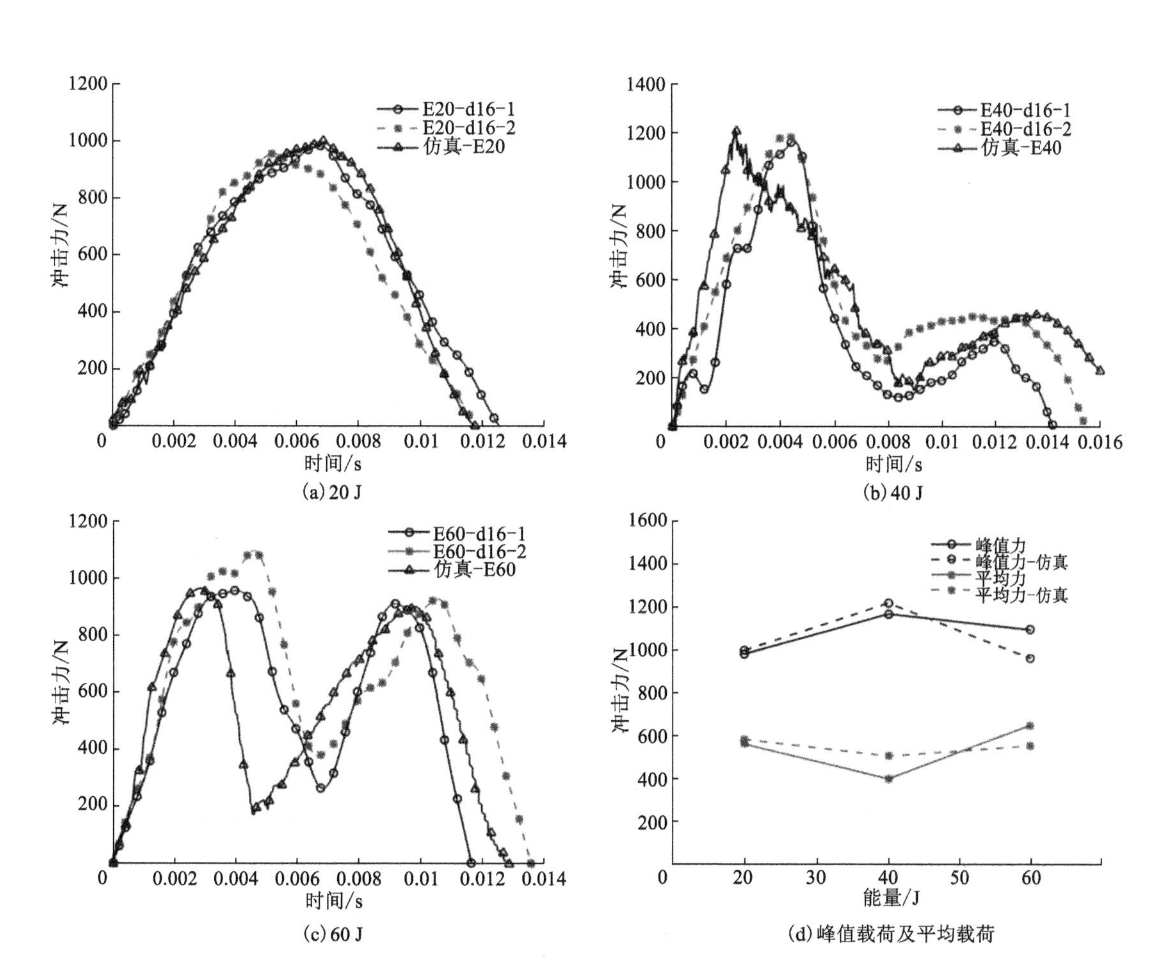

图 5-10　不同冲击能量下夹层板的时程曲线

5.5.6　压痕模型预测

5.2.2 节介绍了 A 型损伤下压痕与冲击载荷间的理论关系，由此可根据试件实验后测量出的最大凹痕深度来对冲击载荷峰值进行预测。

式(5-16)给出的为夹层板局部接触规律，揭示了接触力与挠度不成正比关系，且等式右侧的第一项与蒙皮弯曲有关，第二项与局部膜拉伸有关。当泊松比为 0.33 时(此为实验蜂窝夹层板表面铝蒙皮的泊松比)，其可表示如下：

$$P=\frac{16\pi}{3}\sqrt{D_f\sigma_1\alpha_1\left(1+0.488\frac{\alpha_0^2}{h_f^2}\right)} \tag{5-41}$$

通过修正系数 γ 对赫兹定律得到的结果进行简单修正，此处取 0.076。令 $\chi=(\frac{16\pi}{3})$

$\sqrt{D_f\sigma_1}$，$\beta=\dfrac{0.488}{t_f^2}$，则可得：

$$P=\gamma\chi\sqrt{\alpha_0+\beta\alpha_0^3} \tag{5-42}$$

预测结果如表 5-11 所示。

表 5-11　凹痕与冲击载荷峰值关系的误差分析

编号	h_f/mm	α_0/mm	计算值/N	实测值/N	误差 η/%
1	0.8	6.56	908.425	955.255	4.90
2	0.8	6.87	972.307	983.331	1.12
平均	0.8	6.72	941.203	969.293	2.90
3	1.0	8.06	1383.930	1316.160	5.15
4	1.0	8.20	1416.232	1460.250	3.01
平均	1.0	8.13	1401.630	1388.205	0.97

如表 5-11 所示，实际最大误差不超过 5.20%，平均值最大误差不超过 3.00%，在可接受范围之内，说明此理论可以较好地评价 A 型损伤下最大凹痕与最大冲击载荷的关系，可根据测量凹痕对冲击载荷峰值做理论解。在实际应用中，可据此对结构所处工况的载荷情况进行判断，以决定是否调整结构强度。

5.6　本章小结

本书采用实验和数值模拟相结合的方法，研究了芳纶蜂窝夹层板的低速冲击响应及力学性能；通过低速冲击实验，研究了蜂窝芯密度(D)、表面蒙皮厚度(T)、冲头直径(d)、冲击能量(E)等参数对冲击载荷和失效模式的影响；为了进一步阐明冲击行为，采用数值模拟的方法对冲击实验进行了仿真模拟，预测的冲击载荷、接触时间和变形模式与实测结果较好地吻合了。根据实验和数值仿真结果，本章的主要结论如下：

(1)在 A 型变形模式下，蒙皮塑性屈曲和芯材折叠是主要的失效形式；在 B 型变形模式下，蒙皮会产生较为严重的塑性变形，随着压痕和弯曲的进一步加剧，主要失效形式为芯层塑性屈曲或断裂，在蜂窝芯层压溃的过程中软化效应会使冲击载荷上升速度变慢或快速下降，直至蜂窝芯层密实化后再次上升；在 C 型变形模式下，蒙皮穿透和蜂窝芯的塑性破坏(破碎)为主要的失效形式，在这种形势下，夹层结构的蒙皮发挥着更大的抗冲击作用。

(2)由实验结果知，密度越小的蜂窝芯层强度和刚度越低，降低了抗冲击性能，整体变形情况较复杂，但在抵抗穿透或降低冲击载荷峰值时有着更好的表现，当越过某个界限

时密度的影响会降低；随着蒙皮厚度的增加，冲击变形模式的改变，冲击载荷显著增加，蒙皮厚度的增加，可以显著提高蜂窝结构的抗冲击性能。

(3)随着冲头直径的增加，试件变形发生了明显变化，结果表明冲击物的直径大小对试件的损伤形式有着很大的影响。冲击物越尖锐，结构越容易发生穿透损伤；在较小的冲击能量下，试件冲击变形及损伤仅出现在局部范围内，而随着冲击能量的增加，试件会出现混合模式损伤，整体变形严重。

(4)蜂窝夹层结构因其独特的三层结构而具有良好的抗弯性能，但其对冲击载荷敏感，结构参数及冲击参数的改变均会对其反映出的动态力学性能造成较大的影响，因此可针对其服役环境进行结构上的相应调整，以避免出现较为剧烈的破坏或失效情况，影响其使用性能。

第 6 章

内嵌 CFRP 管的芳纶蜂窝力学性能提升

6.1 引言

从之前的章节不难看出，类蜂窝结构的突出优势在于面外受载时胞元交错变形产生的稳定平台响应带来的平稳的吸能能力，然而单一蜂窝的吸能普遍存在瓶颈，芳纶蜂窝也不例外。另外，通过缩小孔径、增加纸或酚醛树脂厚度等方法来提升吸能也始终有局限。因此，随着蜂窝结构在爆炸保护、着地缓冲、高空坠毁、高速碰撞等极端动态情况下的应用越来越被重视，迫切需要更多提升芳纶蜂窝吸能承载能力的方法。

将蜂窝作为芯体填充管件是一种常见的提升结构整体吸能的方法，当前以铝蜂窝为芯体的研究已经相对成熟。蜂窝作为内芯填充进管件的结构，性能普遍受管件主导，填充结构整体在吸能过程中的撞击力会产生很大波动，难以发挥蜂窝材料的优势，但是受此启发，有学者互换了载体和内容物，提出了内嵌管的蜂窝结构概念。在这种结构中，蜂窝作为支撑，可在不破坏蜂窝胞元的同时将细小的管件内嵌进蜂窝胞元内[155]，从而有效利用了蜂窝压缩后的残余体积。Antali 等人[156]的研究表明将 CFRP 管(碳纤维增强复合材料管，carbon fiber reinforced polymer tabes)嵌入铝蜂窝中可增强型芯的能量吸收性能。Wang 等人[157]在铝蜂窝中分别嵌入 CFRP 管和铝管进行实验，结果表明满足一定条件时结构吸能量能得到明显的提高。Zhang 等人[158]通过落锤冲击响应进行研究，表明内嵌管件可以使铝蜂窝三明治结构的面板应力和变形分布得更加均匀，前面板变形更小且结构吸收冲击能量的速度更快。

本章从对铝蜂窝的研究中获得灵感，结合应用广泛的 CFRP 管与综合性能优异的芳纶蜂窝两种轻质复合材料，提出了内嵌 CFRP 管的芳纶蜂窝(NHFCT)结构。内嵌管件在一些工作中被初步证明可能是一种提升铝蜂窝结构吸能能力的有效方法，但是这局限于初步尝试，有待得到系统的研究，对于芳纶蜂窝也尚缺乏这方面的研究报道。最近，Yan 等人[159]将一块芳纶蜂窝中心掏空并插入一根 CFRP 大管件，证明了芳纶蜂窝与 CFRP 材料

有着良好的匹配关系。虽然芳纶蜂窝具有独特的回弹性，相比金属蜂窝也不易整体脱胶破坏，但其蜂窝壁容易被局部破坏，内嵌CFRP管有可能会撕裂芳纶蜂窝，破坏原有的结构或使其稳定的吸能特性起到反作用。此外，嵌入CFRP管对NHFCT整体的比吸能的影响是利是弊目前也尚不明确。综上所述，本章对NHFCT结构的机械性能展开了系统研究，研究成果可为提升芳纶蜂窝的机械性能，特别是吸能能力提供帮助，也可为拓展芳纶蜂窝的应用范围提供参考。

6.2 材料与实验方法

6.2.1 材料与试件

采用准静态压缩实验研究NHFCT的力学性能，材料采用航空级低密度芳纶蜂窝，由芳纶纸浸渍轻质酚醛树脂制成，蜂窝壁具有酚醛树脂—芳纶纸—酚醛树脂三层结构，且粘接面有两层的纸壁厚，独立面仅有一层的纸壁厚，粘接面和独立面中的酚醛树脂壁厚相同。CFRP管由挤压工艺生产的长管件切割而成并以一定的形式被嵌入芳纶蜂窝的胞元中。图6-1展示了NHFCT涉及的两种材料的结构和参数，其中L_0，W_0，T_0分别代表蜂窝的整体尺寸，l、h分别为每个胞元的边长，D、d分别为CFRP管的外径及内径。本节研究选用两种不同规格的芳纶蜂窝以及三种不同规格的CFRP管，表6-1列出了用于研究的材料类型及其相关参数，下文对胞元边长1.83 mm的蜂窝简称1.83规格蜂窝，对外径2.5 mm、内径1.5 mm的CFRP管简称2.5~1.5规格CFRF管，其他规格以此类推。其中，ρ_n为芳纶蜂窝的等效密度，m_c和M_n分别为使用电子天平称量得到的单个材料的真实质量，受生产、运输和存储条件的影响其一般大于材料的理论质量。X为填充管件的数量，有1~25个，对于一些特定的填充数量还研究了不同的分布形式，以a~c表示；NHFCT的填充数量和分布具体如图6-1所示，对每个规格进行了两次重复性实验。

表6-1　材料参数

类型	CFRP管			芳纶蜂窝				M_n/g
	D/mm	d/mm	m_c/g	$L_0=W_0$/mm	T_0/mm	$h=l$/mm	ρ_n/(kg·m^{-3})	
N1#	—	—	—	60	15	1.83	48	3.2
N1-X	2.5	1.5	0.08	60	15	1.83	48	3.2
N2#	—	—	—	60	10	2.75	48	2
N2-X	4	3	0.09	60	10	2.75	48	2
N3-X	4	2	0.15	60	10	2.75	48	2

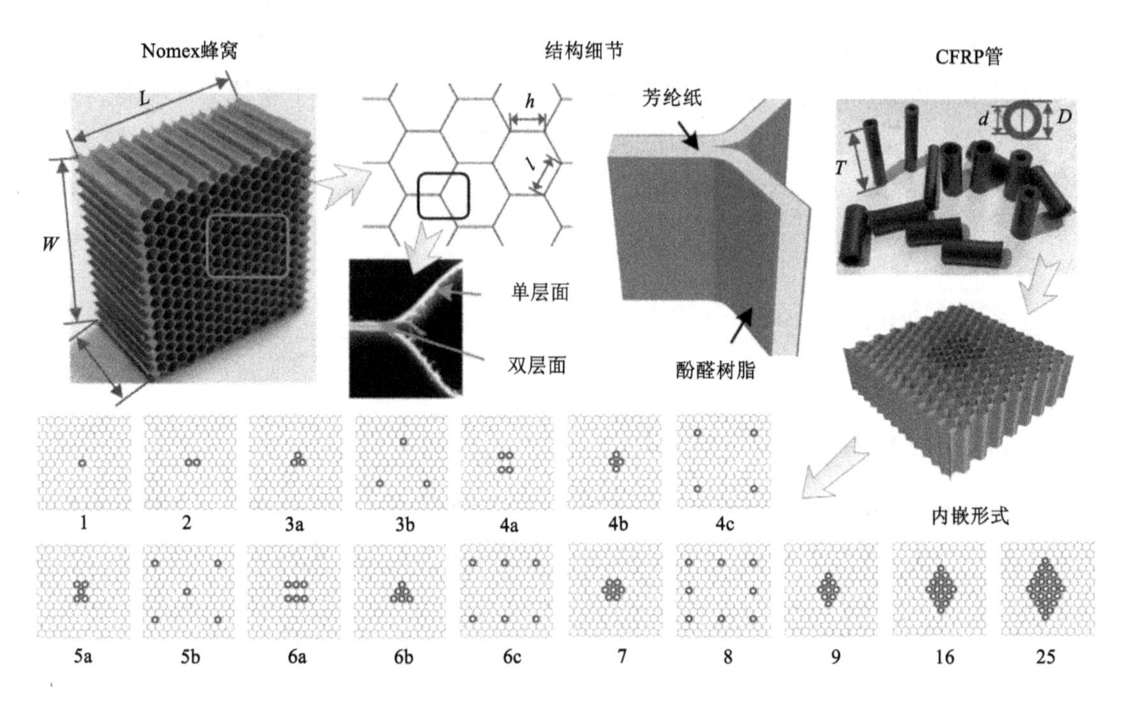

图 6-1　材料结构与样式

图 6-2(a)为芳纶蜂窝结构典型的压缩应力-应变曲线，分为弹性变形、屈服、塑性压溃以及致密化四个阶段，采用以下参数进行评价。

(1)峰值应力 σ_c：B 点处的应力

(2)平台应力 σ_p：塑性变形区间的应力，呈现平台或略微上升趋势

$$\sigma_p = \frac{1}{d_D - d_C}\int_{d_C}^{d_D} f(x)\,\mathrm{d}x \tag{6-1}$$

(3)压缩力效率 e：σ_p 与 σ_c 的比值

$$e = \frac{\sigma_p}{\sigma_c} \tag{6-2}$$

(4)吸能量 E_a：弹塑性变形区域吸收的能量

$$E_a = \int_{d_A}^{d_D} f(x)\,\mathrm{d}x \tag{6-3}$$

6.2.2　实验装置

实验采用中南大学 WED-600 电液伺服万能实验机，量程为 600 kN，如图 6-2(b)所示。实验过程中，将 NHFCT 结构置于实验机承台上，调整结构位置以保证和承台同轴；实验机以 2 mm/min 的恒定速度对进行加载，当结构被完全压溃且压力急剧上升时停机卸载。

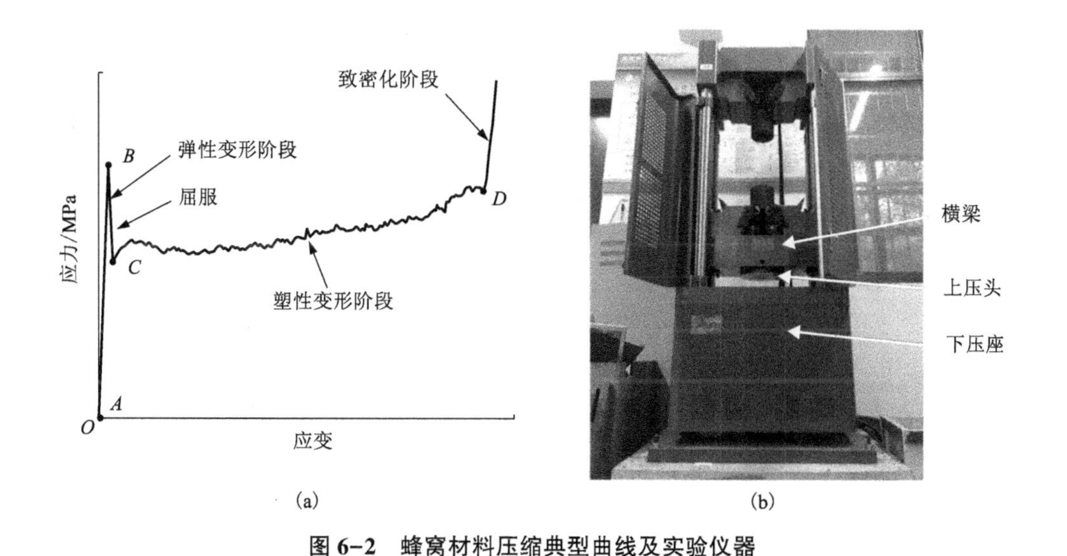

(a)　　　　(b)

图 6-2　蜂窝材料压缩典型曲线及实验仪器

6.3　实验结果与分析

6.3.1　1.83 规格蜂窝内嵌 2.5-1.5 规格 CFRP 管的实验结果

N1 组为 1.83 规格蜂窝内嵌 2.5-1.5 规格 CFRP 管，实验结果、应力-应变曲线、能量吸收曲线如图 6-3 所示。随着 CFRP 管增多 NHFCT 结构的平台应力整体呈现上升趋势，致密化应变呈现略微减少趋势，该结构能在更短的响应区间内吸收更多的能量。填充少量 CFRP 管和填充大量 CFRP 管的压缩响应模式有所不同，填充大量 CFRP 管后蜂窝呈现了明显的两级压缩响应，这是压缩后期 CFRP 管逐渐失效而蜂窝仍然保持作用造成的，同样的现象也出现在了对铝蜂窝的研究之中。

选取 $X=0\sim6$ 组别进一步进行实验，不同排列的实验及重复性实验的压缩特性曲线如图 6-4 所示，N1 组实验的数据总结如表 6-2 所示。NHFCT 结构曲线的整体形态相比原芳纶蜂窝并未发生较大的改变，并且随着 CFRP 管的增加，结构在保持或略微提升压缩力效率的前提下不断提高平台应力，同时大幅提升芳纶蜂窝的吸能能力。对不同分布进行对比

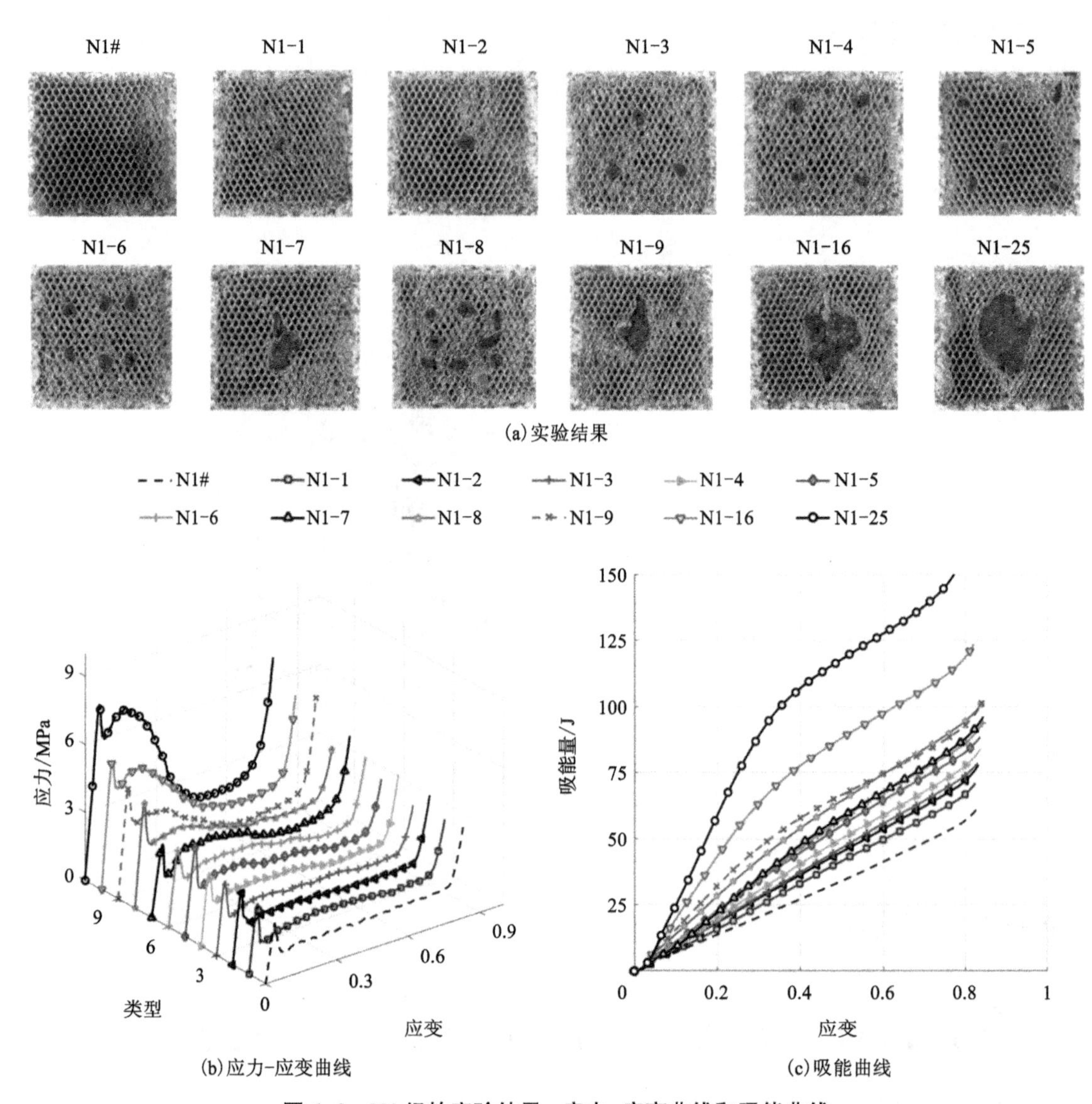

图 6-3　N1 组的实验结果，应力-应变曲线和吸能曲线

可以发现将 CFRP 管进行分散分布的吸能一般优于 CFRP 管中心的集中分布，这是由于分散分布时 NHFCT 整体的受力更均匀，并且每根 CFRP 管独立变形受其他管的影响较小。另外，可以发现少数 CFRP 管分散分布的效果反而不如集中分布，这是由于该规格的管子较细长，容易因端面的加工缺陷发生失稳或倒伏现象，而大量管件的集中分布形成了相互支撑，弥补了单管缺陷的影响。

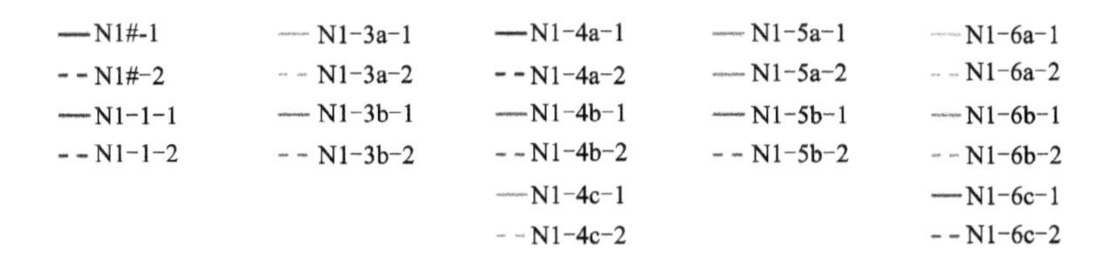

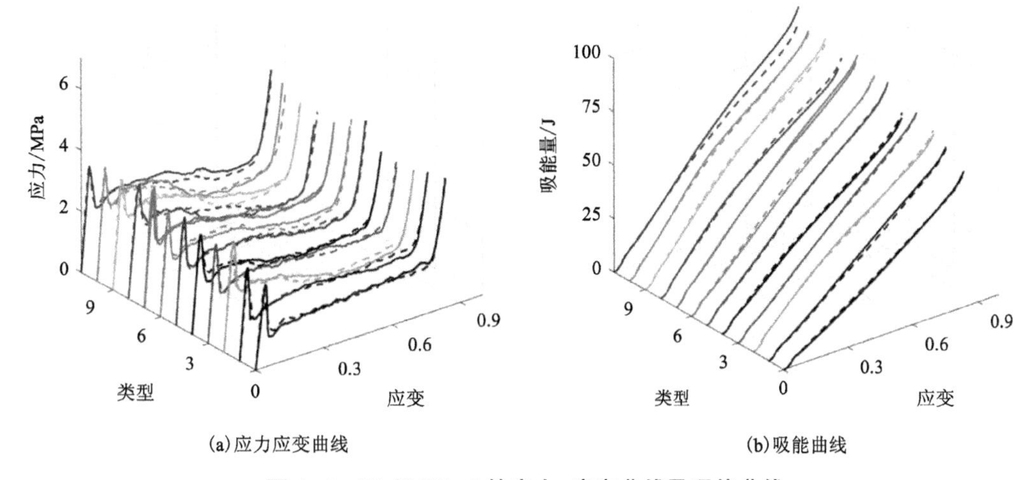

图 6-4　N1 组 X1~6 的应力-应变曲线及吸能曲线

表 6-2　N1 组实验数据

结构类型	σ_c/MPa	σ_p/MPa	e	E_a/J	结构类型	σ_c/MPa	σ_p/MPa	e	E_a/J
N1#-1	2.68	1.39	0.52	59.08	N1-5a-1	3.82	2.03	0.53	86.28
N1#-2	2.56	1.39	0.54	59.08	N1-5a-2	3.80	1.99	0.52	84.58
N1-1-1	2.98	1.63	0.55	69.28	N1-5b-1	3.65	1.84	0.50	78.20
N1-1-2	2.78	1.64	0.59	69.70	N1-5b-2	3.58	1.85	0.52	78.63
N-2	3.12	1.75	0.56	74.38	N1-6a-1	3.53	2.06	0.58	87.55
N1-3a-1	3.48	1.62	0.47	68.85	N1-6a-2	3.53	1.99	0.56	84.58
N1-3a-2	3.47	1.64	0.47	69.70	N1-6b-1	3.59	2.07	0.58	87.98
N1-3b-1	3.15	1.82	0.58	77.35	N1-6b-2	3.64	2.06	0.57	87.55
N1-3b-2	3.15	1.79	0.57	76.08	N1-6c-1	3.44	2.07	0.60	87.98
N1-4a-1	3.19	1.60	0.50	68.00	N1-6c-2	3.34	1.95	0.58	82.88
N1-4a-2	3.11	1.66	0.53	70.55	N1-7	3.08	2.15	0.70	91.38
N1-4b-1	3.45	1.88	0.54	79.90	N1-8	4.49	2.32	0.52	98.60
N1-4b-2	3.17	1.91	0.60	81.18	N1-9	4.83	2.25	0.47	95.63
N1-4c-1	3.32	1.87	0.56	79.48	N1-16	5.40	—		122.83
N1-4c-2	3.36	1.83	0.54	77.78	N1-25	7.55	—		170.85

6.3.2　2.75 规格蜂窝内嵌 4-3 规格 CFRP 管的实验结果

N2 组为 2.75 规格蜂窝内嵌 4-3 规格 CFRP 管，实验结果以及压缩特性曲线如图 6-5 所示，其曲线趋势与 N1 组大致相同。

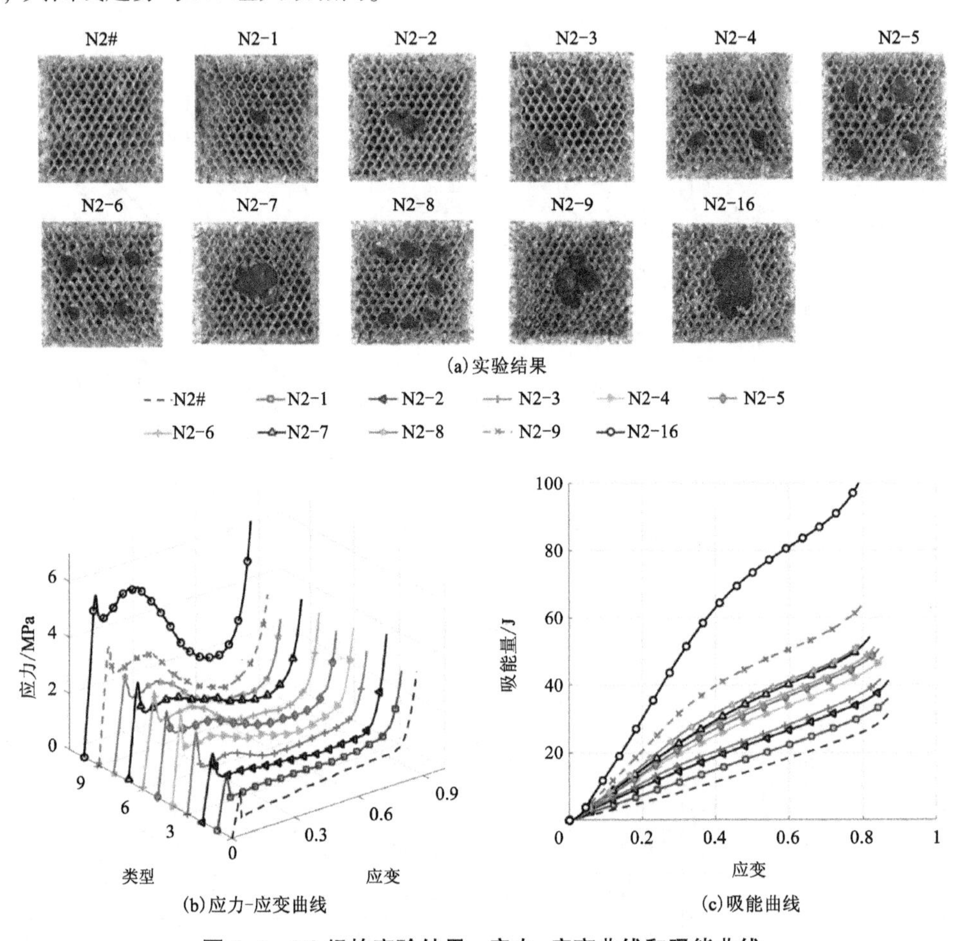

图 6-5　N2 组的实验结果，应力-应变曲线和吸能曲线

对 $X=0\sim6$ 进一步研究，不同排列及重复性实验的压缩曲线如图 6-6 所示，N2 组实验数据如表 6-3 所示。该规格芳纶蜂窝的平台阶段呈现出应力小幅上升趋势，而内嵌 CFRP 管使平台应力的起始阶段就保持了较高水平。随着 CFRP 管的增多，NHFCT 结构的载荷效率基本保持不变而平台应力及吸能量得到了大幅提升。在 NHFCT 结构中，相比于中心集中排布，CFRP 管分散排布的方式普遍具有更高的吸能量和更平稳的吸能能力，且由于 4-3 规格 CFRP 管相比 2.75-1.5 规格 CFRP 管更短粗，更不容易因缺陷发生倒伏，但是仍然出现了少量组别 CFRP 管分散不如集中的情况。与 N1 组不同，这是由于 4-3 规格 CFRP 管相对大而薄，更容易因管身纤维的缺陷发生提前脆裂而导致吸能量下降。

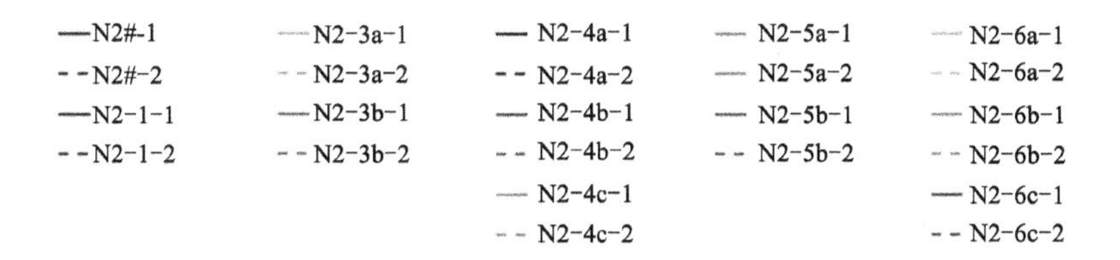

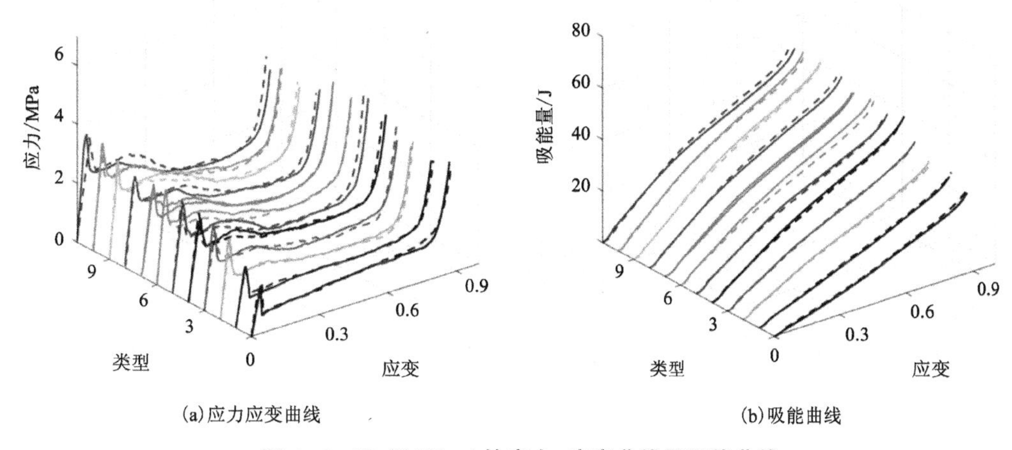

图 6-6　N2 组 X1~6 的应力-应变曲线及吸能曲线

表 6-3　N2 组实验数据

结构类型	σ_c/MPa	σ_p/MPa	e	E_a/J	结构类型	σ_c/MPa	σ_p/MPa	e	E_a/J
N2#-1	1.63	0.98	0.6	26.46	N2-5a-1	2.91	1.56	0.54	42.12
N2#-2	1.74	1.00	0.57	27	N2-5b-1	3.00	1.62	0.54	43.74
N2-1-1	1.97	1.10	0.56	29.7	N2-5a-2	3.01	1.61	0.53	43.47
N2-1-2	1.92	1.12	0.58	30.24	N2-5b-2	3.01	1.7	0.56	45.9
N2-2	2.43	1.18	0.49	31.86	N2-6a-1	3.22	1.84	0.57	49.68
N2-3a-1	2.65	1.23	0.46	33.21	N2-6b-1	3.54	1.83	0.52	49.41
N2-3b-1	2.83	1.35	0.48	36.45	N2-6c-1	3.56	1.65	0.46	44.55
N2-3a-2	2.65	1.21	0.46	32.67	N2-6a-2	3.19	1.79	0.56	48.33
N2-3b-2	2.71	1.34	0.49	36.18	N2-6b-2	3.27	1.73	0.53	46.71
N2-4a-1	2.73	1.53	0.56	41.31	N2-6c-2	3.42	1.78	0.52	48.06
N2-4a-2	2.92	1.48	0.51	39.96	N2-7	3.46	1.86	0.54	50.22
N2-4b-1	2.91	1.45	0.5	39.15	N2-8	3.42	1.87	0.55	50.49
N2-4b-2	3.04	1.42	0.47	38.34	N2-9	4.14	2.27	0.55	61.29
N2-4c-1	3.15	1.58	0.5	42.66	N2-16	5.67	—	—	100.52
N2-4c-2	3.04	1.44	0.47	38.88					

6.3.3 2.75 规格蜂窝内嵌 4-2 规格 CFRP 管的实验结果

N3 组为 2.75 规格蜂窝内嵌 4-2 规格 CFRP 管，压缩结果及曲线如图 6-7 所示，与前两组呈现类似趋势的同时，由于 4-2 规格 CFRP 管的管壁更厚、更稳定，因此多数组别都能实现平稳吸能，两级的压缩响应也更不明显。

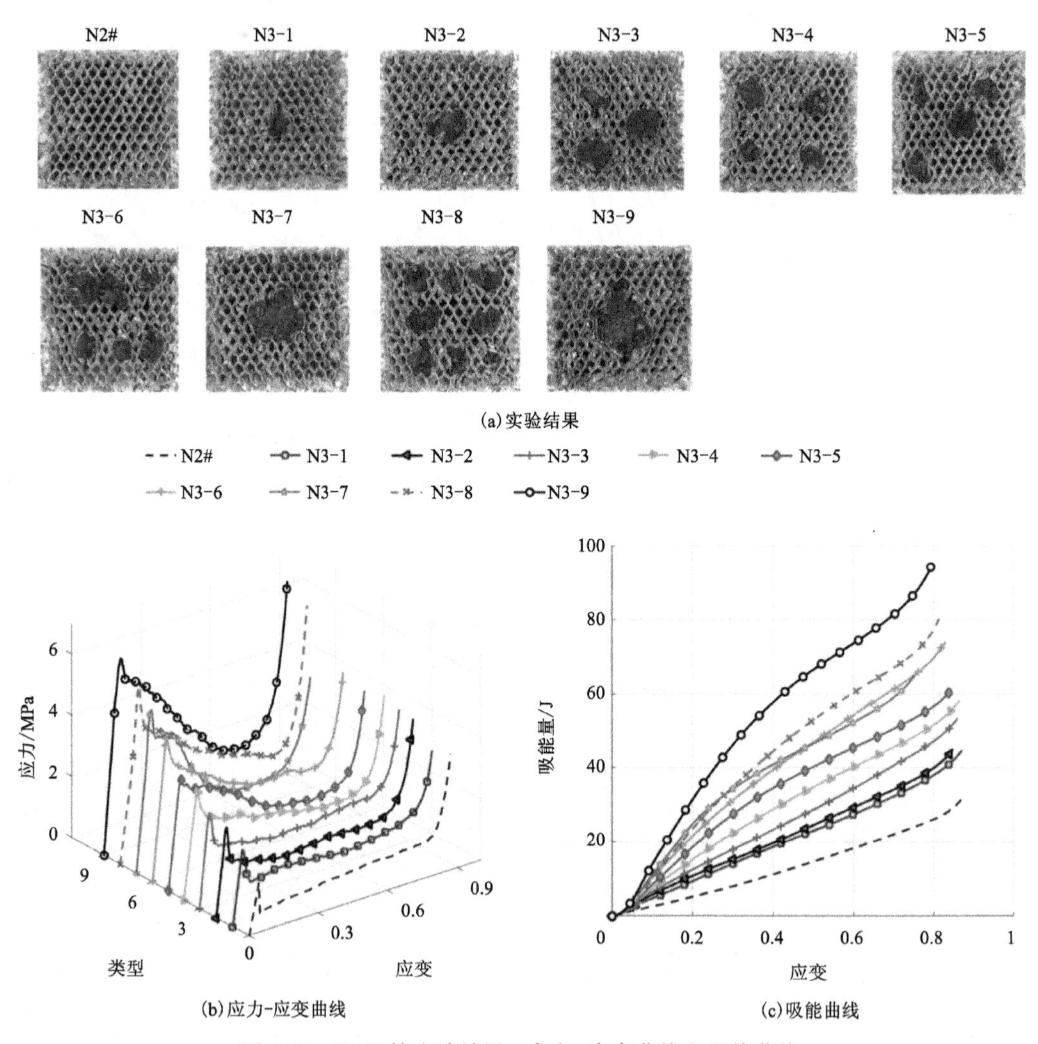

图 6-7 N3 组的实验结果，应力-应变曲线和吸能曲线

对 $X=0\sim6$ 进一步进行实验的特性曲线如图 6-8 所示，N3 组实验数据如表 6-4 所示。可见，CFRP 管的内嵌使蜂窝的平台应力及吸能量得到了提升，且由于 4-2 规格 CFRP 管的管壁更厚，相同内嵌数量时 NHFCT 结构相比内嵌 4-3 规格 CFRP 管吸收的能量更多。随着 CFRP 管数量的增加，NHFCT 结构的吸能量大幅提升，但是多数组分并没有呈现出明显的两级平台压缩响应，而是呈平缓下降的趋势，这是由于该规格的管子体积更大，压溃之后的残余体积对蜂窝胞元的影响更大。此外，4-2 规格的管子更稳定且受缺陷的影响更

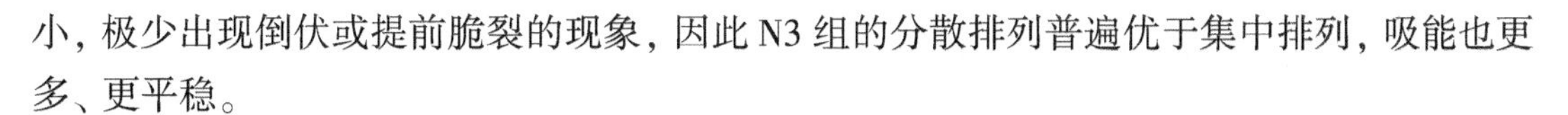

小，极少出现倒伏或提前脆裂的现象，因此 N3 组的分散排列普遍优于集中排列，吸能也更多、更平稳。

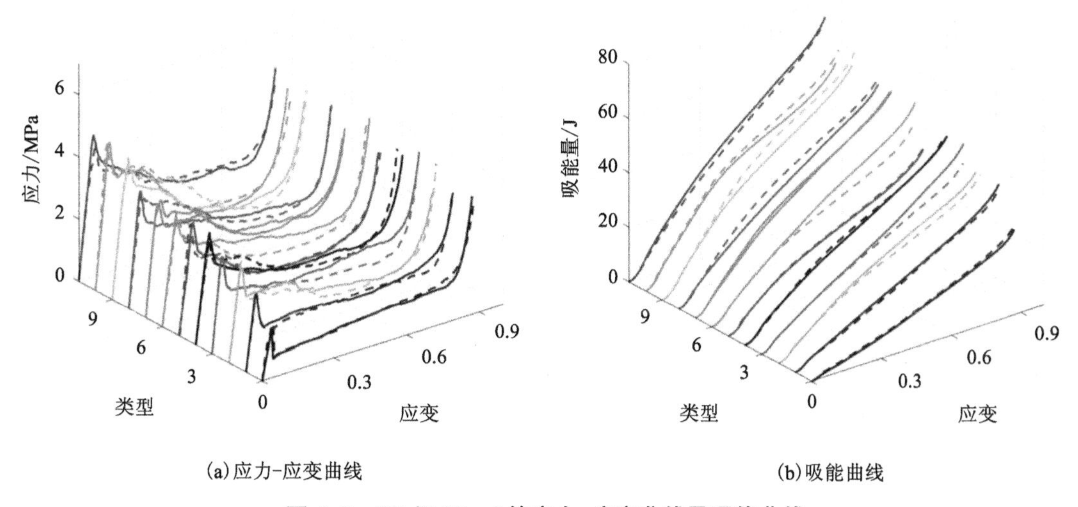

(a)应力-应变曲线　　(b)吸能曲线

图 6-8　N3 组 X1~6 的应力-应变曲线及吸能曲线

表 6-4　N3 组实验数据

结构类型	σ_c/MPa	σ_p/MPa	e	E_a/J	结构类型	σ_c/MPa	σ_p/MPa	e	E_a/J
N3-1c-1	2.42	1.37	0.57	36.99	N3-5a-1	3.64	2.02	0.55	54.54
N3-1c-2	2.41	1.38	0.57	37.26	N3-5b-1	3.67	1.99	0.54	53.73
N3-2	2.85	1.4	0.49	37.8	N3-5a-2	3.61	2.02	0.56	54.54
N3-3a-1	2.94	1.54	0.52	41.58	N3-5b-2	3.56	2.01	0.56	54.27
N3-3b-1	3.03	1.71	0.56	46.17	N3-6a-1	4.38	2.22	0.51	59.94
N3-3a-2	3.13	1.4	0.45	37.8	N3-6b-1	4.62	2.07	0.45	55.89
N3-3b-2	3.02	1.48	0.49	39.96	N3-6c-1	4.56	2.41	0.53	65.07
N3-4b-1	3.48	1.52	0.44	41.04	N3-6b-2	4.56	2.13	0.47	57.51
N3-4b-2	3.47	1.53	0.44	41.31	N3-6a-2	4.41	2.28	0.52	61.56
N3-4c-1	3.47	1.88	0.54	50.76	N3-6c-2	4.31	2.45	0.57	66.15
N3-4a-1	3.39	1.74	0.51	46.98	N3-7	5.16	2.46	0.48	66.42
N3-4a-2	3.23	1.73	0.54	46.71	N3-8	5.62	2.94	0.52	79.38
N3-4c-2	3.55	1.61	0.45	43.47	N3-9	6.26	-	-	90.45

6.3.4 实验数据分析与总结

为全面分析 NHFCT 结构的吸能效果，本节使用式(6-4)和式(6-5)计算结构的比质量吸能 E_{me} 和比体积吸能 E_{ve}，同时为方便对比，使用式(6-6)将填充 CFRP 管件的数量 X 转换为管件占 NHFCT 结构的质量之比 ω。

$$E_{me}=\frac{E_a}{M+Xm} \tag{6-4}$$

$$E_{ve}=\frac{E_a}{LWT} \tag{6-5}$$

$$\omega=\frac{Xm}{M+Xm} \tag{6-6}$$

不同 CFRP 管质量分数的 NHFCT 结构的比体积吸能 E_{ve} 和比质量吸能 E_{me} 如图 6-9 所示，随着 CFRP 管件质量分数的增加，结构的比体积吸能成倍大幅度地上升，比质量吸能同样呈现上升趋势，因此可以认为内嵌 CFRP 管件能够显著提升芳纶蜂窝的能量吸收性能。此外，N2 和 N3 两组 NHFCT 结构的吸能差距不大，在蜂窝规格和 CFRP 管外径不变的情况下，采用较多的薄管和较少的厚管达到了近似的吸能效果。

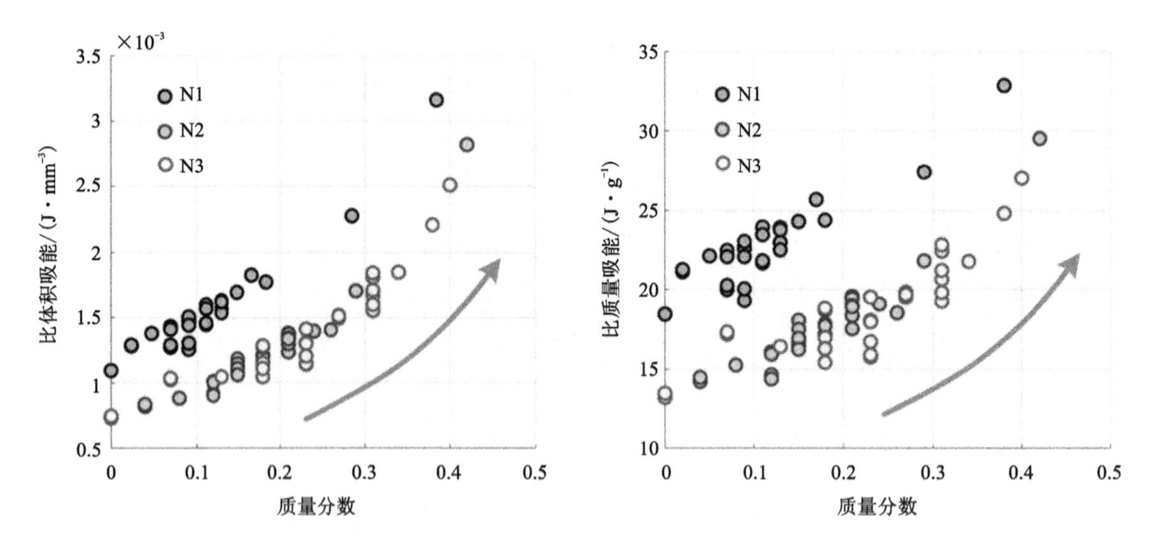

图 6-9 NHFCT 结构的比体积吸能和比质量吸能

在对 NHFCT 结构吸能量评价的基础上进一步评价结构吸能的平稳性，可采用式(6-7)计算每段曲线平台阶段的应力方差

$$s_\sigma^2=\frac{\sum_{i=1}^{n}(\sigma_i-\bar{\sigma})^2}{n} \tag{6-7}$$

各规格 NHFCT 的平台应力方差对比如图 6-10 所示，随着 CFRP 管质量分数的增加，方差呈现先小幅下降再上升的趋势。w 在 0~0.05 时插入 CFRP 管可以让芳纶蜂窝的平台力变得更平稳，在 0.05~0.1 时插入 CFRP 管保持了芳纶蜂窝的良好压缩性能，在 0.1~0.3 时插入 CFRP 管对芳纶蜂窝的压缩平稳性影响不大。当 w 在大约 0.3 以上时，NHFCT 结构的平稳性会产生较大变化，逐渐呈现两级压缩响应；当 w 为 0.3 时，相比原芳纶蜂窝芯，NHFCT 结构的比体积吸能可提升约 120%，比质量吸能提升约 60%。在实际应用中，可以根据不同的使用需求选择 CFRP 管的内嵌质量分数，例如耐撞、非主要吸能的承载结构可选择 CFRP 管质量分数大于 0.3 的 NHFCT 结构，主要吸能结构将质量分数控制在 0.3 以下可达到最佳的平稳性效果。

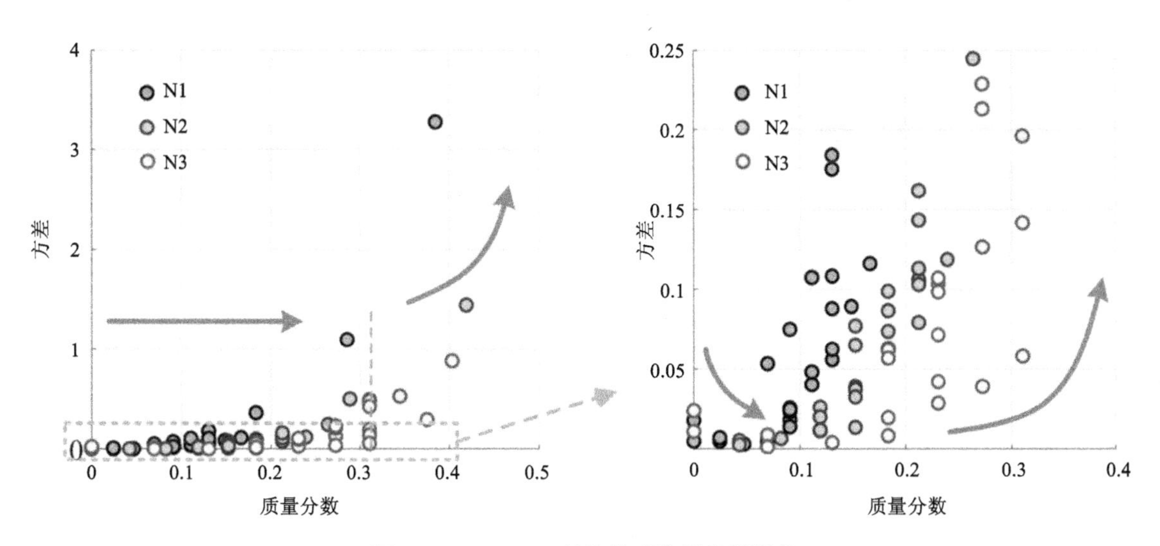

图 6-10　NHFCT 结构的吸能平稳性评价

6.4　讨论与拓展应用

6.4.1　NHFCT 结构变形模式分析与仿真

在 NHFCT 结构中，芳纶蜂窝壁呈现薄壁结构的典型折叠变形模式，CFRP 管为撕裂式变形，在承载过程中从端面开始呈开花状撕裂，逐渐向另一端面延伸并吸能。这一过程中 CFRP 管的体积膨胀，会挤压邻近的芳纶蜂窝壁，导致轻质的芳纶蜂窝壁发生巨大的变形，胞元的单层面向外隆起产生类似鼓胀管式的效果，带动相邻的双层面脱胶分裂并吸收能量，如图 6-11 所示，这一过程使得 NHFCT 结构吸收的能量大于芳纶蜂窝和 CFRP 管的总和。当 CFRP 管存在初始缺陷时出现了两种极少数的非典型变形模式，它们会对吸能效果产生一定的影响。一是提前脆裂并侧倾，当管径大壁薄时，纤维的初始缺陷使 CFRP 管受到初始载荷时尚未撕裂就发生整体脆裂，导致管子倾斜并对蜂窝造成扇形的挤压；二是倒伏，当管子细而长时，端面的加工缺陷可能使管子难以保持轴向压缩而倒伏，朝一个方向撕裂蜂窝壁。因此，提升材料的加工精度可有效避免非典型变形。

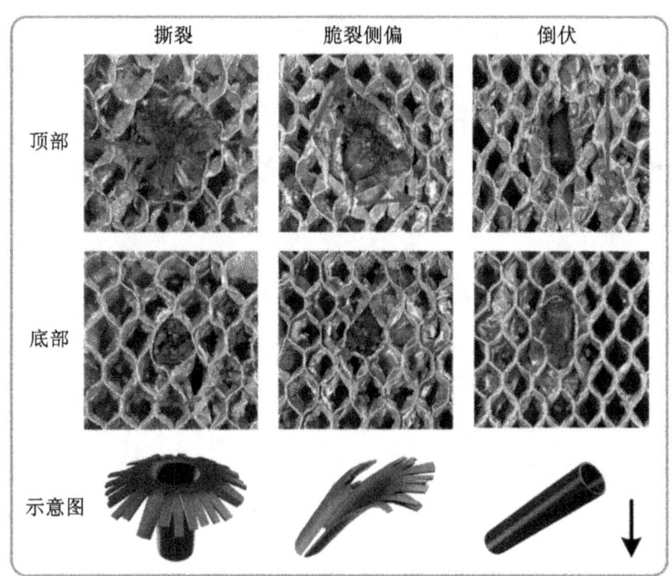

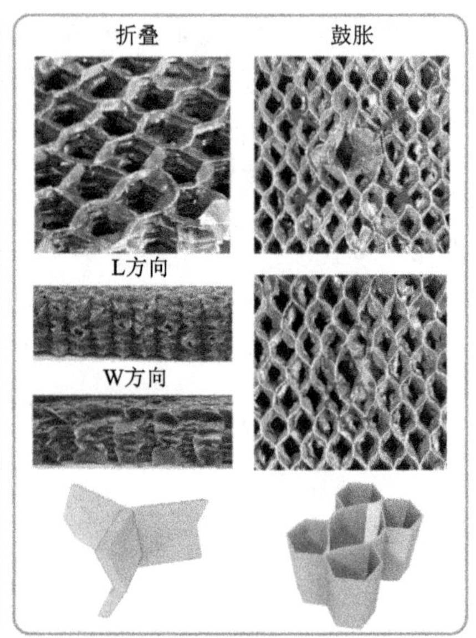

图 6-11　内嵌结构中 CFRP 管和芳纶蜂窝的变形模式

具体来说，可对 NHFCT 结构进行仿真，使用 SHELL 单元建立出 NHFCT 结构的有限元仿真模型并采用 LS-DYNA 对其进行大变形仿真。其中对芳纶蜂窝进行均质化建模，采用“MAT 24 PIECEWISE_LINEAR_PLASTICITY”，并定义芳纶蜂窝的密度 ρ_N、均质化弹性模量 E_{ns}、泊松比 η、屈服强度 δ_n、单层壁厚 t_s 和双层壁厚 t_d，对于 CFRP 管采用“MAT54_55 ENHANCED_COMPOSTIC_DAMAGE”，定义材料的密度 ρ_c，纵向、横向杨氏模量 EA、EB，剪切模量 GAB，次泊松比 PRBA，纵向及横向的拉伸和压缩强度 XT、XC、YT、YC，剪切强度 SC 以及其他经验参数，参数汇总如表 6-5 所示。将模型置于两刚性墙之间，一端刚性墙匀速直线向下运动，模拟蜂窝的压缩过程。

计算结果与实验对比如图 6-12 所示，可以观察到该仿真模型能很好地表达出芳纶蜂窝的折叠和鼓胀以及 CFRP 管的撕裂式变形，较好地模拟出蜂窝压缩的应力-应变情况并准确仿真了蜂窝的能量吸收情况。该模型的计算时间短、计算成本低，对 NHFCT 结构的机械性能进行了较好的预测。但是需要指出的是，该模型无法表达出 CFRP 管因缺陷而导致的脆裂侧倾或倒伏，也难以表达过多 CFRP 管下的两级压缩响应。

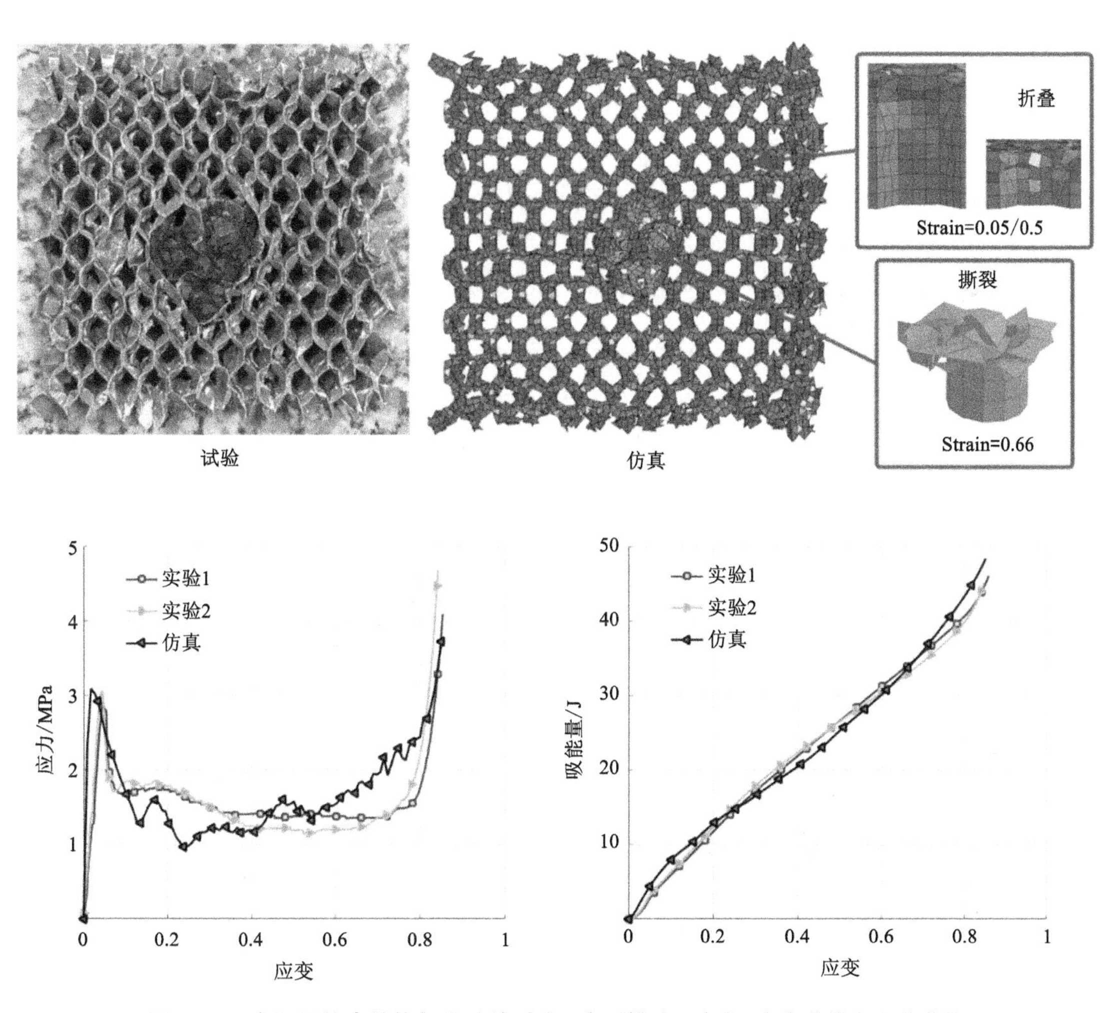

图 6-12　有限元仿真结构与实验的对比：变形模式，应力-应变曲线和吸能曲线

表 6-5　有限元仿真的材料参数

芳纶蜂窝		CFRP 管			
ρ_N	1.1 g/cm^3	ρ_c	1.53 g/cm^3	YC	209 MPa
E_{ns}	4500 MPa	EA	230000 MPa	SC	87.9 MPa
η_n	0.3	EB	15000 MPa	FBRT	01
δ_n	90 MPa	GAB	5670 MPa	TCFAC	3
t_s	0.057 mm	PRBA	0.021	TFAIL	0.4
t_d	0.110 mm	XT	2326 MPa	SOFT	0.8
		XC	1236 MPa	EFS	0.95
		YT	51 MPa		

6.4.2 NHFCT 结构吸能的近似理论模型

计算 NHFCT 结构的吸能，可以分别考虑芳纶蜂窝的吸能 E_n、CFRP 管的吸能 E_c 以及 CFRP 管对芳纶蜂窝的影响 E_i。对于芳纶蜂窝，可采用薄壁结构的超折叠单元理论[160-161]，选取图 6-13 所示的 Y 形(Y 指的是形状类似字母“Y”)基本折叠单元，将吸能分为延展吸能 E_m 和绞线吸能 E_b 两部分，其中 E_m 为图 6-13 中阴影部分的吸能

$$E_m = \int_S \sigma_0 t_s \mathrm{d}s = 2\sigma_{0n} t_s h_h^2 \tag{6-8}$$

在金属薄壁材料中，σ_0 为流动应力。对于芳纶蜂窝，σ_0 大致等于屈服应力 σ_{0n}，取 90 MPa。

E_b 为所有绞线的吸能之和，由弯矩 M_0、长度和转角 θ_i 来计算得到

$$E_b = \sum_{i=1}^{k} M_0 \theta_i \frac{l}{2} \tag{6-9}$$

t_s 为芳纶纸的厚度和酚醛树脂的厚度之和，而 M_0 与 t_s 有关，可由式(6-10)计算得出：

$$M_0 = \frac{\sigma_{0n} {t_s}^2}{4} \tag{6-10}$$

t_s 的测定有难度，但是 $\rho_e = 48$ 的芳纶蜂窝的所有尺寸参数已经由 Seemann 等人[46]得到，$t_s = 0.057$ mm。ρ_e 改变时可理解为芳纶纸的厚度 t_{Ns} 不变的，酚醛树脂的厚度 t_p 发生相应变化，对于一个 Y 形基本折叠单元，可得出下式：

$$m_u = m_N + m_p = (2\rho_N t_{Ns} + 3\rho_p t_p) l \tag{6-11}$$

采用式(6-12)可以由 ρ_e 之比换算其他规格芳纶蜂窝的 t_s

$$\frac{\rho_{e1}}{\rho_{e2}} = \frac{\dfrac{M_1}{L_1 W_1 T_1}}{\dfrac{M_2}{L_2 W_2 T_2}} \tag{6-12}$$

根据芳纶蜂窝的结构特点，每个 Y 形单元存在四个单层壁厚的 90°绞线，两个单层壁厚的 180°绞线，两个双层壁厚的 90°绞线和一个双层壁厚的 180°绞线，如图 6-13 所示，并根据式(6-9)和式(6-10)得出：

$$E_b = \frac{\sigma_{0n} {t_s}^2 \pi l}{4} + \frac{\sigma_{0n} {t_s}^2 \pi l}{4} + \frac{\sigma_{0n} {t_s}^2 \pi l}{2} + \frac{\sigma_{0n} {t_s}^2 \pi l}{2} = \frac{3}{2} \pi \sigma_0 {t_s}^2 l \tag{6-13}$$

根据能量守恒，有平台阶段总吸能等于 E_m 和 E_b 之和：

$$2\eta_n h_h \mathrm{F}_p = E_m + E_b \tag{6-14}$$

其中，η_n 为芳纶蜂窝致密化前的有效压缩比，一般取 0.7~0.75[162]。联立式(6-8)、式(6-13)和式(6-14)。得到 Y 形单元的平台力 F_p：

$$F_p = \frac{3\pi \sigma_{0n} {t_s}^2 l}{4\eta_n h_h} + \frac{\sigma_{0n} t_s h_h}{\eta_n} \tag{6-15}$$

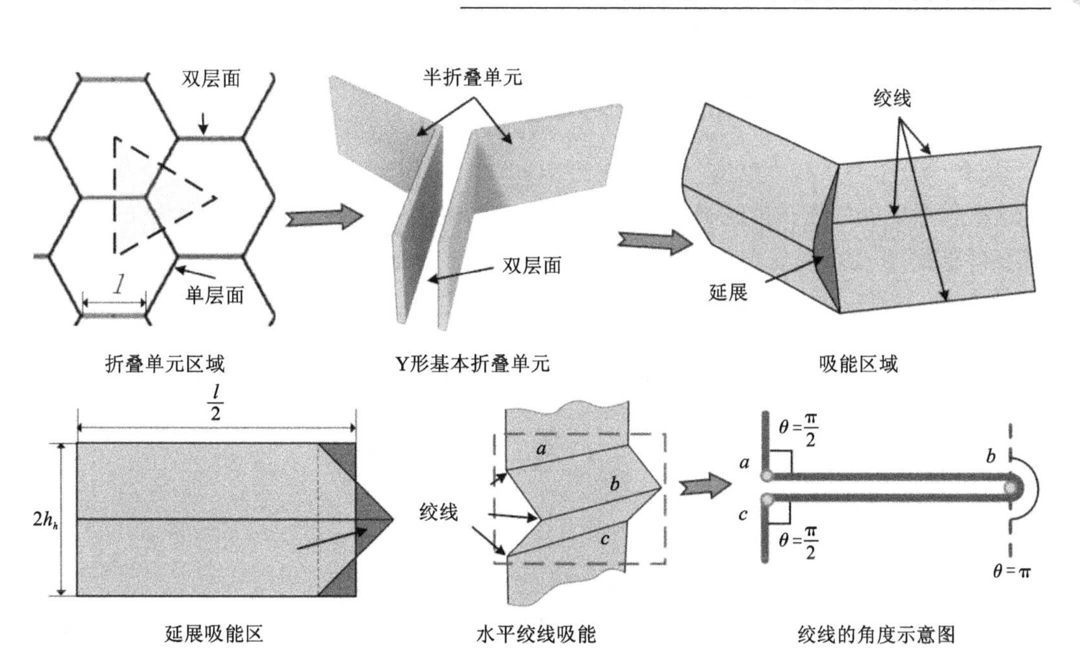

图6-13　芳纶蜂窝的折叠单元模型

根据平台阶段力-位移曲线保持水平不变的特性结合上式求导 h:

$$\frac{\partial \mathrm{F}_p}{\partial h_h}=-\frac{3\pi\sigma_{0n}{t_s}^2 l}{4\eta_n {h_h}^2}+\frac{\sigma_{0n}t_s}{\eta_n}=0 \tag{6-16}$$

可得:

$$h_h=\frac{\sqrt{3\pi l}}{2} \tag{6-17}$$

将式(6-17)代入式(6-15)得到 F_p:

$$F_p=\frac{\sqrt{3\pi}}{\eta_n}\sigma_{0n}t_s^{\frac{3}{2}}l^{\frac{1}{2}} \tag{6-18}$$

折叠单元区域为等边三角形，如图6-13所示，根据式(6-19)计算其面积:

$$S_n=\frac{3\sqrt{3}}{4}l^2 \tag{6-19}$$

由式(6-1)、式(6-18)、式(6-19)可得芳纶蜂窝的平台应力 σ_{pn}:

$$\sigma_{pn}=\frac{F_p}{S_n}=\frac{4\sqrt{\pi}}{3\eta_n}\sigma_{0n}\left(\frac{t_s}{l}\right)^{\frac{3}{2}} \tag{6-20}$$

将式(6-3)、式(6-20)代入尺寸参数并统一单位数量级得到 E_n:

$$E_n=\frac{\sqrt{\pi}}{750}\sigma_{0n}\left(\frac{t_s}{l}\right)^{\frac{3}{2}}W_0L_0T_0 \tag{6-21}$$

同理，CFRP管的吸能量也可根据式(6-3)得到，但是有效压缩比 η_c 相比芳纶蜂窝较小，可以取 0.3~0.4。

$$E_c = \eta_c P T_0 \tag{6-22}$$

式(6-20)中的平台力受管件的纤维种类、外形和加工工艺的影响则计算方式相对复杂，这里忽略以上因素，参照 Hussein 等人[163]的研究，先将平台力 P_c 表达为 D 和厚度的关系，得出式(6-23)。其中 α_{ps} 为一个常数，但是与 CFRP 等的剪切应力、摩擦系数等材料属性有关，通过实验计算得到。

$$P_c = \alpha_{ps} D(D-d) \tag{6-23}$$

由式(6-1)、式(6-23)得到的 CFRP 管平台应力 σ_{pc}：

$$\sigma_{pc} = \frac{4\alpha_{ps}(D-d)}{\pi D} \tag{6-24}$$

由式(6-22)、式(6-23)得到 E_c

$$E_c = \alpha_{ps} X \eta_c (D^2 - Dd) T_0 \tag{6-25}$$

同类加工工艺的 CFRP 管的实验表明，该类 CFRP 管的 σ_{pc} 实际上与屈服应力 σ_{0c} 大致相同，带入式(6-22)并参照式(6-25)的形式，将 E_c 修改为式(6-26)，采用该式只需对该规格单管进行压缩实验则可得到 σ_{0c}

$$E_c = \frac{X\eta_c \pi}{4} \sigma_{0c} D^2 T_0 \tag{6-26}$$

实验得到单根 4-3 规格 CFRP 管的 σ_{0c} 为 0.04 MPa，根据式(6-27)，其他规格的管件可根据下式进行计算：

$$\frac{\sigma_{0c1}}{\sigma_{0c2}} = \frac{X_1 \alpha_1 D_1 (D_1 - d_1)}{X_2 \alpha_2 D_2 (D_2 - d_2)} \tag{6-27}$$

当 CFRP 管与 $N2$ 管加工工艺和规格相差不大时，认为 α 不发生变化，联立式(6-26)、式(6-27)，代入已有材料参数并采用单位为 mm 和 MPa 得到 σ_{0c} 的数值计算，如式(6-28)。根据该式得到 4-2 规格 CFRP 管的 σ_{0c} 为 0.08 MPa，与实验结果相近。当然，式(6-28)只提供了 σ_{0c} 近似值，精确值建议通过静压实验得到：

$$\sigma_{0c} = \frac{D^2 - Dd}{100} \tag{6-28}$$

由式(6-28)得到 E_c 的简易计算公式：

$$E_c = \frac{X\eta_c \pi D^2 T_0 (D^2 - Dd)}{400} \tag{6-29}$$

考虑 CFRP 管件对芳纶蜂窝的影响，Y 形基本折叠单元包含了图 6-14 所示的三种情况。实际中，吸能的主要部分为撕开双层壁并鼓胀相邻单层壁，对三种情况的双层壁进行受力，考虑直接作用的压力和单层壁带动双层壁的拉力，可以发现只有 a 类壁能被撕开，这解释了吸能量与 CFRP 管排布的关系，即 E_i 受每根 CFRP 管产生的 a 类壁的数量 n 影响，可由式(6-30)计算得出：

$$E_i = \sum_{j=0}^{X} \epsilon_0 n_j \tag{6-30}$$

其中，ϵ_0 为 a 类壁变形所需的能量，受蜂窝孔径和CFRP管内外径的松紧匹配关系不同的影响有较大差异，通过实验可知，当所有管分散排列时：

$$E_i = 2X\epsilon_0 \tag{6-31}$$

理论值与实验值的对比如图6-14所示，平均相对误差为6.77%。由式(6-21)、式(6-26)和式(6-30)得到NHFCT结构吸收的总能量 E_a：

$$E_a = \frac{\sqrt{\pi}}{750}\sigma_{0n}\left(\frac{t_s}{l}\right)^{\frac{3}{2}} W_0 L_0 T_0 + \frac{X\eta_c \pi}{4}\sigma_{0c} d^2 T_0 + \sum_{i=0}^{X} \epsilon_0 n_i \tag{6-32}$$

当忽略管排布影响时，由式(6-29)、式(6-32)将 E_a 的简化计算为式(6-33)，其中 β_t 为松紧系数，根据CFRP管外径和芳纶蜂窝孔径的匹配程度取1.5~3。式(6-33)在已有实验的基础上简化代替了所有未知的材料属性参数，只包含了已知的尺寸参数并统一了数量级。

$$E_a = T_0\left[\frac{3\sqrt{\pi}\left(\frac{t_s}{l}\right)^{\frac{3}{2}} W_0 L_0}{25} + \frac{9\beta_t X\pi D^2 (D^2 - Dd)}{10000}\right] \tag{6-33}$$

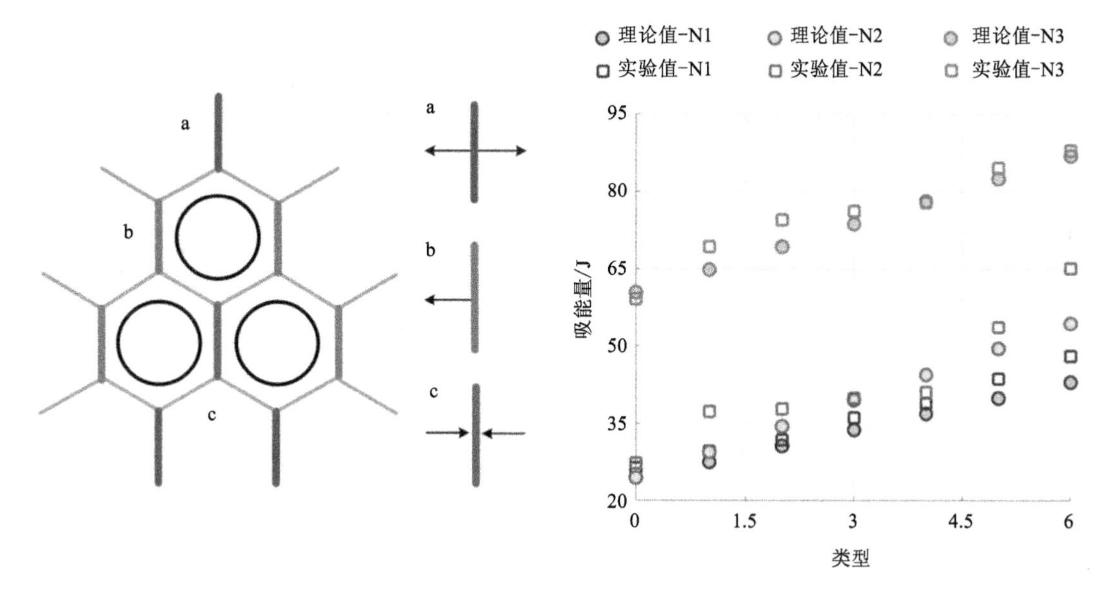

图6-14 蜂窝壁的受力类型以及NHFCT结构的吸能量理论与实验对比

6.4.3 NHFCT结构的广度方向延伸

芳纶蜂窝在承力结构和内饰的应用普遍使用了大幅面、低厚度蜂窝芯生产的仿金属、实木、瓷砖等表面的三明治结构。本节在实验使用的小块蜂窝芯的基础上对此展开进一步探讨，选用四倍面积的大幅面 NHFCT 结构进行实验，涉及的材料参数如表 6-6 所示，其中 X 选用 4 和 16。

表 6-6　广度方向延伸的实验规格

类型	CFRP			芳纶蜂窝				
	D/mm	d/mm	m/g	$L_0=W_0$/mm	T_0/mm	$h=l$/mm	ρ_n/(kg · m^{-3})	M/g
SN2#	—	—	—	120	10	2.75	48	8
SN2-X	4	3	0.09	120	10	2.75	48	8
SN3-X	4	2	0.15	120	10	2.75	48	8

SN 组的实验结果、应力-应变曲线及能量吸收曲线如图 6-15 所示，相关数据如表 6-7 所示，可以观察到，大幅面的 NHFCT 结构相比小幅面结构的峰值应力有所降低，平台应力基本保持不变。与小幅面试件相比，大幅面 NHFCT 结构的受力更均匀，少量的缺陷管件对结构整体的影响更低，因此其吸能更加平稳，几乎呈现线性吸能，这充分表明了 NHFCT 结构具有良好的实际应用价值。

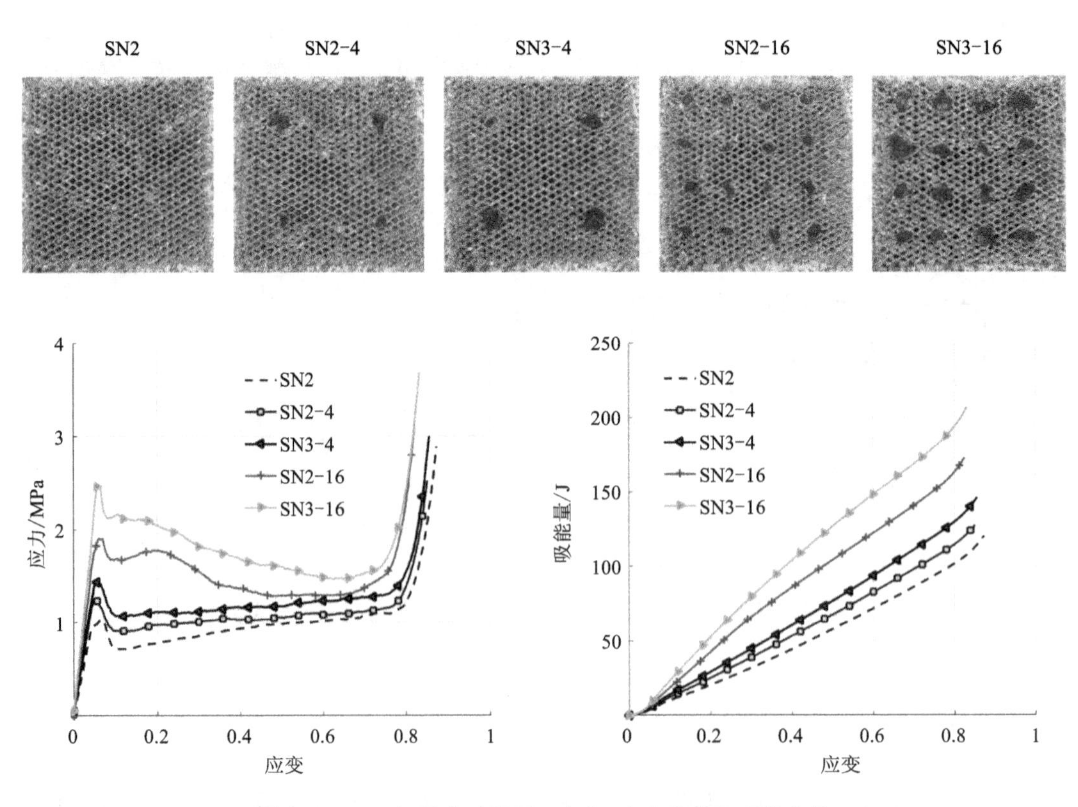

图 6-15　SN 组的实验结果、应力-应变曲线和吸能曲线

表 6-7　SN 组实验结果数据

结构类型	σ_c/MPa	σ_p/MPa	e	E_a/J	E_m/(J·g^{-1})	E_v/(J·mm^{-3})
SN2	1.03	0.92	0.89	99.36	12.42	0.00069
SN2-4	1.27	1.04	0.82	112.32	13.44	0.00078
SN3-4	1.44	1.19	0.83	128.52	14.94	0.00089
SN2-16	1.89	1.48	0.78	159.84	16.93	0.00111
SN3-16	2.48	1.78	0.72	192.24	18.48	0.00134

6.4.4 NHFCT 结构的高度方向叠加与面板损伤

将芳纶蜂窝应用于吸能领域会接触到叠加蜂窝。因此，本节将 NHFCT 结构同样进行叠加，研究叠加结构的性能为实际应用提供参考，同时还研究内嵌的 CFRP 管件和面板的相互作用，为实际应用的三明治结构提供参考。进行实验的上、下层 NHFCT 结构规格如表 6-8 所示，两层结构之间采用 1 mm 厚的 CFRP 面板隔开。

表 6-8　高度方向叠加的实验规格

类型	上层	下层	类型	上层	下层
HN1	N2#	N2-1	HN 5	N2#	N3-1
HN 2	N2#	N2-4	HN 6	N2#	N3-4
HN 3	N2-1	N2-4	HN 7	N3-1	N3-4
HN 4	N2-4	N2-4	HN 8	N3-4	N3-4

实验结果及特性曲线如图 6-16 所示，NHFCT 结构叠加的压缩响应模式与芳纶蜂窝叠加基本相同，先从屈服强度低的一级开始变形，之后强度高的一级继续变形，以形成两级压缩响应。若两级 NHFCT 结构的规格相同，则几乎同步屈服变形，值得注意的是，此时 NHFCT 结构叠加压缩的应力-应变曲线并没有明显的第二级峰值应力，而是在第一级峰值应力之后就出现一个类似金属薄壁管压缩时的波动。

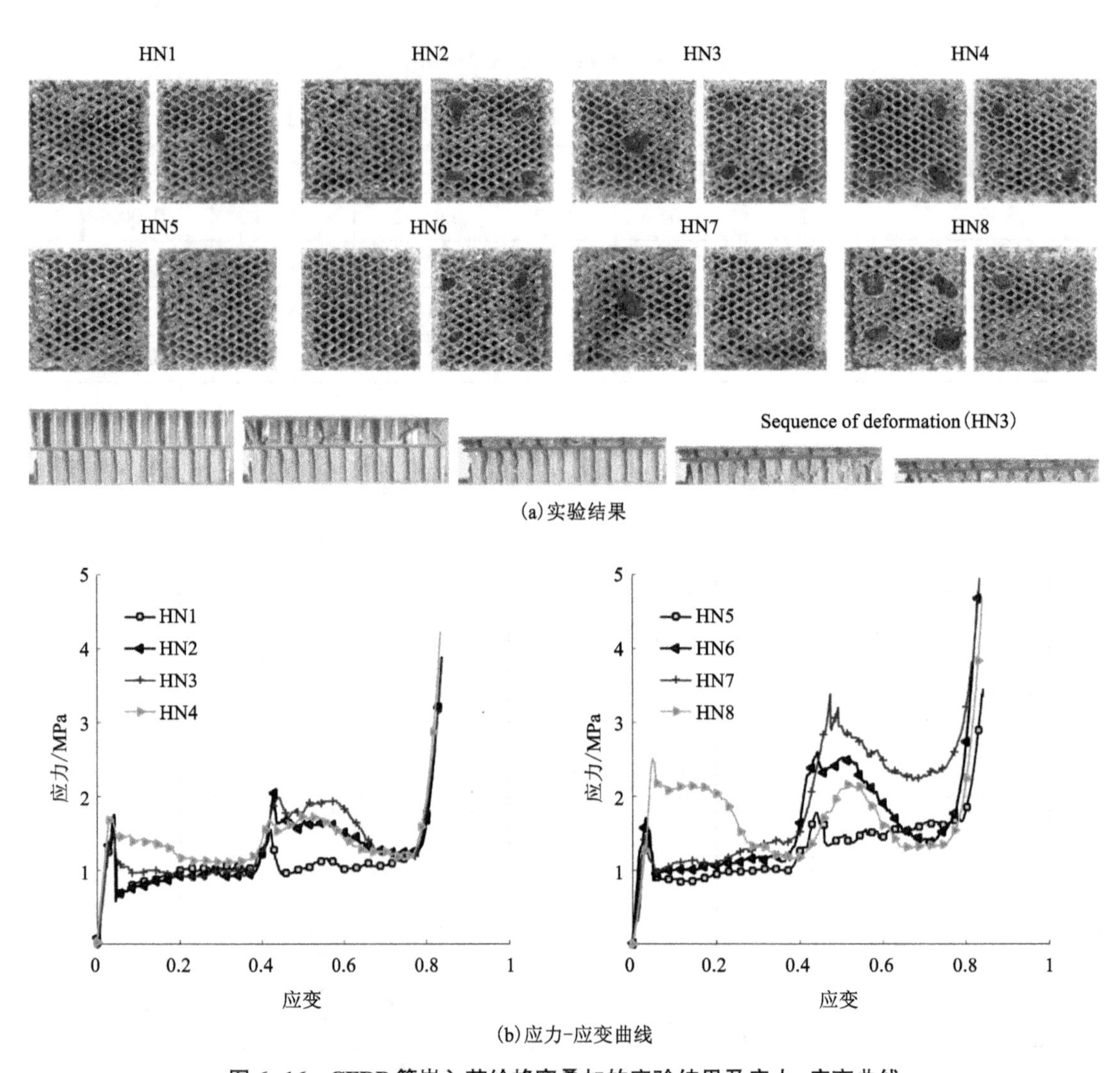

图 6-16　CFRP 管嵌入芳纶蜂窝叠加的实验结果及应力-应变曲线

NHFCT 结构中 CFRP 管的变形模式及 CFRP 隔板的变形损伤情况如图 6-17 所示，面板没有发生明显变形，但应力在嵌入 CFRP 管时集中并对面板造成了轻度压伤，叠加过程相当于在受载初始阶段对蜂窝进行了一定的预压缩，这使两级蜂窝的初始撞击力峰值有所降低并小于相同规格的单蜂窝的压缩水平，因此若选用 CFRP 等抗侵彻能力较强的隔板，可确保面板不会被完全破坏，则这一特点对结构的吸能特性是有利的。与单层 NHFCT 结构不同，叠加 NHFCT 结构中的 CFRP 管并不总是呈现出从上方开始撕裂的变形模式，撕裂方向倾向刚度较高的接触面。由于 CFRP 隔板的刚度相比两压头较低，CFRP 管在隔板上压出痕迹并得到了一个径向的支撑作用，从另一端开始撕裂，上、下两层管件呈现出漏斗状的撕裂模式。由于 4-2 规格的管子比 4-3 规格的管子更强硬，压出的痕迹更深，这一现象就更明显。

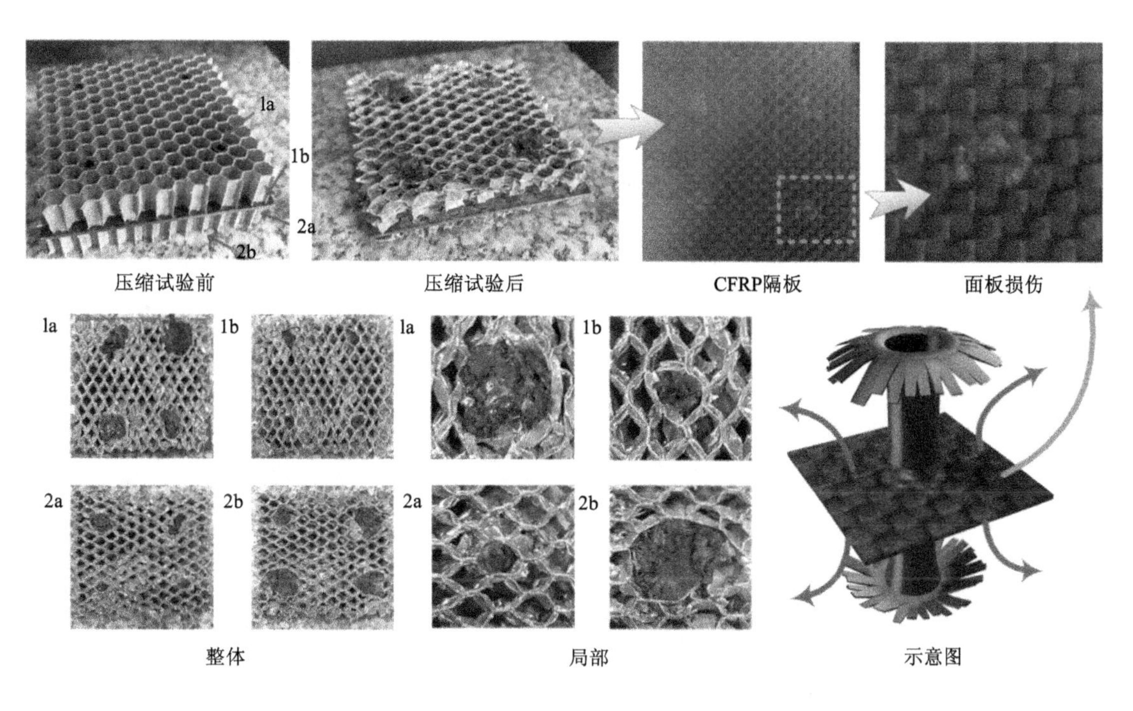

图 6-17　叠加结构的面板损伤及 CFRP 管的变形模式

6.5　本章小结

本章通过准静态压缩实验研究了 NHFCT 结构的机械性能并对其展开了深入探讨，得出了以下结论：

（1）NHFCT 结构在保持芳纶蜂窝良好吸能特性的同时能大幅提升芳纶蜂窝的吸能量并显著提升比吸能。

（2）内嵌 CFRP 管的质量分数 w 为 0.05 以下时，结构吸能的平稳性相比单一芳纶蜂窝得到进一步提升；w 为 0.05~0.3 时，能保持芳纶蜂窝的平稳变形响应；当 w 大于 0.3 后，NHFCT 结构的吸能平稳性有所下降且逐渐呈现两级压缩响应；当 w 为 0.3 时，相比原芳纶蜂窝芯，NHFCT 结构的比体积吸能可提升约 120%，比质量吸能提升约 60%。

（3）将 CFRP 管在 NHCFT 结构内分散分布时的吸能量和稳定性一般优于中心集中分布的，但是若管件存在较大缺陷，则细长规格管件分散分布后的单管易倒伏，大而薄的管件易发生脆裂侧倾的情况，而集中分布会缓解管件缺陷带来的不利影响，出现比分散分布略好的现象。

（4）NHFCT 结构中，芳纶蜂窝呈现折叠变形，而 CFRP 管呈现撕裂式变形并膨胀，二者接触的胞元产生鼓胀式变形，同时本章所建立的有限元模型很好地模拟了这三种变形模式，建立的理论模型也对 NHFCT 结构的吸能提供了良好的预测。

(5)为适应实际应用需求，将 NHFCT 结构进行低厚度、大幅面的拓展，拓展结构的性能可更加稳定。另外，将 NHFCT 结构进行叠加则呈现出与芳纶蜂窝叠加相似的变形模式，从屈服强度低的一级开始变形。两层 NHFCT 结构中的 CFRP 管在中间面板上出现了细微压痕，并受面板刚度的影响呈现漏斗状撕裂。

第 7 章

地铁车辆芳纶蜂窝吸能结构设计及分析

7.1 引言

吸能结构能够将碰撞过程中产生的冲击动能转化为结构所需的塑性变形能，在汽车、轨道交通、飞机和船舶等交通工具中得到了广泛应用。为了提高列车的抗撞击性能，通常在头车的前端设置碰撞能量吸收装置和防爬装置，保证当列车发生意外碰撞时能吸收大部分碰撞动能并防止车辆彼此交叠，从而最大程度地减少人员伤亡和财产损失。因此，吸能结构的能量吸收能力和特性已成为许多研究的焦点[164]。

在结构内填充轻质、多孔的材料可以提高薄壁结构轴向压缩的平均冲击力，使结构的吸能力远大于填充材料和空心薄壁管的单独吸能之和，这就是所谓的耦合效应。在轴向压缩过程中，填充物可通过对管壁皱褶的抑制效应使得塑性皱褶波长变短和皱褶数目增加，以提高结构的冲击载荷和吸能能力[165]。另外，填充材料可诱导薄壁管形成轴对称皱褶模式[166]，从而提高薄壁结构的稳定性，减少薄壁管发生整体屈曲的可能。这些变形模式也可以提高薄壁结构的吸能能力。

目前，大多数关于吸能结构的研究集中在泡沫填充结构和铝蜂窝填充结构，或薄壁金属结构和铝蜂窝的组合结构，很少有研究关注薄壁金属和芳纶蜂窝结构的组合，特别是用于铁道车辆的能量吸收装置。因此，本章的主要研究内容如下：设计地铁车辆吸能结构，包括吸能结构设计要求和评价指标、设计吸能结构外形和钢结构；验证蜂窝的等效数值模型，并建立吸能结构的有限元模型；讨论准静态下和 25 km/h 碰撞速度下吸能结构的变形、撞击力和能量的变化。

7.2 地铁车辆吸能结构设计

7.2.1 吸能装置设计要求及评价指标

吸能结构与传统结构的设计和分析大不相同。传统结构使用过程中只会发生很小的弹性变形，材料的选择和结构设计要求在规定的载荷下具有一定的强度和刚度，结构失效的原因主要是疲劳、腐蚀及长时间使用引起材料的老化。吸能结构则必须承受强碰撞载荷，所以它们的变形和失效主要是几何大变形、应变强化效应、应变率效应以及不同变形模式(如弯曲和拉伸)之间的各种交互作用[170-172]。基于以上原因，大多数吸能结构是用韧性金属制成的，其中使用最广泛的是低碳钢和铝合金。在对重量要求苛刻的情况下，也普遍使用纤维增强塑料和聚合物等非金属材料。

不同的应用场合中，吸能结构的设计和材料的选择可能有所不同，但都是以可控制的方式及预定的速率耗散动能为目的。因此，在设计地铁列车的防爬吸能结构时，一般要考虑如下几个方面的问题[173-175]：

(1)吸能结构有足够的容量，即车端吸能结构必须能吸收足够多的碰撞能量。显然，这是以其结构尺寸或质量的增加为代价的(特别是通过塑性变形来吸收能量的结构)，但由于受到车辆尺寸及其安装位置的限制，吸能结构的结构尺寸及自重不可能很大，即要求在有限的尺寸及重量内能吸收更多的能量。

(2)结构吸能的过程中，其变形模式要比较稳定，撞击力应该比较平缓，减小或避免撞击力出现大的峰值。碰撞过程中撞击力的大小及波动程度直接影响到车辆其他结构的稳定性及车内乘客的安全，持续的大冲击力或其波动过于剧烈，会对车辆结构及乘客生命安全造成巨大威胁。稳定的变形模式一般会使结构在碰撞过程中的撞击力比较平缓，但在冲击载荷的作用下，由于结构动态响应的滞后性，必然会引发一个较大的初始撞击力。虽然这种结构的撞击力初始峰值只是一个瞬时值，对整个系统的影响有限，但如果吸能结构的结构形式不合理，导致此峰值过高或持续时间延长，就会给结构甚至整个系统在碰撞过程中的稳定性造成严重影响。所以在设计车端吸能结构时，除了设计合理的结构以使其变形稳定，还应避免结构在碰撞过程中的撞击力波动过大，并提高结构在碰撞过程中的载荷效率(即结构在变形过程中的平均撞击力与其峰值之比)。

(3)吸能元件应该有足够长的变形行程，以吸收更多的冲击动能和延缓碰撞作用的时间，而且变形后不造成次生破坏。

(4)为了应对不确定的工作载荷，所设计结构的变形模式和能量吸收能力应当是稳定的和可重复的，以确保结构在复杂工作条件下的可靠性。

(5)吸能元件是一次性使用结构，即一旦有过大变形，就要被抛弃和更换，因此其应当容易制造、安装和维护且成本低。

吸能结构的设计理念是碰撞时产生一个可控的变形模式，能最大限度地吸收能量，并使碰撞过程中的峰值力变得最小。另外，为了评价吸能结构的耐撞性能，必须确定初始峰值力、平均破碎力和吸能量等关键指标。

能量吸收能力 E_a 是衡量结构吸收冲击能量的能力，必须使其达到最大，2.3 节的公式(2-4)已经给出其数学表达式。

平均载荷力 F_{avg} 除了给定的变形，还表示结构的能量吸收能力。根据 Kazanci 等人[175]的研究，该值可以表示为 E_a 除以压缩位移 δ_{cd}：

$$F_{avg}=\frac{E_a}{\delta_{cd}} \tag{7-1}$$

平均载荷力与最高峰值力的比值，表现了结构的能量吸收平稳性，一定程度上也反映了材料的吸能利用率：

$$\eta_f=\frac{F_{avg}}{F_m} \tag{7-2}$$

7.2.2　设计吸能装置外形

防爬吸能装置安装在列车头车前端的左右两侧，如图 7-1 所示。该吸能结构主要由薄壁管、蜂窝、隔板、前端板、后端板和导杆组成。导杆穿过前端板、隔板和后端板的中心，蜂窝对称分布在导杆两侧并嵌在隔板之间，彼此被分开，前后端板的截面大于薄壁管。该结构的总长度为 1495 mm，在距离前端板 20 mm 的薄壁管处设置一直径为 50 mm 的凹槽，用于减小初始峰值力。前后端板厚度分别为 6 mm 和 16 mm，尺寸分别为 302 mm×220 mm 和 390 mm×296 mm。薄壁管长 1000 mm，两端为矩形截面，截面沿导杆逐渐增大，其厚度为 2 mm。隔板厚度为 3 mm，并根据隔板的间距不同，被填充了两种不同尺寸的蜂窝，纵向尺寸分别为 99 mm 和 65 mm，横截面尺寸均为 150 mm×90 mm。

7.2.3　设计吸能装置钢结构

防爬吸能装置除蜂窝外其余结构选用 Q235 钢、Q310 钢，Q355 钢的材料参数建模在 Hypermesh 中采用“＊MAT_PIECEWISE_LINEAR_PLASTICITY”弹塑性材料模型，计算采用曲线定义有效应力与有效塑性应变。钢结构有限元模型的参数如表 7-1 所示，其中薄壁管所用钢材为 Q235 钢，与应变率有关的参数 C、p 的值分别为 40s^{-1} 和 5[176]，利用 24 号材料将带有失效应变参数设置的 Cowper-Symonds 应变率模型作为乘子，以考虑应变率效应，其表达形式如下：

$$\sigma_{sy}=\left[1+\left(\frac{\dot{\varepsilon}}{C_s}\right)^{\frac{1}{p_s}}\right](\sigma_{s0}+\beta E_{sP}\varepsilon_{eff}^{p_s}) \tag{7-3}$$

式中：σ_{sy} 为屈服应力；$\dot{\varepsilon}$ 为应变率；σ_{s0} 为初始屈服应力；$\varepsilon_{eff}^{p_s}$ 为等效塑性应变；E_{sP} 为塑性硬化模量；由切线模量和弹性模量计算可知，C_s、p_s 为与应变率有关的参数。

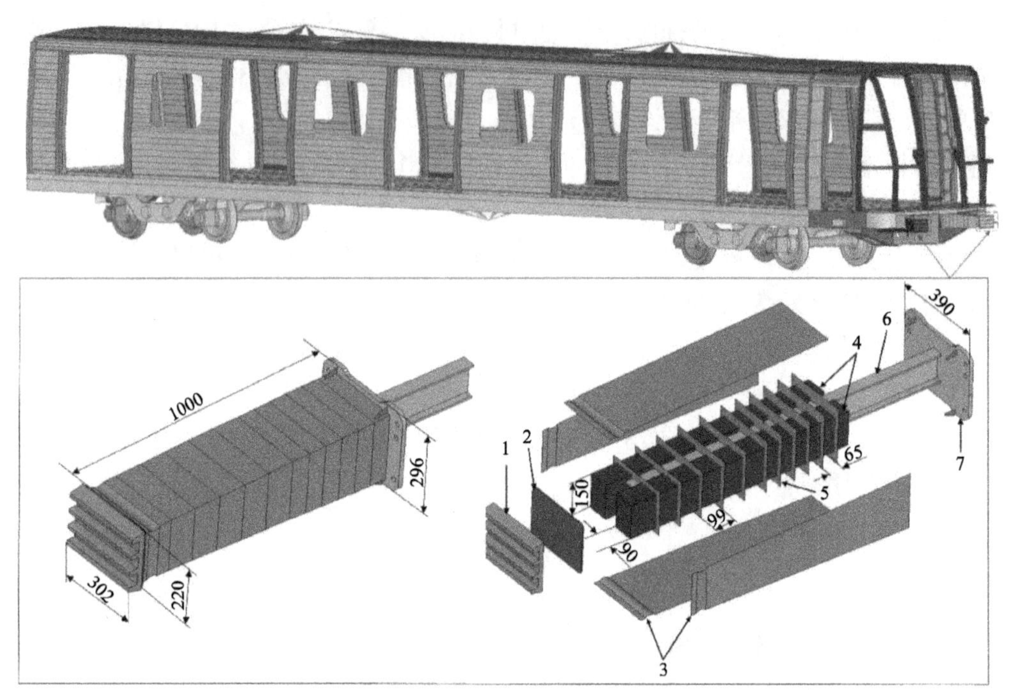

1.防爬齿；2.前端板；3.薄壁管；4.芳纶蜂窝；5.隔板；6.导杆；7.后端板

图 7-1　防爬吸能装置结构及详细标注图

表 7-1　防爬吸能装置钢结构参数

结构组成	材料属性	密度/(kg·m^{-3})	杨氏模量/MPa	泊松比	屈服应力/MPa
防爬齿	* SECTION_SOLID	7930	206000	0.3	355
前端板	* SECTION_SOLID	7930	206000	0.3	355
薄壁管	* SECTION_SHELL	7850	206000	0.3	235
隔板	* SECTION_SHELL	7930	206000	0.3	355
导杆	* SECTION_SOLID	7800	206000	0.3	310
后端板	* SECTION_SOLID	7930	206000	0.3	355

7.3　建立吸能部件有限元模型

在 Hypermesh 中“ * MAT_HONEYCOMB”主要应用模拟蜂窝和泡沫材料的实际各向异性行为，以定义材料六个方向的应力分量，直到蜂窝被完全压实，因此这六个应力是非耦合的，被压实后是各向同性弹塑性材料。具有双层胞壁厚度的正交各向异性蜂窝的弹性常数计算基于如下公式[176]：

$$\frac{Eu_{11}}{Es}=\left(\frac{t}{l}\right)\frac{\left(1+\frac{h}{l}\right)}{\left(\frac{h}{l}+\sin\theta\right)\cos\theta} \tag{7-4}$$

$$\frac{Eu_{22}}{Es}=\left(\frac{t}{l}\right)^{3}\frac{\cos\theta}{\left(\frac{h}{l}+\sin\theta\right)\sin^{2}\theta} \tag{7-5}$$

$$\frac{Eu_{33}}{Es}=\left(\frac{t}{l}\right)^{3}\frac{\left(\frac{h}{l}+\sin\theta\right)}{\cos^{3}\theta} \tag{7-6}$$

$$\frac{Gu_{23}}{Gs}=\left(\frac{t}{l}\right)^{3}\frac{\left(\frac{h}{l}+\sin\theta\right)}{\left(\frac{h}{l}\right)^{2}\cos\theta\left(1+16\frac{h}{l}\right)} \tag{7-7}$$

$$\frac{Gu_{12}}{Gs}=\left(\frac{t}{l}\right)\frac{\cos\theta}{\left(\frac{h}{l}+\sin\theta\right)} \tag{7-8}$$

$$Gu_{13}=Gu_{13\text{lower}}+\frac{0.787}{\left(\frac{T}{l}\right)}\left(Gu_{13\text{upperer}}-Gu_{13\text{lower}}\right) \tag{7-9}$$

$$\frac{Gu_{13\text{lower}}}{Gs}=\left(\frac{t}{l}\right)\frac{(h/l+\sin\theta)}{\left(1+\frac{h}{l}\right)\cos\theta} \tag{7-10}$$

$$\frac{Gu_{13\text{lower}}}{Gs}=\left(\frac{t}{l}\right)\frac{(h/l+\sin^{2}\theta)}{\left(\frac{h}{l}+\sin\theta\right)\cos\theta} \tag{7-11}$$

$$Gs=\frac{Es}{2(1+\mu)} \tag{7-12}$$

蜂窝有限元模型参数设置如表 7-2 所示，Es 为蜂窝完全压实的弹性模量，Eu_{11}、Eu_{22}、Eu_{33} 为蜂窝未被压实时三个方向的弹性模量，Gu_{12}、Gu_{13}、Gu_{23} 为蜂窝未被压实时的剪切模量，V_f 为蜂窝被压实时的相对体积且均为 0.25，泊松比均设置为 0.3[178]。

表 7-2　“＊MAT_HONEYCOMB”参数设置

蜂窝类型	Es/MPa	Eu_{11}/MPa	Eu_{22}/MPa	Eu_{33}/MPa	Gu_{12}/MPa	Gu_{13}/MPa	Gu_{23}/MPa
ACT1-3.2-48	3200	138	0.45	0.31	19.88	29.66	0.0055
ACT1-3.2-144	10200	433	7.93	4.36	63.41	94.57	0.022
ACT1-4.8-32	2000	57	0.058	0.029	8.28	12.37	0.0013
ACT1-4.8-48	5200	148	0.25	0.14	21.51	32.14	0.0034
ACT1-4.8-80	9600	274	1.31	0.86	39.71	59.27	0.0062

在非线性有限元软件 LS-DYNA 中，蜂窝未被压实时应力-应变的程序处理式：

$$\sigma_{ij}^{n+1^{\text{trial}}}=\sigma_{ij}^{n}+2G_{ij}\Delta\varepsilon_{ij}ij=12,\ 23,\ 13 \tag{7-13}$$

式中：E 为弹性模量；G 为剪切模量；$\varepsilon_v=1-V$。

对于完全被压实的蜂窝材料，假定该材料是理想弹塑性的，其应力分量如下式所示：

$$S_{ij}^{\text{trial}}=S_{ij}^{n}+2G\Delta\varepsilon_{ij}^{\text{dev}^{n+1/2}}\quad ij=12,\ 23,\ 13 \tag{7-14}$$

其中偏应变增量定义为：$\Delta\varepsilon_{ij}^{\text{dve}}=\Delta\varepsilon_{ij}-\frac{1}{3}\Delta\varepsilon_{kk}\delta_{ij}\quad kk=11,\ 22,\ 33$

压力与弹性体积模量的关系：

$$p^{n+1}=p^{n}-K\Delta\varepsilon_{kk}^{n+1/2}\quad kk=11,\ 22,\ 33 \tag{7-15}$$

其中 $K=\frac{E}{3(1-2v)}$。

得到柯西应力的最终值：

$$\sigma_{ij}^{n+1}=S_{ij}^{n+1}-p^{n+1}\delta_{ij}\quad ij=12,\ 23,\ 13 \tag{7-16}$$

基于 2.4 节的芳纶蜂窝的压缩实验，对蜂窝的等效数值模型进行验证。在 Hypermesh 中建立 ACT1-3.2-48 蜂窝等效有限元模型，如图 7-2 所示，尺寸为 80 mm×80 mm×40.5 mm，材料参数根据表 2-1 的蜂窝参数与图 2-9 得到的应力-应变曲线设置，使刚性墙以 5 mm/s 的速度压缩模型。L 方向和 W 方向的有限元模型和力加载情况与面外类似，因此不再赘述。接下来，通过对比实验和仿真的应力-应变曲线的结果来评估模拟模型的准确性。如图 7-3 所示，ACT1-3.2-48 三个方向数值模拟的应力-应变曲线的波动和振幅与压缩实验的结果基本一致，因此，“＊MAT_HONEYCOMB”材料建立蜂窝的等效模型仿真结果准确，并且同样适用于其他四种蜂窝结构，可用于下文吸能结构有限元模型的建立过程中。

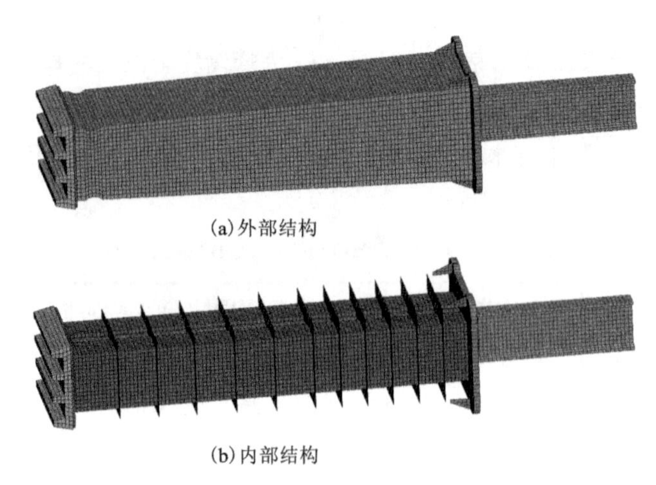

(a) 外部结构

(b) 内部结构

图 7-2　防爬吸能装置有限元模型

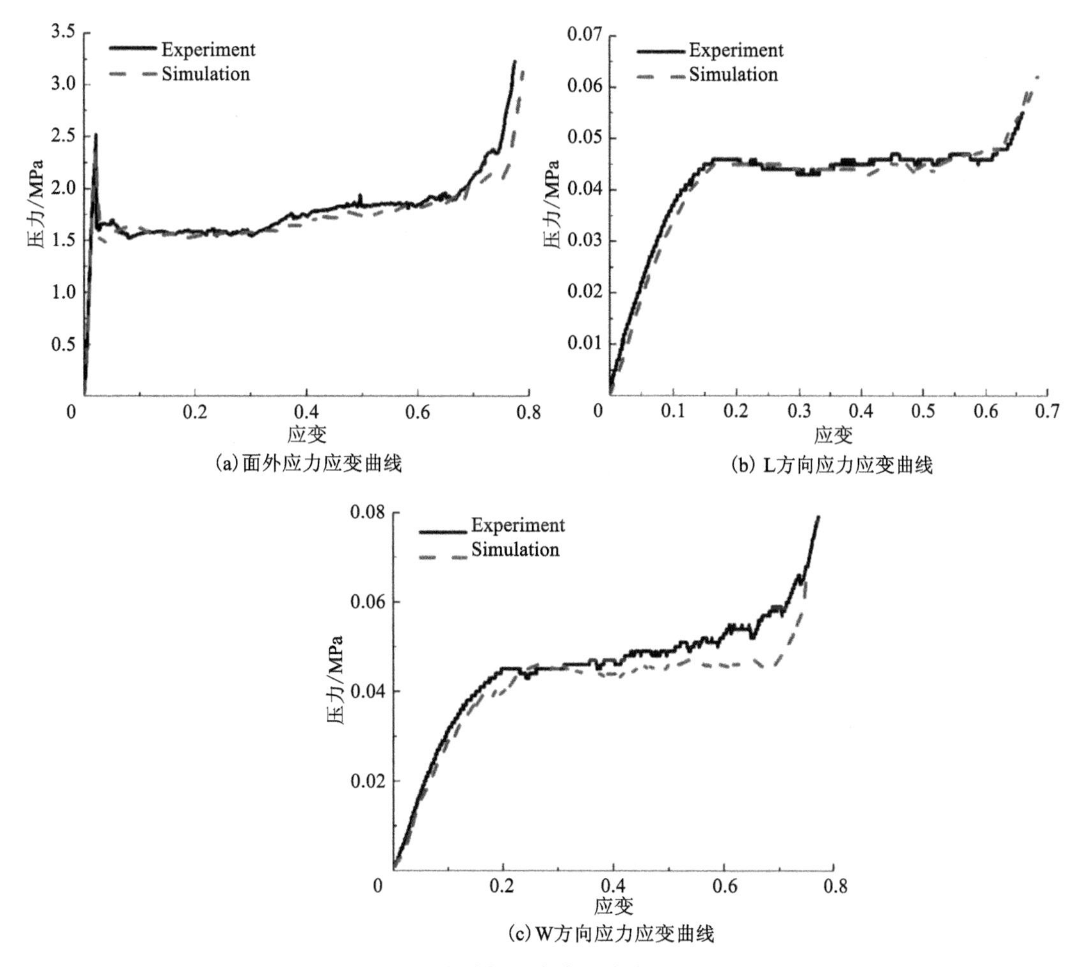

图 7-3　实验与仿真应力应变曲线对比

本书利用非线性有限元软件 LS-DYNA 进行了有限元仿真分析。防爬吸能装置有限元模型如图 7-4 所示，在 Hypermesh 中使用 Belytschko-Tsay 壳单元对薄壁管和隔板进行建模，计算公式采用面内单点积分，计算速度快，是对于薄壁管的大变形最稳定有效的公式。同时，前端板、后端板和导杆采用实体单元建模。考虑到蜂窝如果按照实际情况建模，会产生大量的网格和节点，计算时间也将大大增加，因此采用上文已验证准确性的“ * MAT_HONEYCOMB”来模拟蜂窝材料，建立蜂窝的实体等效模型，以节省计算时间。由于结构需要通过大变形吸收能量，为匹配薄壁管的变形模式并考虑到计算时间和模型精度之间的平衡，本节将结构离散化为 10 mm 的网格，整个有限元模型单元和节点数如表 7-3 所示，采用第四个刚性沙漏控制公式，用于在计算期间避免沙漏能量。将整个防爬吸能装置定义为自动单面接触(* contact_automatic_single_surface)，防爬齿与前端板、前端板与导杆采用面面接触(* contact_tied_surface_to_surface)，接触面的动、静摩擦系数均设为 0.2。

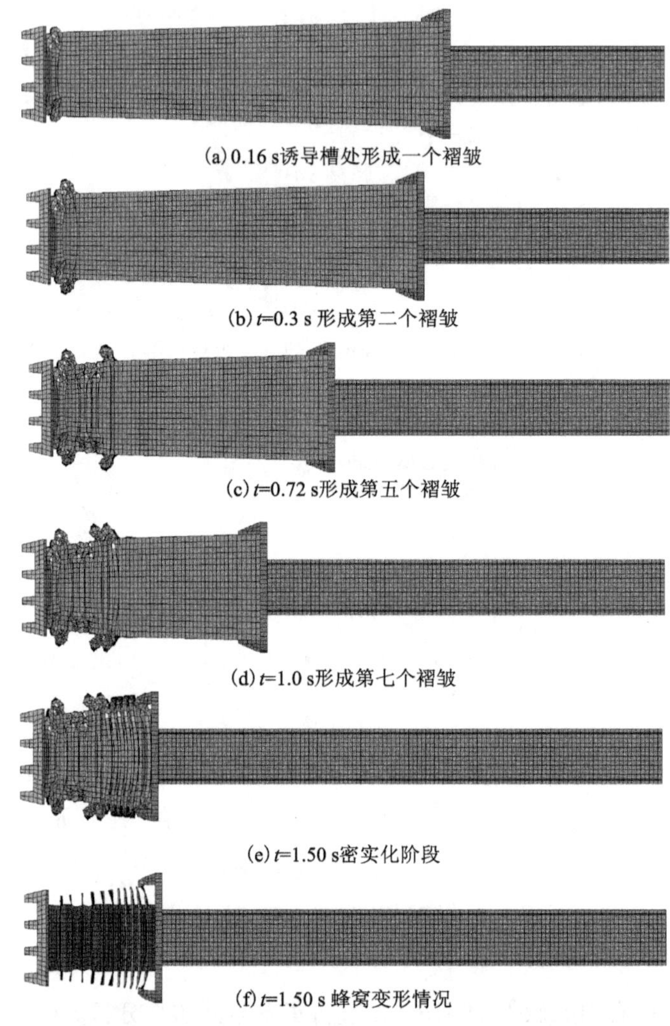

(a) 0.16 s诱导槽处形成一个褶皱

(b) t=0.3 s 形成第二个褶皱

(c) t=0.72 s形成第五个褶皱

(d) t=1.0 s形成第七个褶皱

(e) t=1.50 s密实化阶段

(f) t=1.50 s 蜂窝变形情况

图 7-4　类型 1：防爬吸能装置静压场景结构的变形序列图

表 7-3　防爬吸能装置有限元模型各类型单元数

单元类型	数量
节点总数	57666
单元总数	50386
壳单元	15744
实体单元	34642

7.4　分析吸能结构碰撞性能

7.4.1　分析准静态碰撞时的结构性能

(1)结构变形

防爬吸能装置静压场景：吸能结构后端板处施加全约束，一刚性墙以0.5 m/s的速度向防爬吸能装置匀速加载[179-180]。在下文的分析中，将填充了ACT1-3.2-48、ACT1-3.2-144、ACT1-4.8-32、ACT1-4.8-48、ACT1-4.8-80的防爬吸能装置分别表示为类型1(Type1)、类型2(Type2)、类型3(Type3)、类型4(Type4)、类型5(Type5)。

Type1爬吸能装置静压场景结构的变形序列如图7-4所示。可以观察到，诱导槽首先在0.16s时被破坏并产生一个向内的较小的褶皱，如图7-4(a)所示，诱导槽一方面控制结构在压力的作用下在该处先发生变形，另一方面先发生变形的部位引导防爬器的后续部分继续发生有序折叠变形。随着静压的继续进行，薄壁管受严重的塑性弯曲或拉伸的影响，形成了向外和向内的折叠，产生了第二、第三个皱褶……直到薄壁管在1.5 s左右形成第十一个皱褶，被填充进管内的蜂窝进入实密化阶段，该结构被完全压溃，其压缩量在750 mm左右。Type2~Type5的压溃变形过程与Type1基本相同，薄壁管均形成11个皱褶，计算结果如图7-5所示。

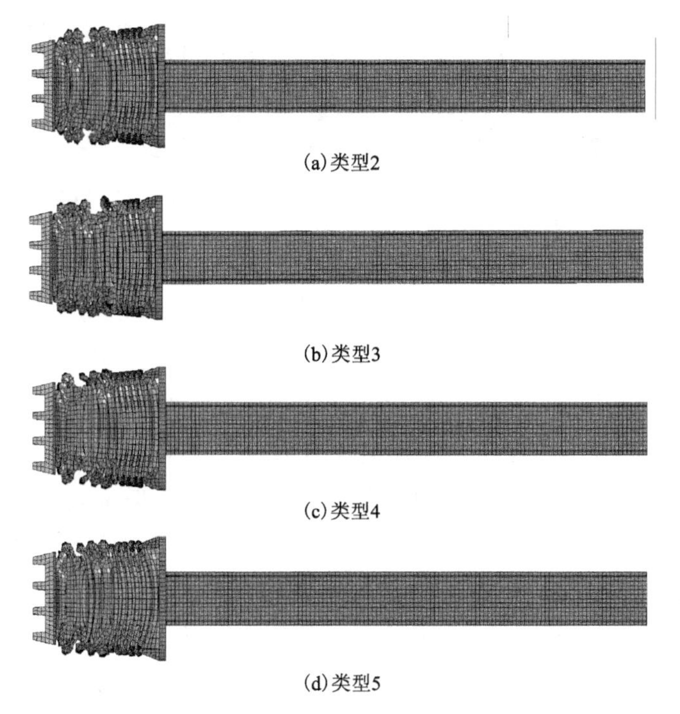

(a)类型2

(b)类型3

(c)类型4

(d)类型5

图7-5　防爬吸能装置压溃结果图

(2)撞击力变化

静压过程中的力-时间曲线如图 7-6 所示。由图可知，类型 1 防爬吸能装置在 1.5 ms 内产生的初始峰值力约 110 kN，该峰值相对于后面的峰值来说并不是很大，是因为薄壁管的诱导槽削弱了结构的初始纵向承载能力，降低了静压初始阶段产生的缓冲力。在 0.16 s 左右，由于薄壁管诱导槽处完全向内皱褶变形，形成了一个较小峰值力，中间载荷呈现一种持续的周期波动变化，压溃完并形成的十一个峰值都与薄壁管屈曲变形形成的皱褶个数相同，在 1.4 s 左右形成最后一个的峰值，而且在 1.4~1.5 s 时的缓冲力在最后一个峰值处稍微下降之后呈稳定增长趋势，然后在 1.5 s 时急剧增长，整个结构在 1.5 s 后进入实密化阶段，最终使得防爬吸能装置被完全压实，不再吸能。

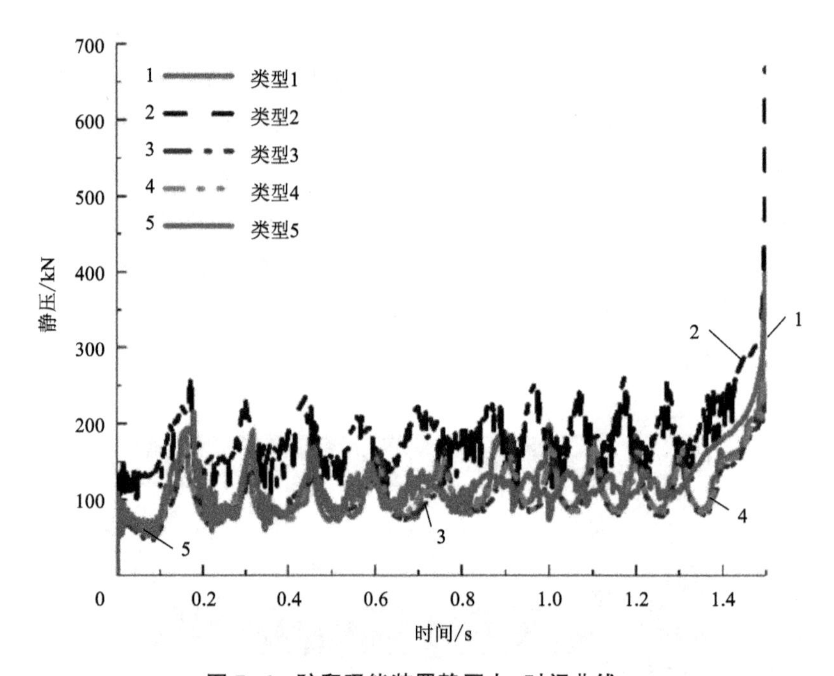

图 7-6　防爬吸能装置静压力-时间曲线

Type2~Type5 力-时间曲线的波动与 Type1 类似，不同的是 Type2 模型的缓冲力明显远高于其他四个模型，在进入实密化阶段前缓冲力基本维持在 100~300 kN，由图 7-7 可知其最大缓冲力达到了 669 kN，平均缓冲力为 344 kN；Type1、Type3、Type4、Type5 模型在进入实密化阶段前的缓冲力基本维持在 50~200 kN。这些模型的最大峰值力从高到低排列分别为 Type1、Type5、Type4 和 Type3，平均缓冲力从高到低排列分别为 Type5、Type1、Type4 和 Type3。图 7-8 显示了平均缓冲力与其峰值的比值 η，其数值从高到低排列分别为 Type3、Type4、Type5、Type2、Type1，其中 Type3 最高为 67%。这说明 Type3 结构的能量吸收最为平稳，但最高的 Type3 与最低的 Type1 仅相差 17%，且没有存在较大的差距。

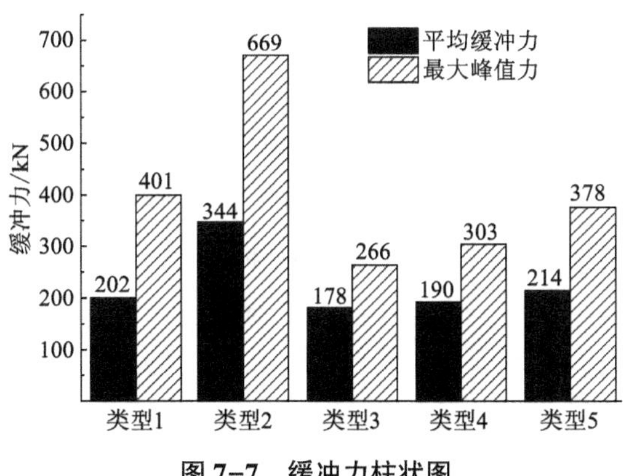

图 7-7　缓冲力柱状图

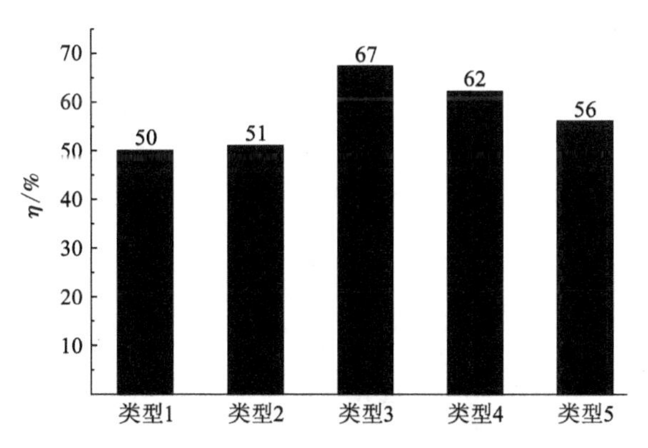

图 7-8　平均撞击力与其峰值之比

(3)能量变化

防爬吸能装置内部不同结构之间的能量吸收情况如图 7-9 所示，由图可知，能量的吸收主要取决于蜂窝和薄壁管，隔板的吸能在 3~8 kJ，防爬齿、导杆、前端板、后端板的能量吸收几乎为零。因此，随着时间的推移，薄壁管、蜂窝能量吸收呈现明显的增长趋势，直到达到 1.5 s 的计算时间；隔板的能量吸收曲线增长缓慢，在起始阶段几乎为零，随着薄壁管形成向外和向内的折叠及蜂窝之间的挤压，会发生轻微变形，并具有一定的吸能作用。

防爬吸能装置的吸能分布如图 7-10 所示，由图可知，蜂窝和薄壁管能量吸收的总和占整个防爬吸能装置能量吸收的 95%以上。因为计算时只改变蜂窝的力学性能参数，使蜂窝具有不同的强度，其他结构的参数不做变化，所以蜂窝吸能情况存在明显差异，最高的为 134 kJ，最低的为 11 kJ，相差 123 kJ，而薄壁管吸能较稳定，在 109~119 kJ。结果显示，其中只有 ACT1-3.2-144 的吸能 134 kJ 高于薄壁管吸能值，其余蜂窝结构均远小于薄壁管吸能值，因此 Type2 中的蜂窝和薄壁管均对结构的吸能情况起主导作用，Type1、Type3、Type4、Type5 模型中仅由薄壁管起主导作用。

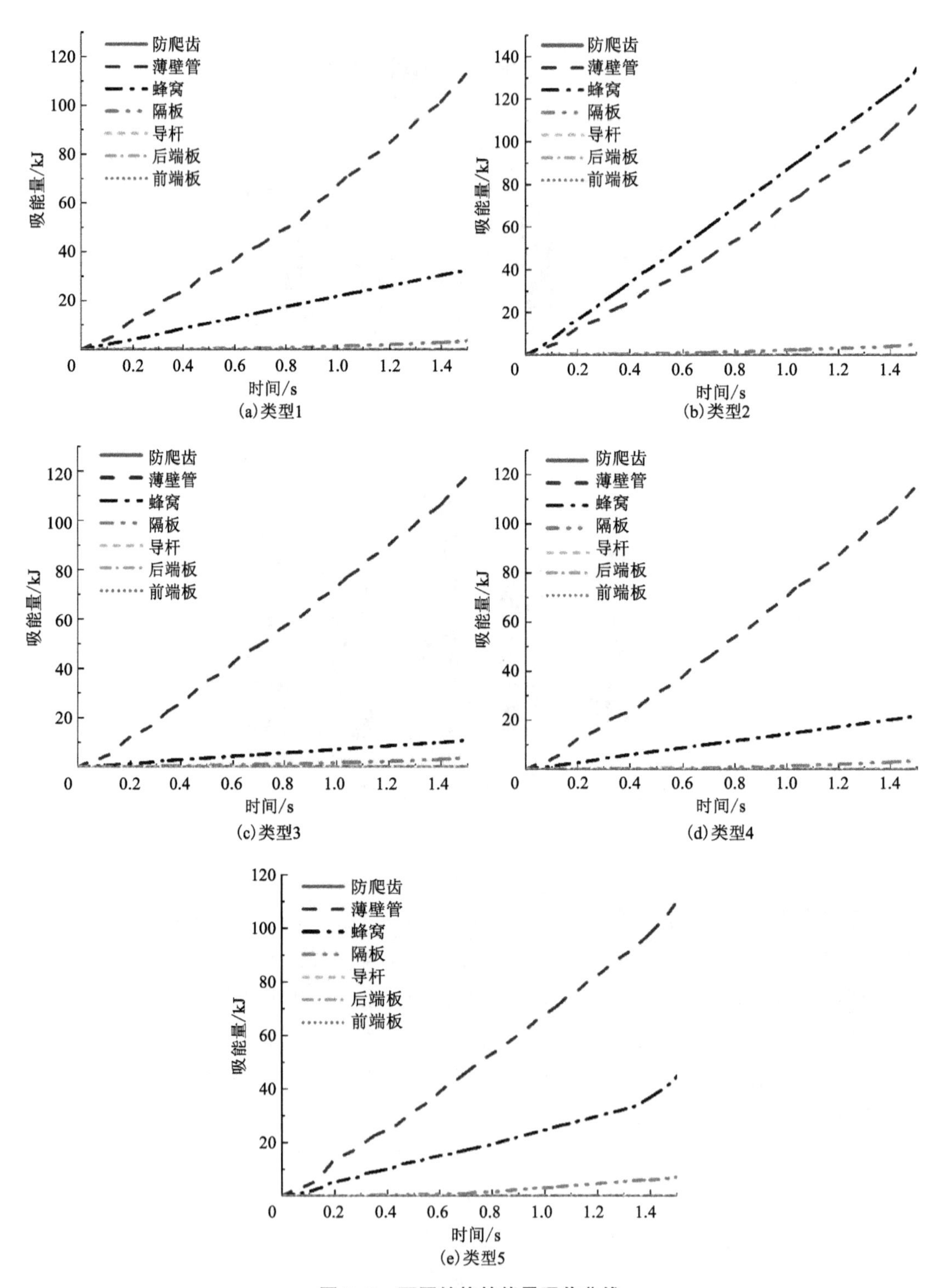

图 7-9 不同结构的能量吸收曲线

蜂窝吸能量与 ρ_n/d 的关系如图 7-11 所示，根据 ACT1-4.8-32、ACT1-4.8-48、ACT1-4.8-80 具有相同胞径的蜂窝吸能情况可知，胞径 d 相同的情况下，密度越大蜂窝的吸能情况就越好，ACT1-3.2-48、ACT1-3.2-144 同样也符合上述规律；ACT1-3.2-48、ACT1-4.8-32，具有相同密度，ACT1-3.2-48 的胞径 d 为 3.2 mm，小于胞径为 4.8 mm 的 ACT1-4.8-32，但前者的吸能高于后者，说明在其他属性相同的情况下胞径越大吸能越低，因此蜂窝的吸能量随着 ρ_n/d 的增大而增大，具有高密度、小胞径、ρ_n/d 数值大的 ACT1-3.2-144 吸能量最高，运用于防爬吸能装置中能产生良好的吸能效果。

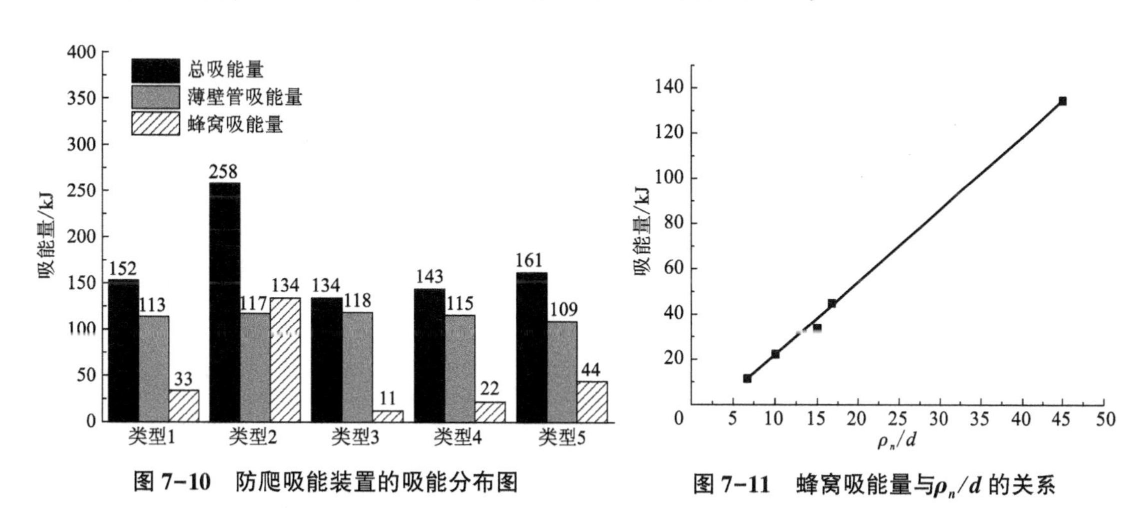

图 7-10　防爬吸能装置的吸能分布图　　　图 7-11　蜂窝吸能量与 ρ_n/d 的关系

通过对这五个吸能结构的碰撞结果分析可以发现，按总的吸能量从高到低可将其排列为 Type2、Type5、Type1、Type4、Type3。分析其撞击力可知，Type3 的能量吸收最为平稳，但分析平均缓冲力与其峰值的比值时发现，最高的 Type3 与最低的 Type1 仅相差 17%，没有存在较大的差距，而 Type3 吸收的能量最低，不具有足够的吸能容量。从整体看来，Type1、Type3、Type4、Type5 都与 Type2 的吸能量具有较大的差距，Type2 因为在 1.4s 后缓冲力呈直线增长趋势，与之前呈周期性波动的缓冲力相比其数值较大，会使计算出的平均撞击力的最大峰值力偏大，缓冲力在周期性波动期间基本维持在 100～300 kN，从而说明 Type2 具有良好的吸能特性。

7.4.2　分析 25 km/h 碰撞时结构性能

根据 EN15227：2008+A：2010 的标准[181]，地铁列车的测试碰撞速度一般为 25 km/h，所以防爬吸能装置的碰撞过程如下：在后端板施加 6.94 m/s（25 km/h）的速度载荷，防爬齿前端设置刚性墙，后端板沿导轨移动并压缩蜂窝和薄壁方管，使前端板保持相对静止。

（1）撞击力变化

防爬吸能装置 25 km/h 碰撞过程中的力-时间曲线如图 7-12 所示。由图可知，曲线的走向与静压结果相似，有一个较小的初始峰值力，中间呈周期性波动。相比静压的 Type2

的撞击力远高于其他结构，25 km/h 碰撞的撞击力仅略高于其他类型的吸能结构，没有较大的差距。同时，在进入实密化阶段前，缓冲力在 200～600 kN，相比静压的 50～350 kN，动态碰撞会造成相当于静压 2 倍左右的撞击力。这说明 Type1、Type2、Type3、Type4、Type5 五种不同参数的吸能结构，在动态碰撞的工况下会产生较为相近的撞击力。

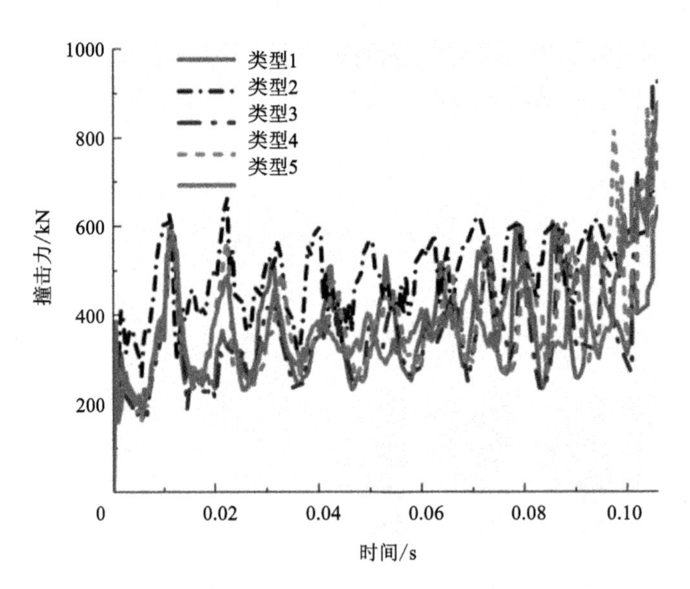

图 7-12　防爬吸能装置 25 km/h 碰撞时的力-时间曲线

(2)能量变化

防爬吸能装置内部不同结构之间的能量吸收情况如图 7-13 所示，由图可知，与静压相比防爬吸能装置 25 km/h 碰撞时吸收了更多的能量，能量的吸收同样主要取决于蜂窝和薄壁管，隔板能吸收较少的能量，而防爬齿、导杆、前端板、后端板的吸收能量几乎为零。由于 25 km/h 碰撞时需考虑应变率效应，薄壁管的吸能量均高于蜂窝。其吸能分布如图 6-14 所示。薄壁管吸能量由静态的 109～119 kJ 上升到 191～198 kJ，吸能量提高 90 kJ 左右；蜂窝吸能量由 11～134 kJ 上升到 21～149 kJ，吸能量提高 10 kJ 左右。总的吸能量从高到底排列分别为 Type2、Type5、Type1、Type4、Type3，说明 Type2 的吸能结构在动态和静态的工况下，都具有良好的吸能特性。

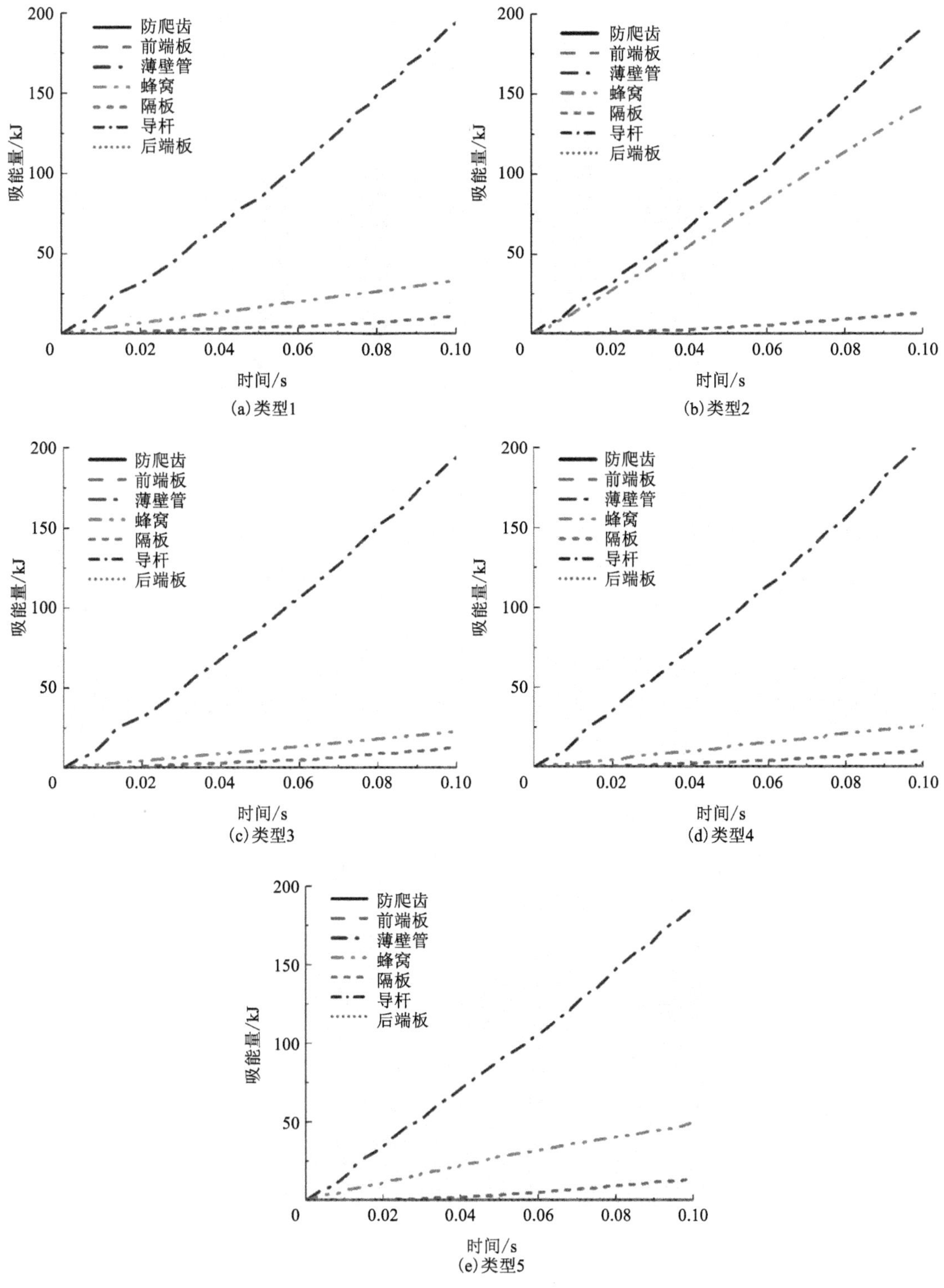

图 7-13　不同结构的能量吸收曲线

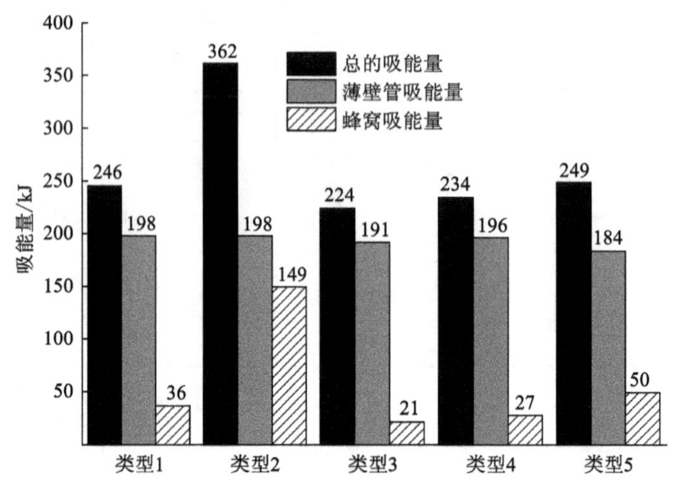

图 7-14　防爬吸能装置的吸能量分布图

7.5　本章小结

在本章的研究中，将芳纶蜂窝应用于铁道车辆的防爬吸能装置中，建立了防爬吸能装置的有效有限元模型，并在 LS-DYNA 程序中分析了不同规格蜂窝结构的吸能情况及整个结构的吸能量。具体可以得出如下结论：

(1)基于芳纶蜂窝的压缩实验，对蜂窝的等效数值模型进行验证。应用对比数值模拟的应力-应变曲线的波动和振幅与压缩实验的结果基本一致。因此，蜂窝的等效模型仿真结果准确，可在吸能结构中采用等效模型建模，提高计算效率。

(2)五种吸能结构的薄壁管吸能情况较稳定在 109~119 kJ，而蜂窝吸能情况具有巨大的差异，最高的为 134 kJ，最低的为 11 kJ，相差 123 kJ；其中，填充 ACT1-3.2-144 的 Type2 吸收的总能量最多，约 268kJ，具有良好的吸能效果。

(3)芳纶蜂窝结构的能量吸收随着 ρ_n/d 的增大而增大，ACT1-3.2-144 的胞径为 3.2 mm，密度为 144 kg/m^3，具有高密度、小胞径的特点，ρ_n/d 数值在五种不同规格的蜂窝中最高，吸能量也高于薄壁管，其余四种类型的蜂窝吸能量均远小于薄壁管的。

(4)五种吸能结构在 25 km/h 碰撞时会造成静压 2 倍左右的撞击力并吸收更多的能量，使薄壁管吸能量提高 90 kJ 左右，蜂窝吸能量提高 10 kJ 左右。

第8章 总结与展望

芳纶蜂窝是公认的用途多样且出色的蜂窝芯材，其中轻质芳纶蜂窝夹层结构因具有轻质、高比刚度、高比强度等优秀特质，被广泛应用于各种领域中，应用前景十分广阔。同时，其良好的冲击性能也引起了相当大的关注，成为材料和工程领域的研究热点之一。

本书针对芳纶蜂窝及其夹层结构进行了力学性能研究，展开了一系列实验，并对其中的部分工况进行了有限元模型的数值模拟。本书主要内容的小结如下：

(1)在 INSTRON 1342 液压实验机上完成了五种典型规格的芳纶蜂窝芯的静态力学实验，并对蜂窝进行了正交三方向的压缩性能对比分析和吸能特性研究。通过实验评估芳纶蜂窝在静态加载实验中的总体吸能量；确定各规格芳纶蜂窝结构的初始撞击力峰值，以及峰均比、比吸能等参数与规格参数的相关性。最后得出的实验数据为芳纶蜂窝的研制和应用以及在铁道车辆吸能结构上的应用研究提供了力学性能数据支撑。

(2)建立了多层属性的芳纶蜂窝模拟方法。芳纶蜂窝本质上是一种层压结构，其外层的酚醛树脂涂层为脆性材料，内部的芳纶纸为弹塑性材料。传统的芳纶蜂窝建模方法主要有两种：第一种方法是基于壳单元建立各向同性线性弹塑性材料结构或者正交各向异性弹塑性材料结构，但这种分析方法对于具有壁厚方向上材料特性分层变化的结构是无效的；第二种方法是基于体单元实现多层结构的建立，但结构在承受弯矩作用时，厚度方向的单元层数太少，计算结果将产生较大误差，反而不如 shell 单元计算准确。本书中的建模方法则糅合了壳单元和实体单元各自的优点。在 shell 单元的基础上引入用户自定义积分 Integration_shell 以实现厚度方向上蜂窝材料特性的分层变化，并通过层压壳理论修正了通过壳体厚度确定剪切应变均匀恒定的错误假设，实现了酚醛树脂涂层的脆性材料模型和芳纶纸的弹塑性材料模型的结合，可以提供更加真实的失效过程。

(3)压缩行程要求较高时，单层蜂窝容易出现因失稳使得吸能效果降低的情况，同时，也会带来生产成本高和加工难度大等问题。对此，本书研究了不同类型的芳纶蜂窝(同规格蜂窝无隔板组合、同规格蜂窝有隔板组合、不同规格蜂窝无隔板组合、不同规格蜂窝有隔板组合)在不同叠加组合时的力学性能及吸能特性，并与单层蜂窝试件进行了对比。最后通过不同的实验工况优化了蜂窝的力学特性，并得到了目标梯度应力响应曲线，进而设计了缓冲吸能材料或结构的应力响应方式。

(4)为探究不同类型的蜂窝夹层板力学性能的影响因素，通过三点弯曲(TPB)实验对四种典型规格的蜂窝夹层板进行了弯曲力学性能对比分析及吸能特性研究；并基于用户自定义积分的方法，建立了蜂窝壁的三层结构有限元模型，进行了相应的弯曲性能仿真分析。实验和仿真结果表明，不同类型蜂窝的变形模式在L方向和W方向呈现不同的趋势，评估指标的大小与它们的变形模式有关，蒙皮和蜂窝芯厚度对夹层板的弯曲力学性能均有重要影响。同时，通过对四种裸蜂窝及单、双层铝板的三点弯曲力学分析，还发现夹层板可以显著提高铝板和蜂窝芯的抗弯刚度和强度。弯曲力学性能研究为实际应用中如何选择合适规格大小的芳纶材料、如何合理地设计并使用蜂窝夹层结构复合材料的厚度、如何选择合适的铝板厚度等问题提供了力学性能数据支持，仿真分析也为其力学性能的预测提供了可行的思路。

(5)芳纶蜂窝应用的过程中经常会受到各种冲击损伤，这些损伤不仅会导致承载能力的衰退，还会导致基体本身开裂、分层、界面胶脱落和纤维层纤维断裂等问题。本书采用实验和数值模拟相结合的方法，研究了芳纶蜂窝夹层板的低速冲击响应及力学性能。具体来说，通过低速冲击实验，研究了蜂窝芯密度(D)、表面蒙皮厚度(T)、冲头直径(d)、冲击能量(E)等参数对冲击载荷和失效模式的影响，得出了许多有意义的结论；采用数值模拟的方法对冲击实验进行了仿真模拟，预测的冲击载荷、接触时间和变形模式与实测结果较好地吻合了；通过测量出的最大凹痕深度来对冲击载荷峰值进行预测，研究了压痕模型预测模型，在实际应用中可据此对结构所处工况的载荷情况进行判断，以决定是否对结构强度进行调整。

(6)提出内嵌CFRP管的芳纶蜂窝(NHFCT)结构，并基于准静压实验、有限元仿真和理论模型对其机械性能展开研究。实验表明，NHFCT保持其良好吸能特性的同时提升了吸能量与比吸能，会随着CFRP管的质量分数的增大先保持吸能平稳性，平稳性拐点约0.3，此时的吸能量提升120%、比吸能提升60%。CFRP管分散分布的吸能量和稳定性一般优于集中分布的吸能量。在NHFCT受载时，芳纶蜂窝折叠变形，CFRP管撕裂膨胀，内嵌胞元鼓胀变形。对此，本书建立的有限元仿真模型模拟了NHFCT变形模式，构建的理论模型提供了对NHFCT吸能性能的预测。为适应实际应用的进一步实验表明，大幅面NHFCT的性能更加稳定，叠加NHFCT可呈现逐级梯度变形的现象，CFRP管在层间面板上出现了细微压痕，受面板刚度影响呈现漏斗状撕裂。因此，这部分的研究成果可为提升芳纶蜂窝结构机械性能和拓宽芳纶蜂窝应用范围提供参考。

(7)结合地铁车辆的具体结构尺寸及安装的空间要求，合理组合并优化芳纶蜂窝结构和金属薄壁结构的匹配关系，将芳纶蜂窝应用于铁道车辆的防爬吸能装置中。为此，本书建立了基于防爬吸能装置的有效有限元模型，通过LS-DYNA程序分析计算了准静态下和25 km/h碰撞速度下吸能结构的变形、撞击力和能量的变化情况。结果表明，无论是在动态还是静态的工况下，填充了ACT1-3.2-144蜂窝芯材的结构吸能情况最好。芳纶蜂窝和

薄壁管的能量吸收总和占整个防爬吸能装置能量吸收的95%以上，且蜂窝和薄壁管均对结构的吸能情况起主导作用，大大地提高了该结构的吸能能力。

由于实验条件与时间的限制以及编者知识水平的局限，本书对芳纶蜂窝的研究仍然不够全面，有待进一步深入研究。

(1)蜂窝结构在实际应用中会承受各种外加载荷，如压缩、弯曲、冲击、剪切、扭转、交变应力等，而本书主要是针对芳纶蜂窝及其夹层结构在铁道车辆出现的主要力学问题，如压缩力学性能、弯曲力学性能、冲击性能展开了研究和分析，暂时没有研究蜂窝夹层结构的剪切性能和疲劳性能等其他力学性能。

(2)芳纶蜂窝在铁路车辆上的应用越来越广泛。目前，许多铁道车辆制造企业在内装结构的侧墙板、内顶板、间壁板、地板、内外车门的门板和行李架等零部件中均使用了芳纶蜂窝材料。但本书只开展了芳纶蜂窝在地铁车辆专用吸能结构中的应用研究，希望接下来能进一步开展芳纶蜂窝及其夹层结构在高速列车、城轨列车等铁道车辆承载结构中的应用研究。

(3)等效密度越高的芳纶蜂窝在吸能结构中的吸能贡献越大，如在本书研究的吸能结构中，ACT1-3.2-144吸能贡献最大。但是，等效密度越高的蜂窝，由于其酚醛含量也越高，在冲击变形过程中容易发生脆裂失效的问题，导致其撞击力的平稳性不是很好，如何协同优化这类蜂窝的撞击力性能和吸能能力是下一步研究的目标。

(4)提升蜂窝机械性能的结构设计方法有异形结构、叠加、填充、内嵌等多种方法，本书以叠加芳纶蜂窝和内嵌CFRP管的芳纶蜂窝为例简要介绍了设计思路，其他设计方法与思路有待读者发掘。

参考文献

[1] 郝巍，李勇，罗玉清. 中高密度 Nomex 蜂窝力学性能研究[J]. 航空材料学报，2002，22(2)：41-45.

[2] 单勇，谭艳. 复合材料在轨道交通领域的应用[J]. 电力机车与城轨车辆，2011，34(2)：9-12.

[3] 曾妮. 城轨车辆车体材料的发展与选择[J]. 黑龙江科技信息，2012，16(29)：282.

[4] 黄昌兵. 浅析城轨车辆车体材料的发展历程[J]. 商，2015，11(41)：277.

[5] 王厚林，王宜，姚运振，等. 芳纶纸结构性能及其对蜂窝力学性能的影响[J]. 功能材料，2013，44(15)：2184-2187.

[6] 刘杰，罗玉清，纪双英，等. 酚醛树脂分布对芳纶纸蜂窝力学性能的影响[J]. 宇航材料工艺，2016，46(2)：26-30.

[7] 李居影，李莹，魏化震，等. Nomex 纸蜂窝增强酚醛泡沫的制备及性能研究[J]. 玻璃钢/复合材料，2015，42(2)：64-67.

[8] 罗玉清，郝巍. Nomex 纸蜂窝浸胶工艺的研究[J]. 高科技纤维与应用，2009，34(2)：30-34.

[9] 刘杰，郝巍，孟江燕. 蜂窝夹层结构复合材料应用研究进展[J]. 宇航材料工艺，2013，43(3)：25-29.

[10] 刘雄亚. 21 世纪复合材料应用技术丛书：夹层结构复合材料设计原理及其应用[M]. 北京：化学工业出版社，2007.

[11] 王莹. 蜂窝夹层结构复合材料应用研究进展[J]. 科技创新与应用，2014，5(13)：52.

[12] 田旭，白燕，蒙月珍，等. 蜂窝夹层结构复合材料的制备及应用[J]. 山东纺织科技，2016，58(1)：7-9.

[13] Zhang Q C, Yang X H, Li P, et al. Bioinspired engineering of honeycomb structure—Using nature to inspire human innovation[J]. Progress in Materials Science, 2015, 74: 332-400.

[14] 周志伟，王志华，赵隆茂，等. 航空用芳纶纸蜂窝各向异性行为研究[J]. 实验力学，2012，27(4)：440-447.

[15] 穆举杰，刘玉. 国产芳纶纸蜂窝在雷达罩上的应用[J]. 现代雷达，2014，36 (9)：58-60.

[16] 武燕，孟黎清，周志伟，等. 撞击载荷下 Nomex 蜂窝夹芯梁的变形模式研究[J]. 实验力学，2011，26(6)：743-749.

[17] 杜善义. 先进复合材料与航空航天[J]. 复合材料学报，2007，24(1)：1-12.

[18] 贾金荣，汤海涛，陈磊，等. 芳纶制品在轨道交通领域的应用概况[J]. 电力机车与城轨车辆，2015，38(S1)：62-65.

[19] 王海龙，刘雪梅，刘春红. 高速客车内装应用的 Nomex 酚醛蜂窝材料[J]. 铁道车辆，2009，47(2)：32-34.

[20] 王德鹏，余黎明. 轨道交通车辆新材料应用前景分析[J]. 新材料产业，2017，19(2)：17-21.

[21] 包鸣. 浅析城市轨道车辆内装轻量化新材料的应用[J]. 中国新技术新产品，2015，23(16)：20-21.

[22] 杨中甲，梁吉勇，王绍凯，等. 轨道交通用轻量化先进复合材料性能研究[J]. 电力机车与城轨车辆，2015，38(A01)：9-12.

[23] 刘玥，刘伟，华洲，等. 复合材料 Nomex 蜂窝夹层结构的平压实验研究 [J]. 航空制造技术，2020，63(17)：86-91.

[24] Bunyawanichakul P, Castanié B, Barrau J J. Non-linear finite element analysis of inserts in composite sandwich structures [J]. Composites Part B: Engineering, 2008, 39(7-8): 1077-1092.

[25] 贺靖，杨晓琳，朱秀迪，等. Nomex 蜂窝夹层复合材料力学性能研究 [J]. 复合材料科学与工程，2020，47(9)：79-84.

[26] 王家伟，朱永祥，韦成华，等. Nomex 蜂窝夹层结构弯曲刚度温度相关的力学建模[J]. 复合材料学报，2020，37(2)：376-381.

[27] 薛辛玮. 混杂复合三明治结构的冲击损伤阻抗研究[D]. 无锡：江南大学，2020.

[28] Wang Z. Recent advances in novel metallic honeycomb structure [J]. Composites Part B: Engineering, 2019, 166: 731-741.

[29] Karakoç A, Freund J. Experimental studies on mechanical properties of cellular structures using Nomex © honeycomb cores [J]. Composite Structures, 2012, 94(6): 2017-2024.

[30] Roy R, Park S, Kweon J, et al. Characterization of Nomex honeycomb core constituent material mechanical properties [J]. Composite Structures, 2014, 117: 255-266.

[31] Liu L, Wang H, Guan Z. Experimental and numerical study on the mechanical response of Nomex honeycomb core under transverse loading [J]. Composite Structures, 2015, 121: 304-314.

[32] Heimbs S, Schmeer S, Middendorf P, et al. Strain rate effects in phenolic composites and phenolic-impregnated honeycomb structures [J]. Composites Science and Technology, 2007, 67(13): 2827-2837.

[33] Belingardi G, Martella P, Peroni L. Fatigue analysis of honeycomb-composite sandwich beams [J]. Composites Part A: Applied Science and Manufacturing, 2007, 38(4): 1183-1191.

[34] Kim G, Sterkenburg R, Tsutsui W. Investigating the effects of fluid intrusion on Nomex © honeycomb sandwich structures with carbon fiber facesheets [J]. Composite Structures, 2018, 206: 535-549.

[35] Raju K S. Impact Damage Resistance and Tolerance of Honeycomb Core Sandwich Panels [J]. Journal of Composite Materials, 2008, 42(4): 385-412.

[36] 李银凤. 蜂窝夹层三明治板准静态抗侵彻性能研究[D]. 长沙：湖南大学，2017.

[37] 倪长也，金峰，卢天健，等. 3 种点阵金属三明治板的抗侵彻性能模拟分析[J]. 力学学报，2010，42(6)：1125-1137.

[38] Ma M, Yao W, Jiang W, et al. Fatigue Behavior of Composite Sandwich Panels Under Three Point Bending Load [J]. Polymer Testing, 2020, 91: 106795.

[39] Belouettar S, Abbadi A, Azari Z, et al. Experimental investigation of static and fatigue behaviour of composites honeycomb materials using four point bending tests [J]. Composite Structures, 2009, 87(3): 265-273.

[40] Herup E J, Palazotto A N. Low-velocity impact damage initiation in graphite epoxy Nomex honeycomb-sandwich plates [J]. Composites Science and Technology, 1997, 57: 1581-1598.

[41] 王宏磊. 蜂窝夹层复合材料的力学性能研究[D]. 长春: 吉林大学, 2019.

[42] Palazotto A N, Herup E J, Gummadi LNB. Finite elemont analysis of low-velocity impact on composite sandwich plates[J]. Composite structures ,2000, 49(2): 209-227.

[43] 孟黎清. 飞机蜂窝结构动态冲击下的破坏机理及吸收能量分配机制 [D]. 太原: 太原理工大学, 2011.

[44] Audibert C, Andréani A S, Lainé É, et al. Discrete modelling of low-velocity impact on Nomex © honeycomb sandwich structures with CFRP skins [J]. Composite Structures, 2019, 207: 108-118.

[45] Gilioli A, Sbarufatti C, Manes A, et al. Compression after impact test (CAI) on NOMEX honeycomb sandwich panels with thin aluminum skins [J]. Composites Part B: Engineering, 2014, 67: 313-325.

[46] Seemann R, Krause D. Numerical modelling of Nomex honeycomb sandwich cores at meso-scale level [J]. Composite Structures, 2017, 159: 702-718.

[47] Ahmad S, Zhang J, Feng P, et al, Processing technologies for Nomex honeycomb composites (NHCs): A critical review [J]. Composite Structures, 2020, 250: 112545.

[48] Xie S, Wang H, Yang C, et al. Mechanical properties of combined structures of stacked multilayer Nomex honeycombs [J]. Thin-Walled Structures, 2020, 151: 106729.

[49] Foo C C , Chai G B , Seah L K. Mechanical properties of Nomex material and Nomex honeycomb structure [J]. Composite Structures, 2007, 80(4): 588-594.

[50] Giglio M, Gilioli A, Manes A. Numerical investigation of a three point bending test on sandwich panels with aluminum skins and Nomex? honeycomb core [J]. Computational Materials Science, 2012, 56: 69-78.

[51] Asprone D , Auricchio F , Menna C , et al. Statistical finite element analysis of the buckling behavior of honeycomb structures [J]. Composite Structures, 2013, 105: 240-255.

[52] 邹维杰, 陈普会, 郑达, 等. 基于有限元的 Nomex 蜂窝芯等效面内模量计算 [J]. 江苏航空, 2018, 38(1): 11-15.

[53] 赵剑, 汪海, 吕新颖, 等. Nomex 蜂窝芯体面外宏观剪切模量预测与验证 [J]. 固体火箭技术, 2018, 41(1): 125-129.

[54] Heimbs S. Virtual testing of sandwich core structures using dynamic finite element simulations [J]. Computational Materials Science, 2009, 45(2): 205-216.

[55] Aktay L, Johnson A F, Holzapfel M. Prediction of impact damage on sandwich composite panels [J]. Computational Materials Science, et al.

[56] Yao S, Xiao X, Xu P, et al. The impact performance of honeycomb-filled structures under eccentric loading for subway vehicles [J]. Thin-Walled Structures, 2018, 123: 360-370.

[57] Meo M, Morris A J, Vignjevic R, et al. Numerical simulations of low-velocity impact on an aircraft sandwich panel [J]. Composite Structures, 2003, 62: 353-360.

[58] Zhang X, Xu F, Zang Y, et al. Experimental and numerical investigation on damage behavior of honeycomb sandwich panel subjected to low-velocity impact [J]. Composite Structures, 2020, 236: 111882.

[59] Giglio M, Manes A, Gilioli A. Investigations on sandwich core properties through an experimental – numerical approach [J]. Composites Part B: Engineering, 2012, 43(2): 361-374.

[60] Roy R, Kweon J H, Choi J H. Meso-scale finite element modeling of Nomex™ honeycomb cores [J]. Advanced Composite Materials, 2014, 23(1): 17-29.

[61] Aminanda Y, Castanié B, Barrau J J. Experimental Analysis and Modeling of the Crushing of Honeycomb Cores [J]. Applied Composite Materials, 2005, 12(3-4): 213-227.

[62] Xie S, Feng Z, Zhou H, et al. Three-point bending behavior of Nomex honeycomb sandwich panels: Experiment and simulation [J]. Mechanics of Advanced Materials and Structures, 2020, 235: 111814.

[63] Xie S, Jing K, Zhou H, et al. Mechanical properties of Nomex honeycomb sandwich panels under dynamic impact [J]. Composite Structures, 2020: 235.

[64] Zhang Y, Liu T, Tizani W. Experimental and numerical analysis of dynamic compressive response of Nomex honeycombs [J]. Composites Part B: Engineering, 2018, 148: 27-39

[65] Liu L, Meng P, Wang H. The flatwise compressive properties of Nomex honeycomb core with debonding imperfections in the double cell wall [J]. Composites Part B: Engineering, 2015, 76: 122-132.

[66] 窦明月，王显峰，张冬梅，等. Nomex 蜂窝芯静态压缩屈曲与后屈曲分析 [J]. 南京航空航天大学学报，2019，51(01)：69-74.

[67] Zhou H, Xu P. Mechanical performance and energy absorption properties of structures combining two Nomex honeycombs [J]. Composite Structures, 2018, 185: 524-536.

[68] Burgueño R, Quagliata M J, Mohanty A K, et al. Hierarchical cellular designs for load-bearing biocomposite beams and plates [J]. Materials Science and Engineering: A, 2005, 390(1-2): 178-187.

[69] Wang Z, Li Z, Shi C, et al. Mechanical performance of vertex-based hierarchical vs square thin-walled multi-cell structure [J]. Thin-Walled Structures, 2019, 134: 102-110.

[70] Ajdari A, Jahromi B H, Papadopoulos J, et al. Hierarchical honeycombs with tailorable properties [J]. International Journal of Solids and Structures, 2012, 49: 1413-1419.

[71] Sun Y, Wang B, Pugno N, et al. In-plane stiffness of the anisotropic multifunctional hierarchical honeycombs [J]. Composite Structures, 2015, 121: 616-624.

[72] Qi C, Remennikov A, Pei L-Z. Impact and close-in blast response of auxetic honeycomb-cored sandwich panels: Experimental tests and numerical simulations [J]. Composite Structures, 2017, 180: 161-178.

[73] Li C, Shen H, Wang H. Nonlinear bending of sandwich beams with functionally graded negative Poisson's ratio honeycomb core [J]. Composite Structures, 2019, 212: 317-325.

[74] Khan S Z, Mustahsan F, Mahmoud E R I, et al. A novel modified re-entrant honeycomb structure to enhance the auxetic behavior: Analytical and numerical study by FEA [J]. Materials Today: Proceedings, 2020, 39: 1041-1045.

[75] Fu M, Liu F, Hu L. A novel category of 3D chiral material with negative Poisson′s ratio [J]. Composites Science and Technology, 2018, 160: 111-118.

[76] Wang H, Su M, Hao H. The quasi-static axial compressive properties and energy absorption behavior of ex

-situ ordered aluminum cellular structure filled tubes [J]. Composite Structures, 2020, 239: 112039.

[77] Ngo T D, Kashani A, Imbalzano G, et al, et al. Additive manufacturing (3D printing): A review of materials, methods, applications and challenges [J]. Composites Part B: Engineering, 2018, 143: 172-196.

[78] Palomba G, Epasto G, Crupi V. Single and double-layer honeycomb sandwich panels under impact loading [J]. International Journal of Impact Engineering, 2018, 121: 77-90.

[79] Fazilati J, Alisadeghi M. Multiobjective crashworthiness optimization of multi-layer honeycomb energy absorber panels under axial impact [J]. Thin-Walled Structures, 2016, 107: 197-206.

[80] Wang Z, Liu J, Lu Z, Hui D. Mechanical behavior of composited structure filled with tandem honeycombs [J]. Composites Part B: Engineering, 2017, 114: 128-138.

[81] Eskandarian A, Marzougui D, Bedewi N E. Finite element model and validation of a surrogate crash test vehicle for impacts with roadside objects [J]. International Journal of Crashworthiness, 1997, 2(3): 239-258.

[82] Yasui Y. Dynamic axial crushing of multi-layer honeycomb panels and impact tensile behavior of the component members [J]. International Journal of Impact Engineering, 2000, 24(6): 659-671.

[83] Meng Y, Lin Y, Zhang Y, et al. Study on the dynamic response of combined honeycomb structure under blast loading [J]. Thin-Walled Structures, 2020, 157: 107082.

[84] Li X, Lin Y, Lu F, et al. Quasi-static cutting response of combined hexagonal aluminium honeycombs at various stacking angles [J]. Composite Structures, 2020, 238: 111942.

[85] 李翔城. 组合式铝蜂窝异面压缩响应及缓冲吸能特性研究 [D]. 长沙: 国防科学技术大学, 2016.

[86] Sun G, Guo X, Li S. Comparative study on aluminum/GFRP/CFRP tubes for oblique lateral crushing [J]. Thin-Walled Structures, 2020, 152: 106420.

[87] Wang Z, Yao S, Lu Z, et al. Matching effect of honeycomb-filled thin-walled square tube—Experiment and simulation [J]. Composite Structures, 2016, 157: 494-505.

[88] Liu Q, Mo Z, Wu Y, et al. Crush response of CFRP square tube filled with aluminum honeycomb [J]. Composites Part B: Engineering, 2016, 98: 406-414.

[89] Sun G, Li S, Liu Q, et al. Experimental study on crashworthiness of empty/aluminum foam/honeycomb-filled CFRP tubes [J]. Composite Structures, 2016, 152: 969-993.

[90] Liu Q, Xu X, Ma J, et al. Lateral crushing and bending responses of CFRP square tube filled with aluminum honeycomb [J]. Composites Part B: Engineering, 2017, 118: 104-115.

[91] Yao R, Zhao Z, Hao W, et al. Experimental and theoretical investigations on axial crushing of aluminum foam-filled grooved tube [J]. Composite Structures, 2019, 226: 111229.

[92] Montazeri S, Elyasi M, Moradpour A. Investigating the energy absorption, SEA and crushing performance of holed and grooved thin-walled tubes under axial loading with different materials [J]. Thin-Walled Structures, 2018, 131: 646-653.

[93] Hussein R D, Ruan D, Lu G, et al. Axial crushing behaviour of honeycomb-filled square carbon fibre reinforced plastic (CFRP) tubes [J]. Composite Structures, 2016, 140: 166-179.

[94] 张亚文, 陈秉智, 石姗姗, 等. 格栅增强复合材料夹层结构低速冲击仿真研究[A]. 中国力学学会、浙江大学. 中国力学大会书集(CCTAM 2019) [C]. 中国力学学会、浙江大学: 中国力学学会,

2019: 14.

[95] 石姗姗. 仿生格栅增强蜂窝夹层结构的设计、制造与分析[D]. 大连: 大连理工大学, 2015.

[96] Antali A A, Umer R, Zhou J, et al. The energy-absorbing properties of composite tube-reinforced aluminum honeycomb [J]. Composite Structures, 2017, 176: 630-639.

[97] Balaji G, Annamalai K. Crushing response of square aluminium column filled with carbon fibre tubes and aluminium honeycomb [J]. Thin-Walled Structures, 2018, 132: 667-681.

[98] Zhang Y, Yan L, Zhang C, et al. Low-velocity impact response of tube-reinforced honeycomb sandwich structure [J]. Thin-Walled Structures, 2021, 158: 107188.

[99] Wang Z, Liu J. Mechanical performance of honeycomb filled with circular CFRP tubes [J]. Composites Part B: Engineering, 2018, 135: 232-241.

[100] Mahmoudabadi M Z, Sadighi M. A study on the static and dynamic loading of the foam filled metal hexagonal honeycomb - theoretical and experimental [J]. Materials Science and Engineering: A, 2011, 530: 333-343.

[101] Yan L, Zhu K, Chen N, et al, Quaresimin M. Energy-absorption characteristics of tube-reinforced absorbent honeycomb sandwich structure [J]. Composite Structures, 2021, 255: 112946.

[102] Wang Z, Ping Y. Mathematical modelling of energy absorption property for paper honeycomb in various ambient humidities[J]. Materials & Design, 2010, 31(9): 4321-4328.

[103] Zuhri M Y M, Guan Z W, Cantwell W J. The mechanical properties of natural fibre based honeycomb core materials[J]. Composites Part B: Engineering, 2014, 58: 1-9.

[104] Qiu N, Gao Y, Fang J, et al. Crashworthiness analysis and design of multi-cell hexagonal columns under multiple loading cases[J]. Finite Elements in Analysis and Design, 2015, 104: 89-101.

[105] Liu G, Xie J, Xie S. Experimental and numerical investigations of a new U-shaped thin plate energy absorber subjected to bending and friction[J]. Thin-Walled Structures, 2017, 115: 215-224.

[106] Xie S, Yang W, Wang N, et al. Crashworthiness analysis of multi-cell square tubes under axial loads [J]. International Journal of Mechanical Sciences, 2017, 121: 106-118.

[107] Aktay L, Johnson A. F, Bernd-H, et al. Numerical modelling of honeycomb core crush behaviour. Engineering Fracture Mechanics, 2008, 75(9): 2616-2630.

[108] Aktay L, Johnson A F, Holzapfel M. Prediction of impact damage on sandwich composites [J] computational materials science, 2005, 32: 252-60.

[109] Goldsmith W, Sackman J. An experimental study of energyabsorption in impact on sandwich plates[J]. International Journal of Impact Engineering, 1992, 12(2) : 241-262.

[110] Feng H, Liu L, Zhao Q. Experimental and numerical investigation of the effect of entrapped air on the mechanical response of Nomex honeycomb under flatwise compression[J]. Composite Structures, 2017, 182: 617-627.

[111] Li S Q, Li X, Wang Z H, et al. Sandwich panels with layered graded aluminum honeycomb cores under blast loading[J]. Composite Structures, 2017, 173: 242-254.

[112] Liu Q, Xu X Y, Ma J B, et al. Lateral crushing and bending responses of CFRP square tube filled with aluminum honeycomb[J]. Composites Part B: Engineering, 2017, 118: 104-115.

[113] Wang H X, Ramakrishnan K R, Shankar K. Experimental study of the medium velocity impact response of sandwich panels with different cores[J]. Materials & Design, 2016, 99: 68-82.

[114] 辛亚军，肖博，程树良，等. 泡沫铝夹芯梁四点弯曲性能实验研究[J]. 实验力学，2016，31(5)：593-599.

[115] Baumeister J, Banhart J, Weber M. Aluminium foams for transport industry[J]. Materials & Design, 1997, 18(4): 217-220.

[116] 石姗姗，陈秉智，陈浩然，等. Kevlar短纤维增韧碳纤维/铝蜂窝夹芯板三点弯曲与面内压缩性能[J]. 复合材料学报，2017，34(9)：1953-1959

[117] 施建伟，张彦飞，杜瑞奎，等. 复合材料层合板三点弯曲分层损伤有限元模拟[J]. 工程塑料应用，2015，43(02)：60-63.

[118] Giglio M, Gilioli A, Manes A. Numerical investigation of a three point bending test on sandwich panels with aluminum skins and Nomex honeycomb core[J]. Computational Materials Science, 2012, 56: 69-78.

[119] 李川苏，万里，刘伟庆，等. 齿板-玻璃纤维混合夹层结构弯曲性能实验[J]. 复合材料学报，2017，34(12)：1-10.

[120] ASTMC393-06, Standard Test Method for Core Shear Properties of Sandwich Constructions by Beam Flexure [S]. ASTM Committee D30 on Composite Materials, 2006.

[121] Crupi V, Epasto G, Guglielmino E. Collapse modes in aluminium honeycomb sandwich panels under bending andimpact loading [J]. International Journal of Impact Engineering. 2012, 43: 6-15.

[122] Crupi V, Montanini R. Aluminium foam sandwiches collapse modes understatic and dynamic three-point bending [J]. International Journal of ImpactEngineering, 2007, 34: 509-521.

[123] 杨福俊，王辉，杜晓磊，等. 泡沫铝夹心板静态三点弯曲变形行为及力学性能[J]. 东南大学学报（自然科学版），2012，13(1)：120-124.

[124] Yu J, Wang E, Li J, et al. Static and low-velocity impact behaviour ofsandwich beams with closed-cell aluminum-foam core in three-pointbending[J]. International Journal of Impact Engineering, 2008, 35: 885-894.

[125] Harte A M, Fleck N A, Ashby M F. The fatigue strength of sandwich beams withan aluminium alloy foam core [J]. International Journal of Fatigue, 2001, 23: 499-507.

[126] McCormack T M, Miller R, Kesler O, et al. Failure of sandwich beams withmetallic foam cores [J]. International Journal of Solids and Structures, 2001, 38: 4901-4920.

[127] Kesler O, Gibson L J. Size effects in metallic foam core sandwich beams [J]. Materials Science & Engineering, 2002, A326: 228-234.

[128] Zhu F, Wang Z, Lu G, et al. Some theoretical considerations on thedynamic response of sandwich structures under impulsive loading [J]. InternationalJournal of Impact Engineering, 2010, 37: 625-637.

[129] Anghileri M, Invernizzi F, Mascheroni M, et al. A survey of numerical models for hail impact analysis using explicit finite element codes[J]. International Journal of Impact Engineering, 2005, 31(8): 929-944.

[130] Wang D W. Impact behavior and energy absorption of paper honeycomb sandwich panels[J]. International Journal of Impact Engineering, 2009, 36(1): 110-114.

[131] Wang B, Wu L Z, Ma L, et al. Low-velocity impact characteristics and residual tensile strength of carbon fiber composite lattice core sandwich structures[J]. Composites Part B: Engineering , 2011, 42(4): 891-897.

[132] Chen W S, Hao Chen. Experimental and numerical study of composite lightweight structural insulated panel with expanded polystyrene core against windborne debris impacts[J]. Materials & Design, 2014, 60: 409-423.

[133] Ramakrishnan K R, Guérard S, Viot P, et al. Effect of block copolymer nano- reinforcements on the low velocity impact response of sandwich structures[J]. Composite Structures, 2014, 110: 174-182.

[134] Raju K S, Tomblin J S. Damage characteristics in sandwich panels subjected to static indentation using spherical indentors. In Proceedings of the 42nd AIAA/ASME/ASC E/AHS/ASC Structures, structural dynamics, and materials conference 2001, Seattle, Washington, April 16 - 19 2001, Paper No. AIAA 2001-1189 (American Institute of Aeronautics and Astronautics, Reston, Virginia).

[135] Raju K S, Ghimire M. Local bending containment in sandwich panels with sub-surface core damage[J]. Journal of Reinforced pcastics and Composites, 2009, 28(13): 1601-1611.

[136] Triantafillou T C, Gibson L J. Failure mode maps for foam core sandwich beams[J]. Materials science and engineering, 1987, 95(1-2): 37-53.

[137] Petras A, Sutcliffe M P F. Failure mode maps for honeycomb sandwich panels[J]. Composite Structures, 1999, 44(4): 237-252.

[138] Steeves C A, Fleck N A. Collapse mechanisms of sandwich beams with composite faces and a foam core, loaded in three-point bending. Part I: Analytical models and minimum weight design[J]. International Journal of Mechanical Sciences, 2004, 46(4): 561-583.

[139] Steeves C A, Fleck N A. Collapse mechanisms of sandwich beams with composite face-s and a foam core, loaded in three-point bending. Part Ⅱ: Experimental investig-ation and numerical modelling[J]. International Journal of Mechanical Sciences, 2004, 46(4): 585-608.

[140] Raju K S, Smith B L, Tomblin J S, et al. Impact damage resistance and tolerance of honeycomb core sandwich panels[J]. Journal of Composite Materials, 2008, 42(4): 385-412.

[141] Olsson R, McManus H L. Improved theory for contact indentation of sandwich panels[J]. Aiaa Journal, 1996, 34: 1238-1244.

[142] Olsson R, Analytical. Prediction of large mass impact damage in composite laminates. Composites Part A: Applied Science and Manufacturing, 2001, 32: 1207-1215.

[143] Crupi V, Epasto G, Guglielmino E. Comparison of aluminium sandwiches for lightweight ship structures: Honeycomb vs. foam[J]. Marine Structures, 2013, 30: 74-96.

[144] 王晓强, 朱锡, 王禹华. 尖头弹侵彻延性金属靶板弹道极限的解析模型[J]. 振动与冲击, 2010, 29(5): 96-100.

[145] Dugdale D S. Yielding of steel sheets containing slits [J]. J Mech Phys Solids, 1960, 8: 100-108.

[146] ASTM D7766/D7766M—15, Standard practice for damage resistance testing of sandwich constructions [S]. West Conshohocken (PA): ASTM International, 2005.

[147] Aktay L, Johnson A F, Bernd H, et al. Numerical modelling of honeycomb core crush behaviour[J].

Engineering Fracture Mechanics, 2008, 75(9): 2616-2630.

[148] Giglio M, Manes A, Gilioli A. Investigations on sandwich core properties through an experimental - numerical approach. Composites Part B: Engineering, 2012, 43(2): 361-374.

[149] Seemann R, Krause D. Numerical modelling of Nomex honeycomb sandwich cores at meso-scale level[J]. Composite Structures, 2017, 159: 702-718.

[150] Jaafar M, Atlati S, Makich H, et al. A 3D FE Modeling of Machining Process of Nomex © Honeycomb Core: Influence of the Cell Structure Behaviour and Specific Tool Geometry[J]. Procedia CIRP, 2017, 58: 505-510.

[151] Zhou G, Hill M, Hookham N. Investigation of parameters governing the damage and energy absorption characteristics of honeycomb sandwich panels[JJ]. Journal of Sandwich Structures and Materials, 2007, 9: 309-342.

[152] Fischer S, Drechsler K, Kilchert S, et al. Mechanical tests for foldcore base material properties[J]. Composites Part A: Applied Science and Manufacturing, 2009, 40(12): 1941-1952.

[153] Liu L Q, Meng P, Wang H, et al. The flatwise compressive properties of Nomex honeycomb core with debonding imperfections in the double cell wall. Composites Part B: Engineering, 2015, 76: 122-132.

[154] Liu L Q, Wang H, Guan Z W. Experimental and numerical study on the mechanical response of Nomex honeycomb core under transverse loading. Composite Structures, 2015, 121: 304-314.

[155] Wang Z. Recent advances in novel metallic honeycomb structure [J]. Composites Part B: Engineering, 2019, 166: 731-741.

[156] Antali A A, Umer R, Zhou J, et al. The energy-absorbing properties of composite tube-reinforced aluminum honeycomb [J]. Composite Structures, 2017, 176: 630-639.

[157] Wang Z, Liu J. Mechanical performance of honeycomb filled with circular CFRP tubes [J]. Composites Part B: Engineering, 2018, 135: 232-241.

[158] Zhang Y, Yan L, Zhang C, et al. Low-velocity impact response of tube-reinforced honeycomb sandwich structure [J]. Thin-Walled Structures, 2021, 158: 107188.

[159] Yan L, Zhu K, Chen N, et al. Energy-absorption characteristics of tube-reinforced absorbent honeycomb sandwich structure [J]. Composite Structures, 2021, 255: 112946.

[160] Wierzbicki T. Crushing analysis of metal honeycombs[J]. International Journal of Impact Engineering, 1983, 1(2): 157-174.

[161] Chen W G, Wierzbicki T. Relative merits ofsingle-cell, multi-cell and foam-filled thin-walledstructures in energy absorption[J]. Thin-Walled Structures, 2001, 39(4): 287-306.

[162] Abamowicz W, Jones N. Dynamic axial crushing ofsquare tubes [J]. International Journal of ImpactEngineering[J]. 1984, 2(2): 179-208.

[163] Hussein R D, Ruan D, Lu G. An analytical model of square CFRP tubes subjected to axial compression [J]. Composites Science and Technology, 2018, 168: 170-178.

[164] 谢素超. 耐冲击地铁车辆吸能结构研究[D]. 长沙: 中南大学, 2007.

[165] Seitzberger M, Rammerstorfer F G, Gradinger R, et al. Experimental Studies on the Quasi-static Axial Crushing of Steel Columns Filled with Aluminium Foam [J]. International Journal of Solids and

Structures, 2000, 37(30): 4125-4147.

[166] REID S R, Reddy T Y, Gray M D. Static and dynamic axial crushing of foam-filled sheet metal tubes [J]. International Journal of Mechanical Sciences, 1986, 28(5): 295-322.

[167] Zhou Y, Wang Q, Guo Y, et al. Effect of phenolic resin thickness on frequency-dependent dynamic mechanical properties of Nomex honeycomb cores [J]. Composites Part B: Engineering, 2018, 154: 285-291.

[168] Bai Y, Yu K, Zhao J, et al. Experimental and Simulation Investigation of Temperature Effects on Modal Characteristics of Composite Honeycomb Structure [J]. Composite Structures, 2018, 201: 816-827.

[169] Carolan M, Tyrell D, Perlman A B. Performance Efficiency of a Crash Energy Management System[C] ASME/IEEE 2007 Joint Rail Conference and Internal Combustion Engine Division Spring Technical Conference. New York: American Society of Mechanical Engineers. 2007: 105-115.

[170] 张宗华. 轻质吸能材料和结构的耐撞性分析与设计优化[D]. 大连: 大连理工大学, 2010.

[171] 伞军民. 列车吸能结构碰撞仿真与分析[D]. 大连: 大连交通大学, 2009.

[172] Wu X, Yu H, Guo L, et al. Experimental and numerical investigation of static and fatigue behaviors of composites honeycomb sandwich structure [J]. Composite Structures, 2019, 213: 165-172.

[173] 田红旗. 客运列车耐冲击吸能车体设计方法[J]. 交通运输工程学报, 2001, 1(1): 110-114.

[174] Lu Z, Li B, Yang C, et al. Numerical and experimental study on the design strategy of a new collapse zone structure for railway vehicles[J]. International Journal of Crashworthiness, 2017, 22(5): 488-502.

[175] Kazanci Z, Klaus J B. Crushing and crashing of tubes with implicit time integration [J]. International Journal of Impact Engineering, 2012, 42: 80-88.

[176] Yao S, Xiao X, Xu P, et al. The impact performance of honeycomb-filled structures under eccentric loading for subway vehicles [J]. Thin-Walled Structures, 2018, 123: 360-370.

[177] Hong S T, Pan J, Tyan T, et al. Quasi-static crush behavior of aluminum honeycomb specimens under compression dominant combined loads [J]. International Journal of Plasticity, 2006, 22(1): 73-109.

[178] Seemann R, Krause D. Numerical modelling of Nomex honeycomb sandwich cores at eso-scale level [J]. Composite Structures, 2017, 159(1): 702-718.

[179] Sajad A, Abbas R, Ali G, et al. Axial crushing analysis of empty and foam-filled brass bitubular cylinder tubes [J]. Thin-Walled Structures, 2015, 95: 60-72.

[180] Chen X, Gao G, Dong H, et al. Experimental and numerical investigations of a splitting-bending steel plate energy absorber [J]. Thin-Walled Structures, 2016, 98: 384-391.

[181] EN15227: 2008+A: 2010. Railway applications— Crashworthiness requirementsfor railway vehicle bodies [S]. 2008.

符号表

符号	含义
d_c	芳纶蜂窝胞元尺寸
t_s	芳纶蜂窝单层胞壁厚度
t_d	芳纶蜂窝双层胞壁厚度
h	芳纶蜂窝双层胞壁边长
l	芳纶蜂窝单层胞壁边长
θ	芳纶蜂窝的孔格角度
W_0	芳纶蜂窝 W 方向的长度
L_0	芳纶蜂窝 L 方向的长度
T_0	芳纶蜂窝 T 方向的长度
σ	应力
ε	应变
σ_c	压溃应力
ε_c	压溃应变
σ_p	平台应力
σ_{ci}	压溃应力初始理论值
σ_{pi}	平台应力初始理论值
σ_{cc}	压溃应力修正理论值

符号	含义
σ_{pc}	平台应力修正理论值
E_a	吸能量
E_m	比吸能
μ	残余率
ρ_n	芳纶蜂窝等效密度
S_n	芳纶蜂窝等效胞元面积
ρ_a^*	芳纶纸蜂窝(无树脂涂层)等效密度
ρ_p^*	酚醛树脂蜂窝等效密度
ρ_a	芳纶纸(无树脂涂层)密度
ρ_p	酚醛树脂密度
S_a^*	芳纶纸蜂窝(无树脂涂层)胞元面积
S_p^*	酚醛树脂蜂窝胞元面积
S_a	芳纶纸蜂窝(无树脂涂层)胞壁面积
S_p	酚醛树脂蜂窝胞壁面积
t_a	芳纶纸蜂窝(无树脂涂层)壁厚
t_p	酚醛树脂蜂窝壁厚
p	单-双层胞壁厚度比
P_{cs}	单层细胞壁压溃载荷
P_{cd}	双层细胞壁压溃载荷
E_s	芳纶蜂窝胞壁杨氏模量
K	端点约束因子
H	试件高度
m	轴向的半波数
n	横向的半波数

符号	含义
$C(x)$，$G(x)$	修正函数
Q_1，Q_2，Q_3	塑性变形机制
M_s	单层胞壁全塑性弯矩
M_d	双层胞壁全塑性弯矩
2δ	褶皱半波长
r_s	小圆环壳半径
σ_{ys}	蜂窝壁屈服强度
P_m	平台载荷
α	非线性剪切应力参数
τ	剪切应力
$\bar{\tau}$	剪应力与抗剪强度之比
E	弹性模量
E_A	芳纶纸的 A 向弹性模量
E_B	芳纶纸的 B 向弹性模量
E_C	芳纶纸的 C 向弹性模量
η	泊松比
η_{BA}	芳纶纸的 BA 向泊松比
η_{CA}	芳纶纸的 CA 向泊松比
η_{CB}	芳纶纸的 CB 向泊松比
G	剪切模量
G_{AB}	芳纶纸的 AB 向剪切模量
G_{BC}	芳纶纸的 BC 向剪切模量
G_{CA}	芳纶纸的 CA 向剪切模量
E_p	酚醛树脂弹性模量

符号	含义
η_p	酚醛树脂泊松比
G_p	酚醛树脂剪切模量
K_{fail}	失效体积模量
σ_{sc}	剪切强度
σ_{yt}	横向的拉伸强度
σ_{xt}	纵向的拉伸强度
σ_{yc}	横向的压缩强度
F_{max}	最大压溃力
δ_{max}	最大变形
Ed	结构吸能量
$f(\delta)$	结构压缩力随压缩位移变化的函数
δ_0	受压方向的位移起点
δ_t	受压方向的位移终点
F_{avg}	平均压溃应力
Es	结构比吸能
F_{I}	模式Ⅰ压溃载荷
F_{II}	模式Ⅱ压溃载荷
F_{IND}	局部凹陷压溃载荷
F_{CSA}	剪切失效压溃载荷
t_c	夹层中蜂窝的厚度
t_f	夹层中铝板的厚度
S	支撑跨距
H_l	悬挂长度
b_s	试件宽度

符号	含义
l_s	试件长度
σ_{yc}	蜂窝芯层的屈服强度
σ_{yf}	铝板屈服强度
τ_{yc}	蜂窝芯层的剪切强度
ρ_s	蜂窝芯胞壁密度
τ_L	L 方向蜂窝剪切应力
τ_W	W 方向蜂窝剪切应力
Q	蜂窝胞壁剪切载荷
v_s	蜂窝胞壁泊松比
q	接触应力
P_0	接触中心最大的接触压力
r	接触区某一点的径向坐标
R_c	接触半径
r_p	冲头的半径
α_0	中心横向挠度
a	压痕区域半径
V_1	蒙皮的弹性应变弯曲能
D_f	蒙皮的抗弯刚度
E_f	面板的杨氏模量
ν	面板的泊松比
V_2	薄膜拉伸引起的应变能
N_r	面板径向膜力
N_θ	面板圆周膜力
ε_r	径向应变

符号	含义
ε_θ	圆周应变
u	径向位移
U_1	单个完整的蜂窝芯格压碎所需的功
σ_1	蜂窝芯屈服应力
P	接触力
U_2	接触力所做的功
Π	总势能
m_0	冲头质量
ν_i	冲头初始速度
ν_{r1}	冲击第一阶段后冲头速度
E_1	面板拉伸所损失的能量
E_{r1}	裂纹扩展所损失的能量
r_1	面板极限变形半径
ε_p	面板冲击点的应变
r_2	面板遭受冲击后r_1 的拉伸极限
w_1	面板穿透极限时的横向位移
ΔS	面板由拉伸作用产生的面积变化量
E_1	面板拉伸消耗的能量
σ_f	面板的屈服强度
L_f	花瓣破片的长度
r_f	花瓣破片的弯曲半径
φ	花瓣圆心角的一半
l_α	端点到中心线一点的距离
D_p	冲头直径

符号	含义
S_α	裂缝长度
dE_r	塑性区域的单位体积应变能
σ_f	面板所用材料的断裂应力
ε_f	面板所用材料的断裂应变
E_{r1}	面板裂纹扩展所需要的能量
n_c	裂缝数
E_{p1}	蜂窝夹层板在第一阶段吸收的能量
v_{r2}	冲头在第二阶段后的剩余速度
E_2	冲头在穿透蜂窝夹层板过程中剪切作用消耗的能量
v_{50}	蜂窝夹层板的弹道极限
P_c	蜂窝芯层的压溃力
P_s	蜂窝芯层的剪切力
q_c	蜂窝夹层板的压溃强度
q_s	蜂窝夹层板的剪切强度
E_3	下面板拉伸消耗的能量
E_{r2}	下面板裂纹扩展所需要的能量
E_{p2}	第三阶段夹层板吸收能量
m_{comb}	单位高度的独立蜂窝质量
ρ_{comb}	单位蜂窝芯的名义密度
m_N	单位蜂窝中芳纶纸的质量
m_p	单位蜂窝中酚醛树脂的质量
ρ_N	芳纶纸的密度
ρ_{Al}	铝板密度
E_{Al}	铝板弹性模量

符号	含义
NU_{Al}	铝板泊松比
σ_{yAl}	铝板屈服应力
ρ_{pr}	冲头及刚性板密度
E_{pr}	冲头及刚性板密度
NU_{pr}	冲头及刚性板密度
σ_{ypr}	冲头及刚性板密度
γ	修正系数
χ	短式的代表字母，$(\frac{16\pi}{3})\sqrt{D_f\sigma_1}$
β	短式的代表字母，$\frac{0.488}{h_f^2}$
DFRP	碳纤维增强复合材料 carbon fibre reinforced polymer
DFRP	玻璃纤维增强塑料 glall fibre reinforced plastic
NHFCT	内嵌 CFRP 管的芳纶蜂窝
D	CFRP 管的外径
d	CFRP 管的内径
m_c	实验中 CFRP 管的真实质量
M_n	实验中芳纶蜂窝的真实质量
X	填充管件的数量
e	压缩力效率
E_{me}	比质量吸能
E_{ve}	比体积吸能
ω	CFRP 管质量分数
s_σ^2	平台阶段的应力方差
E_{ns}	简化模型中芳纶纸的弹性模量

符号	含义
δn	芳纶蜂窝的屈服强度
ρ_c	CFRP 的密度
EA	CFRP 的纵向杨氏模量
EB	CFRP 的横向杨氏模量
GAB	CFRP 的剪切模量
PRBA	CFRP 的次泊松比
XT	CFRP 的纵向的拉伸强度
XC	CFRP 的纵向的压缩强度
YT	CFRP 的横向的拉伸强度
YC	CFRP 的横向的压缩强度
SC	CFRP 的剪切强度
FBRT	基体压缩失效后纤维方向拉伸强度的折减系数
TCFAC	基体压缩失效后纤维方向压缩强度的折减系数
TFAIL	当前时间增量与初始时间增量的比值
SOFT	压缩前端单元材料强度的折减系数
EFS	有效失效应变
E_n	芳纶蜂窝的理论吸能
E_c	CFRP 管的理论吸能
E_i	CFRP 管对芳纶蜂窝吸能的影响
E_m	芳纶蜂窝的延展吸能
E_b	芳纶蜂窝的绞线吸能
σ_0	流动应力
σ_{0n}	芳纶蜂窝的屈服应力
M_0	绞线弯矩

符号	含义
θ_i	绞线转角
t_s	芳纶纸厚度和酚醛树脂厚度之和
η_n	芳纶蜂窝的致密化前的有效压缩比
F_p	Y 型单元的平台力
h_h	折叠单元高度的一半
S_n	基础单元的面积
σ_{pn}	芳纶蜂窝的理论平台应力
P_c	CFRP 管的理论平台力
α_{ps}	CFRP 管理论平台力与尺寸的关系系数
σ_{pc}	CFRP 管理论平台应力
σ_{0c}	CFRP 管的屈服应力
ϵ_0	a 类壁变形所需的能量
β_t	松紧系数
F_{avg}	平均载荷力
δ_{cd}	压缩位移
F_m	最高峰值力
η_f	平均载荷力与最高峰值力的比值
σ_{sy}	钢材的屈服应力
$\dot{\varepsilon}$	钢材的应变率
σ_{s0}	钢材的初始屈服应力
ε_{eff}^{p}	等效塑性应变
E_{sP}	钢材的塑性硬化模量
C_s，p_s	钢材应变率有关的参数
Es	蜂窝完全压实的弹性模量

符号	含义
Eu_1	蜂窝未被压实时 1 方向的弹性模量
Eu_2	蜂窝未被压实时 2 方向的弹性模量
Eu_3	蜂窝未被压实时 3 方向的弹性模量
Gu_{12}	蜂窝未被压实时 12 方向的剪切模量
Gu_{13}	蜂窝未被压实时 13 方向的剪切模量
Gu_{23}	蜂窝未被压实时 23 方向的剪切模量
V_f	蜂窝压实的相对体积
$\Delta\varepsilon_{ij}^{dve}$	偏应变增量

图书在版编目(CIP)数据

芳纶蜂窝力学性能及其应用 / 谢素超, 周辉著. —长沙:
中南大学出版社, 2021.11

ISBN 978-7-5487-4718-5

Ⅰ. ①芳… Ⅱ. ①谢… ②周… Ⅲ. ①蜂窝材料—力学性能—
研究 Ⅳ. ①TB383

中国版本图书馆 CIP 数据核字(2021)第 234701 号

芳纶蜂窝力学性能及其应用

FANGLUN FENGWO LIXUE XINGNENG JIQI YINGYONG

谢素超　周　辉　著

□**责任编辑**　刘　辉
□**封面设计**　殷　健
□**责任印制**　唐　曦
□**出版发行**　中南大学出版社
　　社址: 长沙市麓山南路　　邮编: 410083
　　发行科电话: 0731-88876770　　传真: 0731-88710482
□**印　　装**　广东虎彩云印刷有限公司

□**开　　本**　787 mm×1092 mm　1/16　□**印张** 12　□**字数** 267 千字
□**版　　次**　2021 年 11 月第 1 版　□**印次** 2021 年 11 月第 1 次印刷
□**书　　号**　ISBN 978-7-5487-4718-5
□**定　　价**　68.00 元